STARK

# MITTELSCHULE

Abschluss-Prüfungsaufgaben mit Lösungen **2014**

## Physik

Realschulabschluss
Sachsen

2009–2013

**STARK**

ISBN 978-3-8490-0647-1


14. ergänzte Auflage
www.stark-verlag.de

# Inhalt



*Fortsetzung siehe nächste Seite*

**Abschlussprüfung 2012**



**Abschlussprüfung 2013**



Jeweils im Herbst erscheinen die neuen Ausgaben
der Abschlussprüfungsaufgaben mit Lösungen.

**Autor:**

Dr. Bernd Liebau, Leipzig

# Vorwort

**Liebe Schülerinnen und Schüler,**

das vorliegende Buch ist ein **Übungsbuch**, das sich an die Schüler der 10. Klasse wendet, die sich gezielt auf die schriftliche und mündliche Realschulabschlussprüfung vorbereiten möchten. Zusätzlich kann damit der Physik-Schulstoff außerhalb des Unterrichts effektiv geübt und wiederholt werden.

Anhand von Aufgaben im Stil der Abschlussprüfung und der Aufgabenstellungen der **Abschlussprüfungen** der letzten Jahre wird Ihnen ein Eindruck über die Anforderungen der Abschlussprüfungen vermittelt.

Zu allen Aufgaben sind **vollständige und ausführliche Lösungsvorschläge** abgedruckt. Zusätzlich werden Tipps und Hinweise zum Finden eines Lösungsansatzes gegeben. Sie helfen Ihnen, die Aufgaben möglichst selbstständig zu lösen. Die Lösungen sind schülergerecht aufbereitet. Jeder einzelne Lösungsschritt kann nachvollzogen werden. Die aufgeführten Lösungen stellen dabei häufig **eine Möglichkeit** dar. An vielen Stellen werden auch alternative Lösungswege beschrieben.

Darüber hinaus hilft Ihnen dieses Buch auch bei der Vorbereitung auf Klassenarbeiten, denn Ihre Physiklehrerinnen und -lehrer orientieren sich bei der Auswahl von Aufgaben am Abschlussniveau der 10. Klasse.

Sollten nach Erscheinen dieses Bandes noch wichtige Änderungen in der Abschlussprüfung 2014 vom Kultusministerium in Sachsen bekannt gegeben werden, finden Sie aktuelle Informationen dazu im Internet unter:
www.stark-verlag.de/info.asp?zentrale-pruefung-aktuell

Wir wünschen Ihnen viel Freude bei der Arbeit mit diesem Buch und Erfolg bei der Abschlussprüfung!

Dr. Bernd Liebau und Stark Verlag

# Stichwortverzeichnis

# Hinweise und Tipps zur Abschlussprüfung in Physik

## Struktur der schriftlichen Abschlussprüfung im Fach Physik

Die schriftliche Abschlussprüfung für den Realschulabschluss in Sachsen besteht aus zwei Teilen. Im **Teil 1** sind alle Pflichtaufgaben aus verschiedenen Themenbereichen zu lösen. Aufgabe 1 beinhaltet meist ein Demonstrationsexperiment. Im **Teil 2** stehen Ihnen drei Aufgaben zur Wahl, von denen Sie nur eine Aufgabe zu bearbeiten haben. Bei einer dieser Wahlaufgaben handelt es sich um ein Schülerexperiment. Die Gesamtarbeitszeit beträgt 150 Minuten. Zusätzlich stehen Ihnen 15 Minuten zur Verfügung, um sich mit den Aufgaben vertraut zu machen.

Als **Hilfsmittel** dürfen Sie verwenden:
- Tabellen- und Formelsammlung ohne ausführliche Musterbeispiele sowie ohne Wissensspeicheranhang
- nicht programmierbarer Taschenrechner

## Prüfungsschwerpunkte

Beide Teile der Prüfung enthalten Aufgaben aus den verschiedenen Teilgebieten der Physik. Inhaltliche Schwerpunkte sind:

*Körper und Stoff*
- Teilchenvorstellungen
- Unterschiede zwischen festen, flüssigen und gasförmigen Körpern
- Volumen
- Masse
- Dichte

*Kraft und ihre Wirkungen*
- Form- und Bewegungsänderungen
- Gewichtskraft, Federkraft
- Kraft als physikalische Größe
- Masse und Gewichtskraft
- Reibung
- Mechanische Arbeit
- Mechanische Leistung
- Kraftumformende Einrichtungen

*Energie, Umwelt, Mensch*
- Energie als Eigenschaft von Körpern
- Energieformen
- fossile und regenerative Energieträger
- Energieumwandlung und -übertragung
- Kraftwerke
- Energieerhaltungssatz

*Druck und seine Wirkungen*
- Auflagedruck
- Druck eingeschlossener Gase
- Druck eingeschlossener Flüssigkeiten
- Schweredruck in Gasen und Flüssigkeiten

*Bewegungen und ihre Ursachen*
- Geschwindigkeit
- Beschleunigung
- gleichförmige Bewegungen
- gleichmäßig beschleunigte Bewegungen
- Newton'sche Gesetze
- Energieerhaltungssatz
- Energieumwandlungen
- mechanische Schwingungen

*Wärme und Wärmekraftmaschinen*
- Temperatur und Teilchenbewegung
- Aufbau Flüssigkeitsthermometer
- Aggregatzustände und Aggregatzustandsänderungen
- Volumenänderung bei Temperaturänderung
- Energieübertragung durch Wärme
- Viertakt-Ottomotor und Viertakt-Dieselmotor
- Energieumwandlung in Wärmekraftmaschinen
- Wirkungsgrad

*Elektrische Leitungsvorgänge*
- Bedeutung des elektrischen Stromes
- Wirkungen des elektrischen Stromes
- Leiter und Isolatoren
- Stromstärke
- Spannung
- Stromstärke und Spannung im verzweigten und unverzweigten Stromkreis
- Elektrische Leistung
- Elektrische Energie

*Leitungsvorgänge in Metallen*
- Zusammenhang zwischen Stromstärke und Spannung
- elektrischer Widerstand
- Technische Sachverhalte: Kurzschluss, Sicherungen, veränderbare Widerstände, Vorwiderstände

*Leitungsvorgänge in Halbleitern*
- Eigenleitung
- n- und p-Leitung
- Halbleiterdiode
- Fotovoltaik

*Erzeugung und Umformung elektrischer Energie*
- Magnetisches Feld
- Gleichstrommotor
- Elektromagnetische Induktion
- Wechselstromgenerator
- Transformator

*Kernumwandlungen*
- Nutzen und Gefahren von Kernprozessen
- natürliche Radioaktivität
- künstliche Kernumwandlungen
- Kernkraftwerk

*Kosmos, Erde und Mensch*
- Geschichte der Astronomie
- Orientierung am Sternenhimmel
- Sonne als Stern
- Erde und ihr Mond
- Planeten mit typischen Eigenschaften
- Planetoiden, Kometen, Meteoriten
- Bewegungen der Planeten
- Entwicklung des Weltalls

*Grundlagen der Informationsübertragung*
- Schallwellen
- Hertz'sche Wellen
- Lichtleiter
- Brechungsgesetz und Totalreflexion

*Licht und Farben*
- Lichtausbreitung
- Bildentstehung bei einfachen optischen Geräten
- Wellencharakter des Lichtes
- Interferenz durch Beugung
- Zerlegung weißen Lichts durch Brechung
- Optische Verfahren und Phänomene

Die Lösung der Aufgaben erfordert, dass Sie anwendungsbereites **Wissen** über grundlegende physikalische und astronomische Begriffe, Sachverhalte und Zusammenhänge besitzen, auch fachgebietsübergreifend. Ebenso müssen Sie Sach- und Werturteile begründet darlegen können.

Darüber hinaus werden naturwissenschaftliche **Arbeitstechniken** verlangt, insbesondere:
- das Planen, Beobachten, Durchführen und Auswerten von Experimenten,
- die Informationsentnahme aus Texten,
- das Auswerten und Erstellen von Diagrammen, Tabellen sowie schematischen Darstellungen,
- das Erklären einfacher technischer Anwendungen sowie vergleichen, argumentieren und interpretieren.

## Zur Bewertung der Prüfung

Für die Prüfungsarbeit können 50 Bewertungseinheiten von Ihnen erreicht werden. Davon werden 25 Bewertungseinheiten für den Pflichtteil und 25 Bewertungseinheiten für den Wahlteil vergeben. Bewertungseinheiten werden nur erteilt, wenn Lösungswege nachvollziehbar dargestellt sind. So kommt es bei Berechnungen darauf an, dass alle erforderlichen Teilschritte, wie Aufgabenanalyse, verwendete Formeln, Einsetzen der **Zahlenwerte mit Einheiten**, Formulierung des Ergebnisses vollständig angegeben sind.

Die Bewertung der Prüfungsarbeit erfolgt in zwei Schritten. Zunächst wird die Arbeit von Ihrem Physiklehrer oder Ihrer Physiklehrerin bewertet. Ein weiterer Physiklehrer oder eine weitere Physiklehrerin führen danach eine Zweitkorrektur durch.

Für den **Bewertungsmaßstab** gilt folgende Zuordnung:

| Anzahl der erreichten BE | Note |
|---|---|
| 47 bis 50 | 1 (sehr gut) |
| 38 bis 46 | 2 (gut) |
| 30 bis 37 | 3 (befriedigend) |
| 20 bis 29 | 4 (ausreichend) |
| 10 bis 19 | 5 (mangelhaft) |
| 0 bis 9 | 6 (ungenügend) |

## Operatoren

Aus der **Aufgabenformulierung** kann im Allgemeinen auf die Art und den Umfang der zu erbringenden Leistung geschlossen werden. Sie sollten sich deshalb mit den üblichen „Signalwörtern“, den sogenannten **Operatoren**, vertraut machen. Wenn also beispielsweise „Zeichnen Sie …“ verlangt ist, müssen Sie eine möglichst exakte Darstellung anfertigen, eine einfache Skizze reicht dann nicht aus.
In der nachfolgenden Tabelle finden Sie zu ausgewählten Operatoren in der linken Spalte neben der Erläuterung (mittlere Spalte) jeweils ein Formulierungsbeispiel sowie in Klammern einen Verweis auf eine konkret in einer der letzten Prüfungen gestellte Aufgabe, die diesen Operator aufweist (rechte Spalte).

| **Operator** | **Bedeutung** | **Beispiel** |
|---|---|---|
| angeben, nennen, formulieren | Bekannte Inhalte wiederholen oder zusammenfassen oder aufzählen | Geben Sie eine auftretende Energieumwandlung an. (S. 2011-1) |
| bezeichnen beschriften, benennen | Bestandteile von Versuchsaufbauten, Schemata, Bauteilen und Geräten kenntlich machen. | Ordnen Sie die Begriffe Zündkerze, Auslassventil, Kolben und Kurbelwelle den entsprechenden Zahlen zu. (S. 33) |
| beschreiben | Merkmale, Eigenschaften, Vorgänge oder Zusammenhänge durch umfassende Angaben zusammenhängend und geordnet darstellen mit Worten oder Bildern | Beschreiben Sie die Entstehung einer Mondfinsternis. (S. 2011-8) |
| darstellen, skizzieren, zeichnen | Sachverhalte beschreiben und durch eine vorgegebene Darstellungsform veranschaulichen. | Zeichnen Sie ein zugehöriges $\vartheta$-t-Diagramm. (S. 13) |
| erklären, begründen | Eine bestimmte Erscheinung, einen Vorgang zusammenhängend und geordnet darstellen; die Angabe der Bedingungen und der wirkenden Gesetze ist notwendig. | Bei einer Gefahrenbremsung wird automatisch Sand vor die Räder der Lok auf die Schienen geblasen. Begründen Sie diese Maßnahme aus physikalischer Sicht. (S. 34) |
| erläutern | Sachverhalte (Vorgänge, Arbeitsweisen) unter Angabe zusätzlicher Informationen (Beispiele, Fakten) anschaulich und verständlich darstellen. | Erläutern Sie einen Nachteil des Einsatzes von Solarzellen zur Energieumwandlung. (S. 2011-8) |

| | | |
|---|---|---|
| vergleichen | Gemeinsamkeiten und /oder Unterschiede feststellen und eventuell Schlussfolgerungen ableiten. | Vergleichen Sie den Aufbau und die Wirkungsweise der beiden Motoren. (S. 35) |
| interpretieren | Diagramme, Gleichungen, Aussagen deuten und Zusammenhänge des Sachverhaltes verdeutlichen | Entscheiden Sie, welches der folgenden Diagramme den Bewegungsablauf richtig beschreibt. (S. 35) |
| auswerten | Ergebnisse von Experimenten mit vorgegebenen Fragestellungen festhalten und einordnen. | Stellen Sie den Temperaturverlauf beider Wassermengen in einem gemeinsamen Diagramm dar. (S. 41) |
| werten, bewerten, beurteilen, entscheiden, positionieren | Die Bedeutung von Prozessen oder Aussagen für den Menschen aus aktueller oder historischer Sicht benennen und ein begründetes Urteil abgeben. Stellung nehmen und den Wahrheitswert von Aussagen einschätzen. | Positionieren Sie sich zu diesem Verbot. (S. 2013-7) |
| berechnen | Angabe der Maßzahl einer Größe, wobei ein exaktes Verfahren zu nutzen ist. | Berechnen Sie die dem Wasser zugeführte Wärme. (S. 2011-7) |
| bestimmen, ermitteln | Angabe der Maßzahl einer Größe, wobei nicht zwingend ein bestimmtes Verfahren zu wählen ist. | Ermitteln Sie die Brechungswinkel an beiden Grenzflächen. (S. 26) |
| experimentieren | Planmäßige und zielgerichtete praktische Untersuchung, bei der die Messwerte erfasst und ausgewertet, sowie die Ergebnisse dargestellt werden. | Untersuchen Sie den Temperaturverlauf beim Wärmeaustausch zweier Wassermengen. (S. 41) |

## Bewährte Strategien für das Lösen physikalischer Aufgabenstellungen

- Lesen Sie sich die gestellte Aufgabe in Ruhe und bis zum Ende durch, bevor Sie mit der Bearbeitung beginnen.
- Finden Sie die gesuchten und gegebenen Größen aus der Aufgabenstellung heraus. Achten Sie darauf, dass die Einheiten zusammen passen und rechnen Sie diese in eine gemeinsame Einheit um.
- Auch Skizzen können beim Finden der Lösung hilfreich sein. Tragen Sie in diese gegebenenfalls wesentliche Größen ein.
- Führen Sie in der Berechnung immer die Einheiten mit. Sie haben so eine zusätzliche Kontrollmöglichkeit, ob die Formel richtig umgestellt ist oder alle Einheiten zueinander passen.
- Überlegen Sie am Ende jeder Berechnung, ob die Größenordnung ihres Ergebnisses der Realität entsprechen kann. (Beispiel: Wenn Sie für die Geschwindigkeit einer Straßenbahn $50\frac{m}{s}$ erhalten, so müssen Sie Ihre Berechnung überprüfen.)

## Zum Umgang mit diesem Buch

Das Buch enthält die offiziellen Prüfungsaufgaben der letzten Jahre. Zu allen Aufgaben finden Sie im Anschluss komplett ausgearbeitete **Musterlösungen** mit Erläuterung des Lösungsweges. Darüber hinaus sind bei den Prüfungsaufgaben zwischen den Aufgaben und Lösungen **Tipps und Hinweise** zu den einzelnen Teilaufgaben eingefügt. Sie sind durch eine graue Raute markiert und nach zunehmenden Grad der Hilfestellung geordnet.

Für die Vorbereitung auf die Prüfung ist es wichtig, dass Sie immer versuchen, allein mit der Aufgabenstellung zu Recht zu kommen. Sollten Sie bei einer Aufgabe keinen eigenen Lösungsansatz finden, so lesen Sie den ersten Tipp. Sie erhalten einen **Denkanstoß** und können nun erneut versuchen einen Lösungsansatz zu finden. Wenn Sie nicht weiterkommen, lesen Sie den nächsten Tipp usw. Schlagen Sie in der Lösung erst nach, wenn Sie mit allen zu der Aufgabe gehörenden Tipps nicht weiterkommen.
Die Musterlösung dient zum einen zur **Kontrolle**, ob Sie die Aufgabe richtig und vollständig gelöst haben, zum anderen gibt Sie Ihnen eine ausführliche Hilfestellung, wenn Sie trotz der Tipps und Hinweise Schwierigkeiten bei der Bearbeitung haben (Tipps und Hinweise sind am linken Textrand durch eine Raute ◆ gekennzeichnet). Planen Sie Ihre Lern- und Übungszeit so, dass Sie am Ende Ihrer Prüfungsvorbereitung in der Lage sind, die Aufgaben weitgehend ohne Hilfestellung zu lösen. Wenn Sie dieses Ziel erreicht haben, dann sind Sie gut auf die anstehende Prüfungsarbeit vorbereitet.

Lösung S. 49

**Realschulabschluss Physik (Sachsen)**
**Aufgaben im Stil der Abschlussprüfung: Mechanik**

## Kraftumformende Einrichtung

1 Ein Pkw kommt beim Bremsen ins Schleudern und rutscht eine Böschung hinab. Ein Abschleppfahrzeug zieht das Auto (Masse 1,2 t) mit einer Motorwinde wieder auf die Straße. Dabei wird ein Höhenunterschied von 2,50 m überwunden. Die Länge der Böschung beträgt 5,00 m.

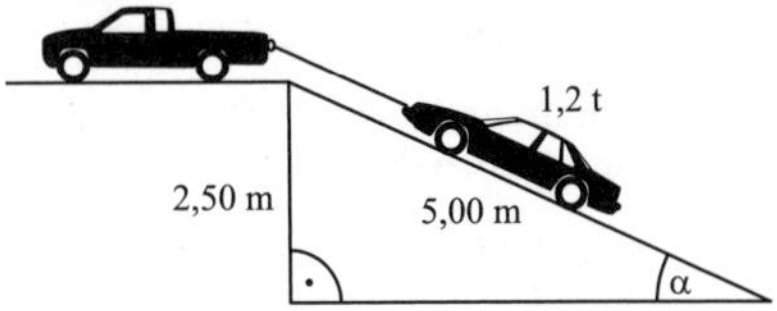


1.1 Erklären Sie den Unterschied zwischen aufzuwendender Zugkraft der Motorwinde und Gewichtskraft des Pkw.

1.2 Ermitteln Sie die Zugkraft, die von der Motorwinde aufzubringen ist.

1.3 Berechnen Sie die von der Motorwinde zu verrichtende mechanische Arbeit.

1.4 Erläutern Sie den Einfluss des Neigungswinkels α der Böschung auf die wirkenden Kräfte und die zu verrichtende mechanische Arbeit.

1997, Wahlaufgabe 6.1

2 Mithilfe eines Schrägaufzuges (Länge 10 m) werden Paletten mit Dachziegeln auf den Dachstuhl eines Hauses befördert. Der Höhenunterschied beträgt 5 m.

2.1 Skizzieren Sie den beschriebenen Sachverhalt.

2.2 Ermitteln Sie die Zugkraft für die Beförderung einer Palette mit der Masse 40 kg.

2.3 Kann mithilfe eines Schrägaufzugs mechanische Arbeit gespart werden?
Begründen Sie Ihre Antwort.

1998, Pflichtaufgabe 2

3 Die Abbildung zeigt eine „Gegenzug-Pendelleuchte“.

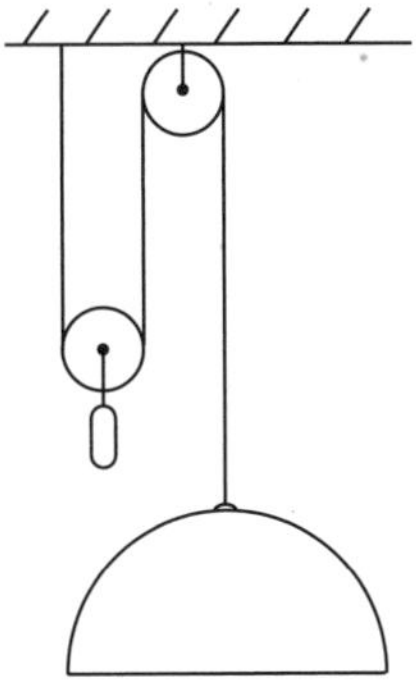

3.1 Welche kraftumformenden Einrichtungen erkennen Sie?

3.2 Erläutern Sie das Prinzip dieser Aufhängung.

3.3 Das Gegengewicht übt eine Gewichtskraft von 56 N aus.
Bestimmen Sie die Gewichtskraft der Lampe. (Die Gewichtskraft der Aufhängung wird nicht berücksichtigt.)

1997, Wahlaufgabe 6.2

4 Auf einer Baustelle wird die gegebene Anordnung zum Heben von Lasten verwendet. Damit soll ein Kübel mit einer Masse von 40 kg auf eine Höhe von 5 m befördert werden.

4.1 Benennen Sie eine der hier verwendeten kraftumformenden Einrichtungen. Geben Sie deren Funktion an.

4.2 Ermitteln Sie die notwendige Zugkraft zum Heben der Last.

4.3 Begründen Sie, dass mit dieser Anordnung keine mechanische Arbeit gespart werden kann.

2003, Pflichtaufgabe 2

5 Die Abbildung zeigt das Sicherheitsventil eines Dampfkessels.

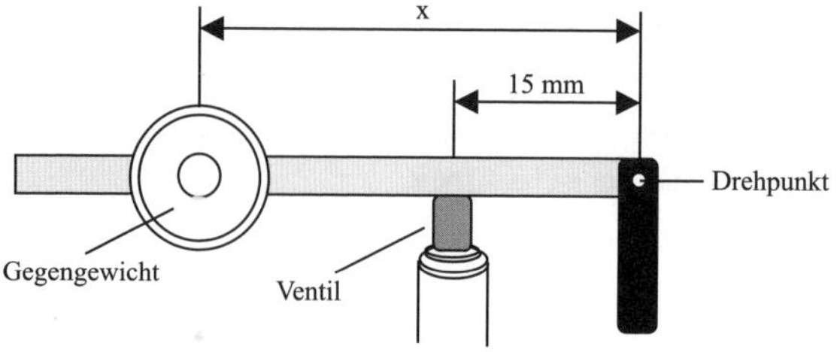


5.1 Welche kraftumformende Einrichtung findet Anwendung?

5.2 Berechnen Sie den Abstand des Gegengewichts (4 N) vom Drehpunkt, wenn der Dampf bei einer Kraft von 20 N auf das Ventil entweichen soll.

1997, Wahlaufgabe 6.3

## Druck und seine Wirkungen

6 Erläutern Sie ein Experiment zum Nachweis des Luftdrucks.

6.1 Ballons werden im Wetterdienst eingesetzt, um den Luftdruck und die Temperatur während des Aufstieges zu messen.
Begründen Sie, warum der Ballon aufsteigt und geben Sie die wirkenden Kräfte an, die zum Aufsteigen führen.

1998, Wahlaufgabe 7.2

7 In einem Experiment wurde der Schweredruck des Wassers in verschiedenen Tiefen gemessen:

| h in m | 0 | 5 | 10 | 15 | 20 |
|---|---|---|---|---|---|
| p in kPa | 0 | 50 | 101 | 149 | 200 |

7.1 Zeichnen Sie ein Diagramm, in dem der Druck in Abhängigkeit von der Tiefe dargestellt ist.

7.2 Geben Sie den Zusammenhang zwischen Tiefe und Schweredruck an.

7.3 Lesen Sie aus dem Diagramm die Tiefe ab, in der der Schweredruck 185 kPa beträgt.

7.4 Ein Mensch taucht 2,0 m tief. Ermitteln Sie die Druckzunahme auf seinen Körper.

7.5 Die Sperrmauer der Talsperre Pöhl ist an der Krone etwa 8 m und an der Talsohle etwa 40 m dick. Begründen Sie diesen Sachverhalt.

7.6 Durch Abbaggern des Uferbereiches könnte das Fassungsvermögen der Talsperre bei gleich bleibender Wasserhöhe vergrößert werden. Begründen Sie, dass sich die Belastung der Sperrmauer dadurch nicht ändern würde.

2000, Wahlaufgabe 7

## Bewegungen

8 Schienenfahrzeuge der Deutschen Bahn AG sind mit Fahrtenschreibern ausgerüstet. Bei einer Testfahrt werden folgende Daten aufgezeichnet:

Abschnitt I: Die Geschwindigkeit wächst innerhalb von 150 s gleichmäßig auf $54\,\frac{\text{km}}{\text{h}}$ an.

Abschnitt II: Mit dieser Geschwindigkeit bewegt sich das Schienenfahrzeug 90 s weiter.

Abschnitt III: Das Fahrzeug wird in 30 s gleichmäßig bis zu einer Geschwindigkeit von $27\,\frac{\text{km}}{\text{h}}$ abgebremst.

Abschnitt IV: Mit dieser Geschwindigkeit fährt es weiter.

8.1 Zeichnen Sie ein Geschwindigkeit-Zeit-Diagramm für die ersten sechs Minuten des Fahrtverlaufs.

8.2 Benennen Sie die Bewegungsarten in den einzelnen Abschnitten.
Begründen Sie jeweils Ihre Entscheidung.

8.3 Berechnen Sie die Beschleunigung des Schienenfahrzeugs im Abschnitt I.

8.4 Ermitteln Sie die Beschleunigung des Schienenfahrzeugs im Abschnitt II.

8.5 Berechnen Sie den Weg, den das Schienenfahrzeug im Abschnitt II zurücklegt.

8.6 Das Schienenfahrzeug hat die Masse 60 t.
Berechnen Sie die Bremskraft, die notwendig ist, um die Geschwindigkeit im Abschnitt III zu vermindern.

1999, Wahlaufgabe 6.1

9 Im Folgenden werden verschiedene Bewegungen betrachtet.

9.1 Die Geschwindigkeit eines Skiliftes beträgt $2{,}8\ \text{m} \cdot \text{s}^{-1}$.
Berechnen Sie die Zeit, die für das Zurücklegen des Weges 80 m erforderlich ist.

9.2 Die Untersuchung der Bewegung eines Schnellbootes ergab folgende Messwerte:

| t in s | 0 | 3,0 | 6,0 | 9,0 | 12,0 |
|---|---|---|---|---|---|
| s in m | 0 | 3,6 | 14,5 | 32,3 | 57,6 |

9.2.1 Zeichnen Sie für diese Bewegung ein Weg-Zeit-Diagramm.

9.2.2 Benennen Sie die Bewegungsart. Begründen Sie Ihre Entscheidung.

2000, Pflichtaufgabe 3

10 Während der Bewegung eines Fahrzeugs wurde folgendes v-t-Diagramm aufgenommen:

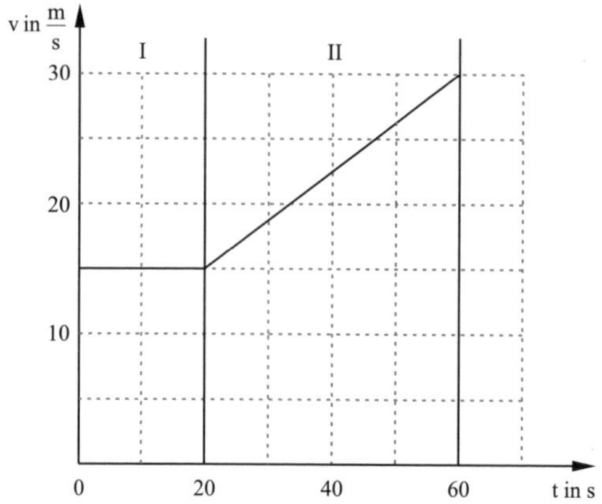


10.1 Ordnen Sie den gekennzeichneten Abschnitten I und II die Bewegungsart zu.

10.2 Geben Sie die nach 40 s erreichte Geschwindigkeit in $\frac{\text{km}}{\text{h}}$ an.

10.3 Ermitteln Sie in den Abschnitten I und II jeweils die Beschleunigung.

2001, Pflichtaufgabe 4

11.1 Für jeden Pkw wird sein Beschleunigungsvermögen mit der Angabe der Zeit beschrieben, die er für das Erreichen der Geschwindigkeit von 100 $\frac{km}{h}$ aus dem Stillstand benötigt. Das Diagramm enthält dazu die entsprechenden Angaben für zwei Fahrzeuge. Die Beschleunigung wird als konstant angenommen.

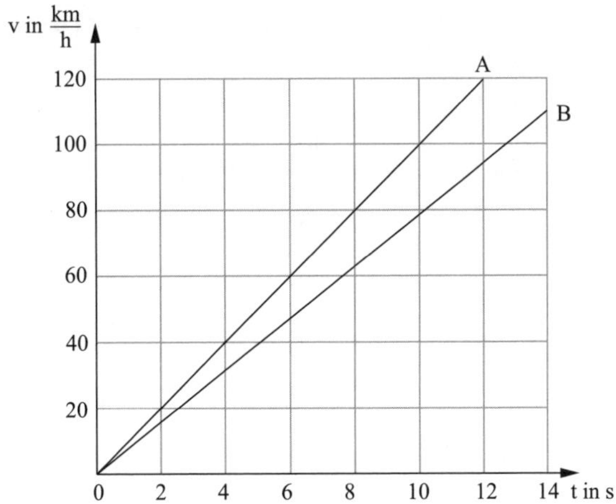


11.1.1 Ermitteln Sie die Zeit, die Fahrzeug A zum Erreichen der Geschwindigkeit von 100 $\frac{km}{h}$ benötigt.

11.1.2 Welches Fahrzeug wird am stärksten beschleunigt? Begründen Sie.

11.1.3 Berechnen Sie die Beschleunigung für Fahrzeug B.

11.1.4 Zeichnen Sie für die Bewegung von Fahrzeug B ein zugehöriges Beschleunigung-Zeit-Diagramm.

11.1.5 Berechnen Sie den Weg, den Fahrzeug B in den ersten 6 Sekunden zurücklegt.

11.2 Die Geschwindigkeit auf einer Straße vor einer örtlichen Mittelschule wurde auf 30 $\frac{km}{h}$ begrenzt.

11.2.1 Berechnen Sie die Zeit, die ein Schüler zum Überqueren der 5 m breiten Straße benötigt, wenn er sich mit einer konstanten Geschwindigkeit von 4 $\frac{km}{h}$ bewegt.
Geben Sie das Ergebnis in Sekunden an.

11.2.2 Ein Pkw-Fahrer beobachtet den Schüler in einer Entfernung von 50 m beim Betreten der Fahrbahn. Er nähert sich mit der zulässigen Höchstgeschwindigkeit.
Muss der Fahrer die Geschwindigkeit verringern, damit der Schüler die Straße gefahrlos überqueren kann? Begründen Sie.

11.2.3 Die Geschwindigkeit eines Fahrzeugs beträgt 30 $\frac{km}{h}$. Aufgrund eines unvorhergesehenen Ereignisses muss der Fahrer eine Vollbremsung mit einer Bremsverzögerung von 8 $\frac{m}{s^2}$ einleiten. Bis zur Betätigung des Bremspedals vergeht eine Zeit von 0,8 s.
Berechnen Sie den Anhalteweg.

11.3 Nennen Sie zwei praktische Beispiele für Bewegungen mit konstantem Betrag der Geschwindigkeit.

2002, Wahlaufgabe 6

12 Die Bewegung eines Fahrschul-Pkw wird durch folgendes Geschwindigkeit-Zeit-Diagramm beschrieben:

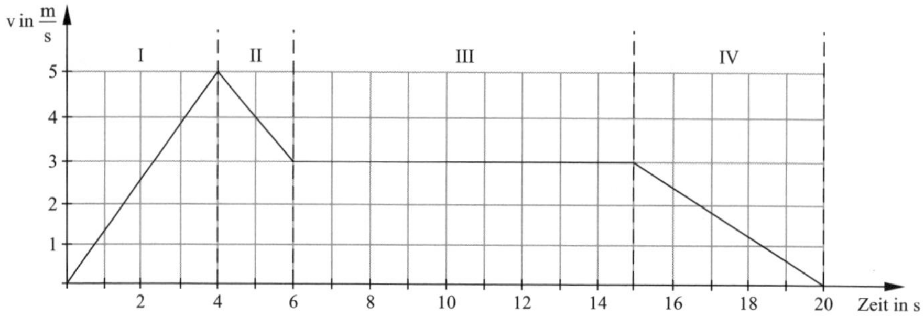


12.1 Beschreiben Sie die Bewegung des Fahrzeugs abschnittsweise und geben Sie jeweils die Bewegungsart an.

12.2 Bestimmen Sie die Beschleunigungen in den Abschnitten I, II und III.

12.3 Berechnen Sie den im Abschnitt III zurückgelegten Weg.

12.4 Berechnen Sie die im Abschnitt I wirkende Kraft, wenn die Gesamtmasse des Pkw 1 500 kg beträgt.

12.5 Im Herbst werden an Pkw die Sommerreifen durch Winterreifen ersetzt.
Begründen Sie diese Maßnahme aus physikalischer Sicht.

2003, Wahlaufgabe 6

13 Das Fahrzeugwerk Bombardier in Bautzen testet ein neues Schienenfahrzeug für den Einsatz zur Fußball-WM 2006 in Leipzig. Während eines dieser Tests wurde das folgende Diagramm aufgenommen.

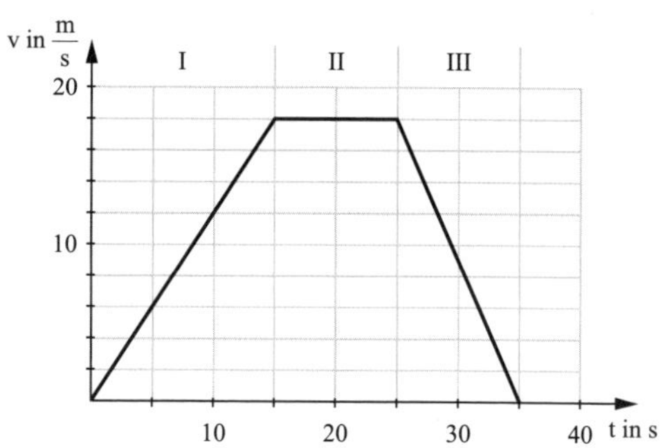


13.1 Berechnen Sie den Weg, den das Schienenfahrzeug mit konstanter Geschwindigkeit zurücklegt.

13.2 Ermitteln Sie die Größe der Bremsbeschleunigung.

13.3 Berechnen Sie den Bremsweg.

2004, Pflichtaufgabe 4

14 Im September 2006 haben die Dresdner Verkehrsbetriebe die ersten neuen, in Bautzen produzierten Niederflurbahnen des Typs NGT D8 DD in Betrieb genommen. Die Bahnen sind 30 m lang, haben acht Achsen und die Leermasse 39,3 t.

14.1 Beim Losfahren nach einem Halt beträgt die mittlere Beschleunigung $1{,}10\ \frac{\text{m}}{\text{s}^2}$.
Berechnen Sie die Zeit bis zum Erreichen der Geschwindigkeit $50{,}0\ \frac{\text{km}}{\text{h}}$.

14.2 Nach der Beschleunigungsphase behält die Bahn die erreichte Geschwindigkeit für 37,4 s bei. Zeichnen Sie ein v-t-Diagramm über die Gesamtzeit 50,0 s.
Ermitteln Sie den in diesen 50 s insgesamt zurückgelegten Weg.

14.3 Bei einer Notbremsung werden insgesamt acht Magnetschienenbremsen verwendet. Jede dieser Bremsen hat die Bremskraft 64 kN.
Nennen Sie die beim Bremsen auftretende Energiewandlung.
Berechnen Sie die Bremsbeschleunigung bei einer solchen Notbremsung.

14.4 Die Beschleunigung bei einer Notbremsung ist größer als die Fallbeschleunigung g.
Leiten Sie eine Verhaltensregel für Fahrgäste in der Straßenbahn ab und begründen Sie diese mithilfe eines physikalischen Gesetzes.

2007, Wahlaufgabe 6.2

15 Beim Abbremsen eines Fahrzeugs mit 1,2 t Masse wirkt eine konstante Beschleunigung von $4{,}2\ \frac{\text{m}}{\text{s}^2}$.

15.1 Berechnen Sie die Bremskraft.

15.2 Eine nicht angeschnallte Person rutscht beim Bremsvorgang vom Sitz.
Erläutern Sie mithilfe eines physikalischen Gesetzes diesen Vorgang.

2002, Pflichtaufgabe 3

16 Zwei Jugendliche gleicher Masse stehen sich auf Inline-Skates so gegenüber, dass sich ihre Handflächen berühren. Einer der beiden stößt sich vom anderen ab.

16.1 Beschreiben Sie, was zu erwarten ist.

16.2 Formulieren Sie das entsprechende physikalische Gesetz.

16.3 Erläutern Sie ein weiteres Beispiel, das die Gültigkeit dieses physikalischen Gesetzes belegt.

1997, Wahlaufgabe 6.4

## Arbeit, Energie und Leistung

17 Eine Bergsteigerin beginnt die Besteigung des 3 790 m hohen Großglockner im 1 290 m hoch gelegenen Ort Heiligenblut. Sie hat mit Ausrüstung die Gesamtmasse 80 kg.

17.1 Berechnen Sie die Arbeit, die die Bergsteigerin beim Besteigen des Berges verrichten muss.

17.2 Zur Bewältigung eines Höhenunterschiedes von jeweils 300 m benötigt sie durchschnittlich 50 Minuten.
Berechnen Sie die Leistung der Bergsteigerin.

2000, Wahlaufgabe 7.3

18 Der durchschnittliche Gesamtenergiebedarf eines Schülers der Klassenstufe 10 liegt pro Tag bei 12 000 kJ. Davon stehen etwa 3 000 kJ für mechanische Arbeit zur Verfügung.

18.1 Geben Sie den Wirkungsgrad dieser Energieumwandlung an.

18.2 Nennen Sie ein Beispiel, wofür die restliche Energie im Körper benötigt wird.

2004, Pflichtaufgabe 3

19 Eine sächsische Schülerin aus Görlitz erreichte im März 2006 einen neuen deutschen Rekord im Reißen in der A-Jugend. Es gelang ihr, eine Hantel mit der Masse 77 kg in 0,38 s um 1,0 m anzuheben.

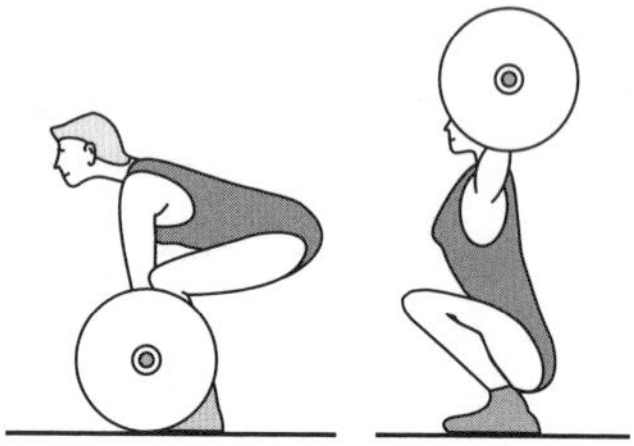

Berechnen Sie die kurzzeitige Leistung der Schülerin bei ihrem Rekord im beidarmigen Reißen.
Vergleichen Sie diese mit den Motorleistungen von Kleinkrafträdern (Mopeds, Mokicks und Kleinroller), die meist Motoren mit Maximalleistungen zwischen 0,6 kW und 4,6 kW haben.

2007, Wahlaufgabe 6.1

## Schwingungen

20 In den folgenden Diagrammen sind zwei mechanische Schwingungen dargestellt:

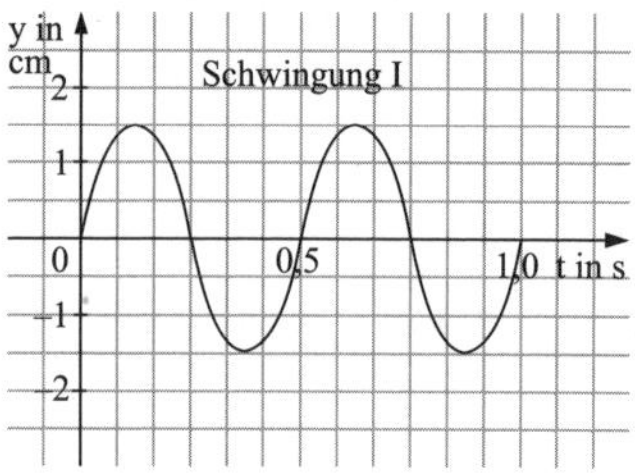


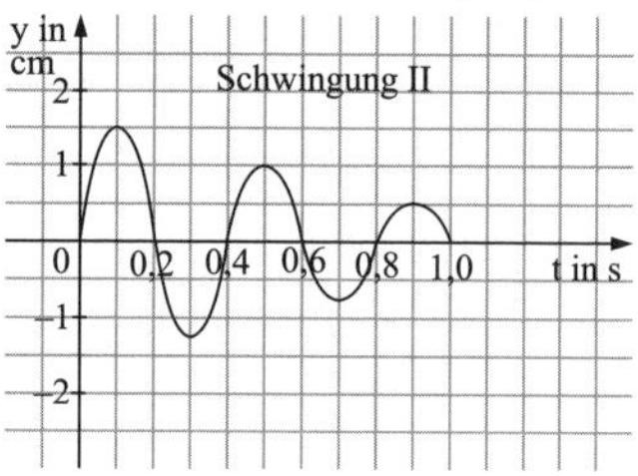


20.1 Geben Sie die Amplitude der Schwingung I an.

20.2 Vergleichen Sie die Periodendauer von Schwingung I mit der von Schwingung II.

20.3 Berechnen Sie die Frequenz von Schwingung II.

20.4 Geben Sie an, welche der beiden Schwingungen gedämpft ist.
Begründen Sie Ihre Entscheidung.

20.5 Beschreiben Sie die auftretenden Energieumwandlungen bei gedämpften mechanischen Schwingungen.

20.6 Nennen Sie je ein Anwendungsbeispiel für eine ungedämpfte und für eine gedämpfte mechanische Schwingung.

1999, Wahlaufgabe 6.2

21.1 In einem Experiment soll die Periodendauer einer mechanischen Schwingung bestimmt werden.

21.1.1 Skizzieren Sie einen möglichen Aufbau.
Beschreiben Sie Durchführung und Auswertung.

21.1.2 Geben Sie eine Möglichkeit zur Verringerung der Periodendauer an.

21.2 Für eine mechanische Schwingung wurden eine Amplitude von 1,80 m und eine Periodendauer von 3,6 s festgestellt.

21.2.1 Zeichnen Sie ein zugehöriges y-t-Diagramm für mindestens zwei Perioden.

21.2.2 Berechnen Sie die Frequenz dieser Schwingung.

1998, Pflichtaufgabe 2

22 Eine Stimmgabel führt eine ungedämpfte Schwingung mit der Frequenz 100 Hz aus. Die Amplitude beträgt 2 mm.

22.1 Berechnen Sie die Periodendauer der Schwingung.

22.2 Zeichnen Sie ein zugehöriges y-t-Diagramm für zwei Perioden.

22.3 Skizzieren Sie in das y-t-Diagramm eine gedämpfte Schwingung gleicher Frequenz.

22.4 Geben Sie die bei gedämpften Schwingungen auftretenden Energieumwandlungen an.

2005, Wahlaufgabe 5.2

23 Bei der Aufnahme von Schwingungsvorgängen entstanden folgende Diagramme:

Diagramm 1:

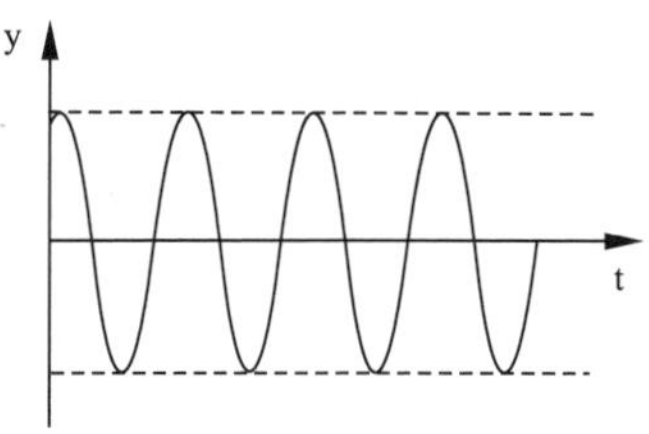


Diagramm 2:

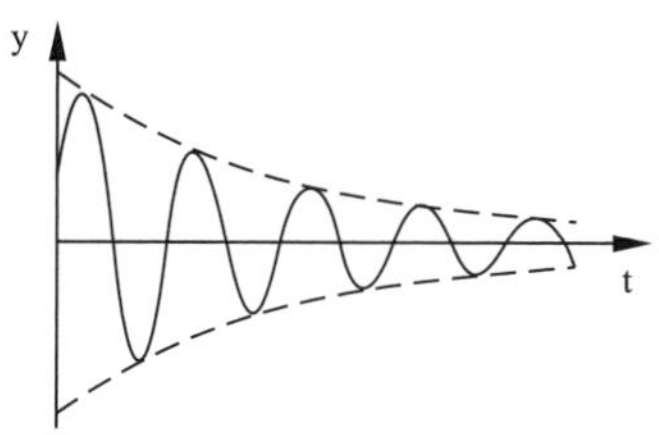


23.1 Geben Sie die jeweiligen Schwingungsarten an. Begründen Sie.

23.2 Nennen Sie für jede Schwingungsart ein Beispiel.

2003, Wahlaufgabe 6.2

24 Ein Uhrpendel führt 10 Schwingungen in 25 s mit einer konstanten Amplitude von 7 cm aus.

24.1 Zeichnen Sie ein zugehöriges y-t-Diagramm für zwei Perioden.

24.2 Erläutern Sie die bei diesem Pendel auftretenden Energieumwandlungen.

2003, Wahlaufgabe 6.3

25 Eine Kugel wird am Rand einer gewölbten Bahn losgelassen. In der Zeit 12 s führt die Kugel 10 Hin- und Herbewegungen aus, bevor sie im tiefsten Punkt der Bahn zur Ruhe kommt.

25.1 Entscheiden Sie, ob es sich dabei um eine ungedämpfte oder eine gedämpfte Schwingung handelt.
Begründen Sie Ihre Entscheidung.

25.2 Ermitteln Sie Periodendauer und Frequenz dieser Schwingung.

25.3 Erläutern Sie, was man unter der Frequenz einer Schwingung versteht.

25.4 Skizzieren Sie ein y-t-Diagramm des in 5.2 beschriebenen Vorgangs für wenigstens zwei Perioden.

25.5 Nennen Sie die dabei auftretenden Energieumwandlungen.

2001, Wahlaufgabe 5.2

## Realschulabschluss Physik (Sachsen)
## Aufgaben im Stil der Abschlussprüfung: Thermodynamik

1.1 In einer Kühlbox mit Kühlakku bleiben Lebensmittel für längere Zeit kalt.
Nennen Sie zwei Ursachen dafür.

1.2 Wärmedämmung wird beim Hausbau heute gesetzlich vorgeschrieben.
Begründen Sie die Notwendigkeit der Wärmedämmung am Haus.
Nennen Sie drei Maßnahmen, durch die Wärmedämmung am Haus erreicht werden kann.

1.3 Begründen Sie die besondere Eignung von Wasser für Heizungsanlagen.

2000, Wahlaufgabe 5.2

2 Zum Erwärmen von Wasser werden oft elektrische Warmwasserbereiter benutzt.

2.1 Geben Sie die bei diesen Geräten auftretende Energieumwandlung an.

2.2 Ein solches Gerät besitzt die elektrische Leistung 1 200 W. Vom Wasser werden in einer Minute 66 kJ Wärme aufgenommen.
Berechnen Sie den Wirkungsgrad dieses Gerätes.

2000, Wahlaufgabe 5.3

3 Eine Wärmflasche wird mit heißem Wasser gefüllt. Das Wasser hat die Masse 1,5 kg und die Temperatur 75 °C. Im Bett kühlt sich das Wasser auf die Körpertemperatur des Menschen, auf 37 °C, ab.

3.1 Berechnen Sie die vom Wasser abgegebene Wärme.

3.2 Die Wärmflasche soll durch einen heißen Stein ersetzt werden, dessen spezifische Wärmekapazität $0{,}8\,\frac{\text{kJ}}{\text{kg}\cdot\text{K}}$ beträgt. Er gibt bei gleicher Anfangs- und Endtemperatur die gleiche Wärme wie das Wasser ab. Berechnen Sie die Masse des Steines.

2001, Wahlaufgabe 6.1

4 Heiße Getränke können in einer Isolierkanne (Thermosgefäß) warm gehalten werden.

4.1 Beschreiben Sie den Aufbau eines solchen Gefäßes.

4.2 Erläutern Sie, wie dabei die Wärmeübertragung an die Umgebung vermindert wird.

2001, Wahlaufgabe 6.2

5 Ein Stahlbandmaß zeigt die „richtige" Länge bei der Temperatur 20 °C an.
Wie wirken sich höhere Temperaturen auf das Messergebnis aus? Begründen Sie.

2001, Wahlaufgabe 6.3

6 Wasser liegt zunächst bei –5 °C in Form von Eis vor. Es wird auf 50 °C erwärmt.

6.1 Beschreiben Sie die bei der Erwärmung von –5 °C bis 50 °C ablaufenden physikalischen Vorgänge.

6.2 Skizzieren Sie den zu erwartenden Temperaturverlauf in einem Temperatur-Zeit-Diagramm.

2001, Wahlaufgabe 6.4

7 Dieselmotoren werden wegen ihres geringeren Kraftstoffverbrauchs immer häufiger in Pkw's verwendet.

7.1 Geben Sie die Energieumwandlungen im Dieselmotor an.

7.2 Benennen Sie vier von den in der Skizze gekennzeichneten Teilen des Dieselmotors.

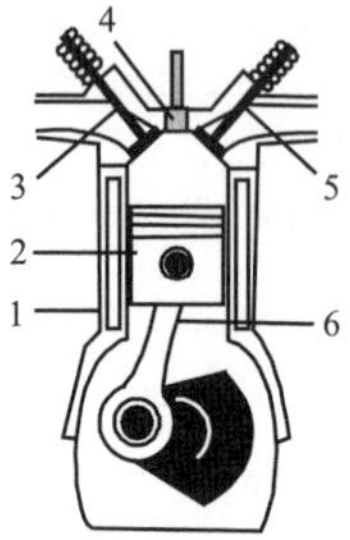


2001, Wahlaufgabe 6.5

8 In Wohnhäusern werden häufig Warmwasserheizungen eingebaut.
Von einem Heizkessel aus werden die Wohnungen im Haus mit Wärme versorgt.

8.1 In einem solchen Heizkessel werden 700 ℓ Wasser von 15 °C auf 70 °C erwärmt. (Es gilt: 1 ℓ entspricht 1 kg.)
Berechnen Sie die erforderliche Wärme.

8.2 Der Wirkungsgrad der Heizungsanlage beträgt 75 %.
Erläutern Sie diese Aussage.

8.3 Nennen Sie zwei Möglichkeiten, um im Haushalt Wärmeverluste gering zu halten.

2002, Pflichtaufgabe 4

9 Für Temperaturmessungen werden unter anderem Flüssigkeitsthermometer und elektrische Thermometer benutzt.

9.1 Erklären Sie das Sinken bzw. Steigen der Flüssigkeitssäule in einem Flüssigkeitsthermometer.

9.2 Nennen Sie eine geeignete Thermometerflüssigkeit für Außenthermometer.
Begründen Sie Ihre Entscheidung.

9.3 Geben Sie einen Vorteil elektrischer Thermometer an.

2004, Pflichtaufgabe 5.3

10 Ein Becherglas ist mit zerkleinerten Eisstücken gefüllt. Dem Becherglas wird durch eine Heizplatte gleichmäßig Wärme zugeführt. Die Ergebnisse der Temperaturmessung sind in folgender Tabelle erfasst.

| t in min | 0 | 1 | 2 | 3 | 4 | 5 | 6 | 7 | 8 |
|---|---|---|---|---|---|---|---|---|---|
| $\vartheta$ in °C | 0 | 0 | 0 | 0,1 | 0,5 | 1,2 | 5,2 | 9,1 | 13,0 |

10.1 Zeichnen Sie ein zugehöriges $\vartheta$-t-Diagramm.

10.2 Beschreiben und begründen Sie den Temperaturverlauf im Intervall $0 \leq t < 3$ min.

10.3 Es wird eine Heizplatte mit größerer Leistung verwendet. Geben Sie eine mögliche Änderung des Temperaturverlaufs an.

2005, Pflichtaufgabe 3

11 Bei der Konstruktion von technischen Einrichtungen und Bauwerken müssen Temperatureinflüsse berücksichtigt werden.

11.1 Die Dresdner Schwebebahn hat 33 Stützen, welche die 274 m langen Stahlschienen tragen.
Erläutern Sie den Einfluss auf die Schienen bei Temperaturschwankungen von –20 °C bis 40 °C.

11.2 Beschreiben Sie ein weiteres Beispiel, bei dem Temperatureinflüsse berücksichtigt werden müssen

nach 2007, Wahlaufgabe 5.2

## Elektrischer Widerstand

1 Bei einem Experiment wurde für ein Bauelement folgende Messreihe aufgenommen:

| U in V | 1 | 2 | 3 | 4 | 5 | 6 |
|---|---|---|---|---|---|---|
| I in mA | 60 | 115 | 185 | 230 | 290 | 360 |

1.1 Stellen Sie die Stromstärke in Abhängigkeit von der Spannung in einem Diagramm dar.

1.2 Berechnen Sie für die Spannungen 1 V und 6 V jeweils den elektrischen Widerstand.

1.3 Entscheiden Sie, ob es sich bei dem Bauelement um eine Glühlampe, einen Konstantandraht oder einen Halbleiter handelt.
Begründen Sie Ihre Entscheidung.

1997, Pflichtaufgabe 2

2 In einem Schülerexperiment wurden zwei Bauelemente B1 und B2 untersucht und folgende Werte gemessen.

| | | | | | | | |
|---|---|---|---|---|---|---|---|
| | U in V | 0 | 2 | 4 | 6 | 8 | 10 |
| B1: | $I_1$ in mA | 0 | 170 | 330 | 510 | 690 | 850 |
| B2: | $I_2$ in mA | 0 | 350 | 560 | 720 | 830 | 900 |

2.1 Zeichnen Sie die Kennlinien der beiden Bauelemente in ein gemeinsames I-U-Diagramm.

2.2 Berechnen Sie den elektrischen Widerstand der Bauelemente bei 2 V und 10 V.

2.3 Als Bauelemente wurden eine Glühlampe und ein Ohm'scher Widerstand verwendet.
Entscheiden Sie, welches der beiden Bauelemente die Glühlampe ist.
Begründen Sie.

2005, Wahlaufgabe 6.1

3.1 Wie verändert sich bei gleicher Länge der Widerstand des Drahtes, wenn die Querschnittsfläche nur halb so groß ist?
Begründen Sie.

3.2 Beschreiben und begründen Sie das Widerstandsverhalten eines Eisendrahtes bei Erwärmung.

nach 1999, Wahlaufgabe 5.2

4 Für die Herstellung einer Spule mit einem Widerstand von 15 Ω stehen Kupferdraht und Aluminiumdraht gleichen Querschnitts zur Verfügung.
Vergleichen Sie die benötigten Längen der beiden Drähte.
Begründen Sie.

nach 2002, Wahlaufgabe 5.2

## Stromkreise

5 In einem Haushalt sollen zugleich folgende Geräte in einem gemeinsamen Stromkreis betrieben werden: Grill (800 W / 230 V), Mixer (550 W / 230 V), Mikrowelle (1 200 W / 230 V).

5.1 Zeichnen Sie einen entsprechenden Schaltplan, in dem Sie die Geräte als Widerstände darstellen.

5.2 Berechnen Sie die Einzelstromstärken und die Gesamtstromstärke.

5.3 Ist ein Unterbrechen des Stromkreises zu erwarten, wenn dieser mit einer Sicherung für 10 A abgesichert ist? Begründen Sie.

1997, Wahlaufgabe 5.2

6 In einem Stromkreis sind zwei Stromstärke- und zwei Spannungsmessgeräte so angeordnet, wie es der Schaltplan zeigt.

6.1 Geben Sie die Stromstärke $I_2$ an.

6.2 Berechnen Sie die Spannung $U_2$ am Widerstand $R_2$.

6.3 Berechnen Sie die Widerstände $R_1$ und $R_2$.

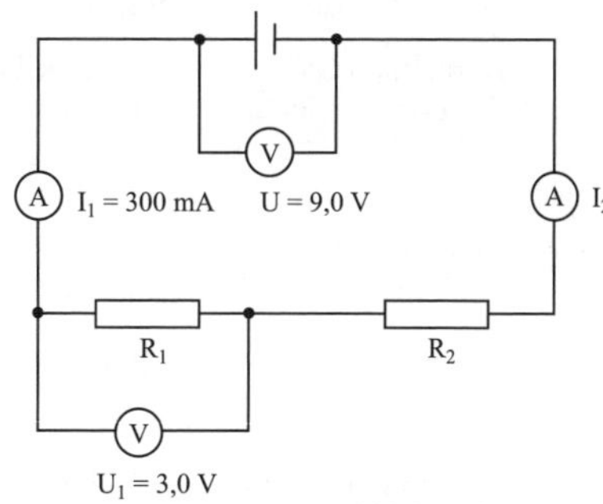


1998, Wahlaufgabe 6.1

7 In einem Haushalt werden zahlreiche elektrische Geräte, wie z. B. Leuchten, Radio, Fernsehgerät, Kochplatte, Kaffeemaschine, Kühlschrank und Waschmaschine, benutzt.

7.1 Geben Sie zwei Gründe an, weshalb diese Geräte nicht in Reihenschaltung betrieben werden.

7.2 Erläutern Sie eine Möglichkeit zur Einsparung von Elektroenergie im Haushalt.

1998, Wahlaufgabe 6.3

8.1 Ein Schüler hat im Praktikum die abgebildete Schaltung aufgebaut. Er schraubt Lampe 4 heraus. Welche Aussage ist für die verbleibenden Lampen zutreffend?
Begründen Sie.

a) Alle anderen Lampen leuchten weiter.
b) Nur die Lampen 1 und 3 leuchten.
c) Nur die Lampe 5 leuchtet nicht.
d) Nur die Lampen 1, 3 und 5 leuchten.

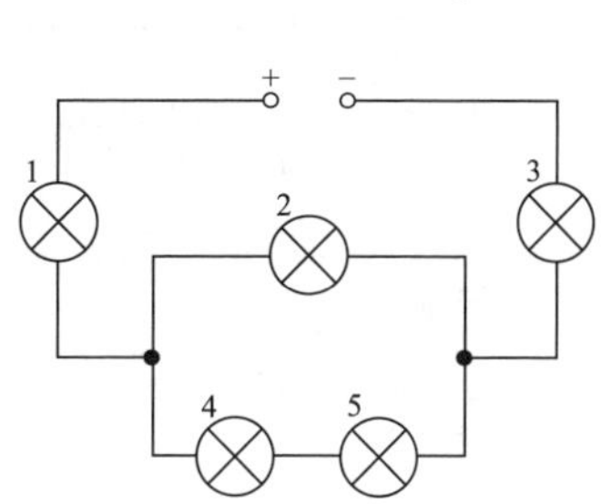


8.2 Die Glühlampen einer Lichterkette haben jeweils die Betriebsspannung 16 V. Die Lichterkette kann an Spannungsquellen bis 240 V angeschlossen werden. Geben Sie an, in welcher Schaltungsart die Lampen betrieben werden.
Berechnen Sie, aus wie vielen Lampen die Lichterkette besteht.

2007, Pflichtaufgabe 2

## Vorwiderstand

9 Eine Glühlampe hat die Anschlusswerte 6,0 V und 5,0 W. Um sie an einer 12 V-Spannungsquelle betreiben zu können, ist ein Vorwiderstand nötig.

9.1 Zeichnen Sie einen entsprechenden Schaltplan.

9.2 Berechnen Sie den Vorwiderstand.

1998, Wahlaufgabe 6.2

10 Nach dem Schaltplan wird eine Glühlampe (6 V; 0,1 A) mit einer 10 V-Spannungsquelle betrieben.

10.1 Geben Sie die Schaltungsart an.

10.2 Berechnen Sie den elektrischen Widerstand des erforderlichen Vorwiderstandes.

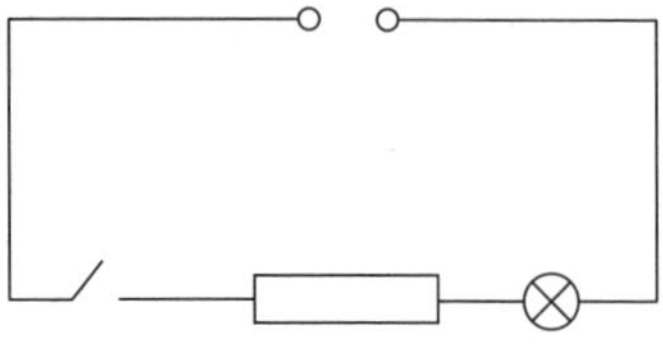

2003, Wahlaufgabe 5.2

11 Eine Glühlampe (6 V; 0,15 A) soll an eine 9 V-Batterie angeschlossen werden. Um die Glühlampe vor Überlastung zu schützen, wird ein Widerstand benötigt.

11.1 Zeichnen Sie einen entsprechenden Schaltplan.

11.2 Ermitteln Sie die Größe des Widerstandes.

11.3 Berechnen Sie die elektrische Leistung der Glühlampe.

2004, Pflichtaufgabe 2

## Elektromagnetische Induktion

12.1 Beschreiben Sie den Aufbau eines Elektromagneten.
Geben Sie zwei Möglichkeiten an, wie die Stärke des Elektromagneten vergrößert werden kann.

12.2 Eine elektrische Klingel hat den in der Abbildung dargestellten Auf-bau.
Ordnen Sie die folgenden vier Begriffe den entsprechenden Zahlen zu:
Glocke, Taster, Elektromagnet, Anker
Erklären Sie, warum sich der Anker beim Betätigen des Tasters bewegt.

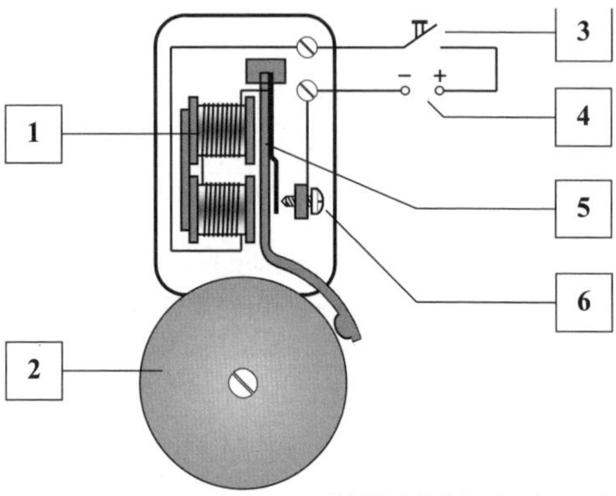


2005, Wahlaufgabe 6.2

13.1 In einer Spule soll eine Induktionsspannung erzeugt und nachgewiesen werden.

13.1.1 Skizzieren Sie den Aufbau eines entsprechenden Experimentes.
Beschreiben Sie den Ablauf.

13.1.2 Nennen Sie zwei Möglichkeiten zum Vergrößern der Induktionsspannung.

13.2 Ein Transformator hat eine Primärspule mit 4 600 Windungen. Damit soll eine Primärspannung von 230 V auf 8 V transformiert werden. Für die Sekundärspule stehen folgende Windungszahlen zur Auswahl:

| | | | | |
|---|---|---|---|---|
| 9 200 | 4 600 | 2 300 | 160 | 46 |

Geben Sie die geeignete Windungszahl an.

1999, Pflichtaufgabe 4

14.1 Ein Fahrraddynamo ist ein Wechselstromgenerator.

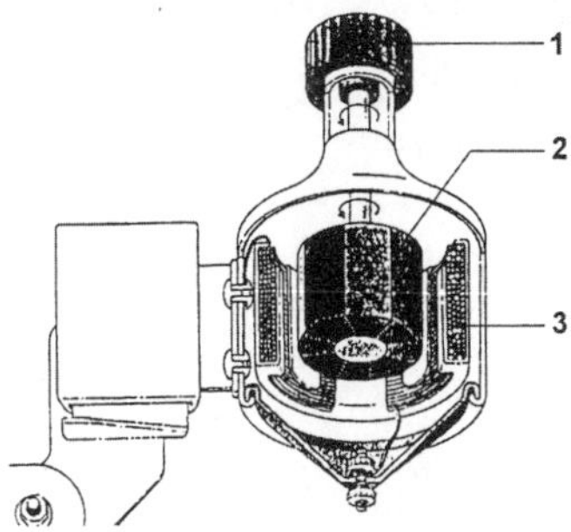


Bezeichnen Sie die gekennzeichneten Teile.

14.2 Erläutern Sie die Wirkungsweise.

14.3 Geben Sie die wesentliche Energieumwandlung an.

1998, Wahlaufgabe 7.3

15.1 An einen unbelasteten, weitgehend verlustfreien Transformator, dessen Primärspule 125 Windungen und dessen Sekundärspule 750 Windungen aufweisen, wird die Wechselspannung 6,0 V angelegt.

15.1.1 Berechnen Sie die Spannung an der Sekundärspule.

15.1.2 An die Sekundärspule soll in einem weiteren Experiment der Widerstand 36 Ω angeschlossen werden.
Berechnen Sie die Stromstärke im Sekundärstromkreis.

15.2 Transformatoren spielen bei der Energieübertragung vom Kraftwerk zum Verbraucher eine große Rolle.

15.2.1 Begründen Sie die Notwendigkeit für diese Verwendung von Transformatoren.

15.2.2 Ein Transformator hat den Wirkungsgrad 95 %.
Erläutern Sie diese Aussage.

15.3 Der folgende Schaltplan zeigt ein einfaches Ladegerät, mit dem ein Akkumulator am Netz geladen werden kann.

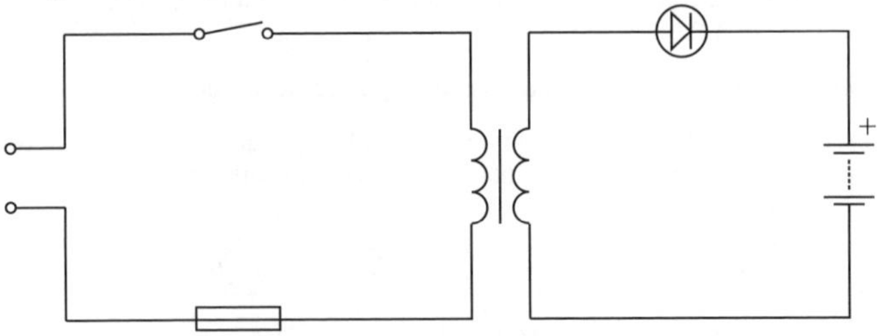


Benennen Sie zwei Bauteile und erläutern Sie jeweils deren Funktion.

2000, Wahlaufgabe 6.3, 6.4, 6.5

16 In einer Trafostation wird eine Spannung von 110 kV auf 20 kV herabgesetzt. Die Primärspule des Transformators hat 3 300 Windungen.

16.1 Berechnen Sie die Windungszahl der Sekundärspule.

16.2 Erklären Sie die Wirkungsweise eines Transformators.

2002, Pflichtaufgabe 2

**Halbleiterbauelement**

17.1 Beschreiben Sie den Aufbau einer Halbleiterdiode.

17.2 Ein Schüler hat folgende Schaltung aufgebaut.

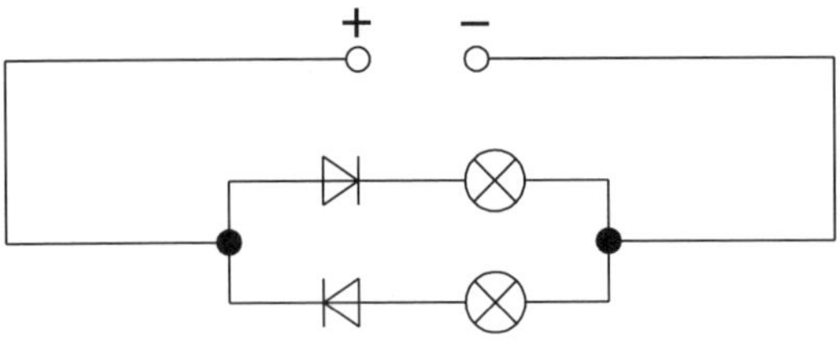


Entscheiden Sie, welche der folgenden Aussagen zutrifft:

a) Beide Lampen Leuchten.

b) Eine Lampe leuchtet.

c) Keine Lampe leuchtet.

Begründen Sie Ihre Entscheidung.

17.3 Eine Leuchtdiode mit einer Betriebsspannung von 2,1 V und einer maximal zulässigen Stromstärke von 0,02 A soll an eine Spannungsquelle von 6 V angeschlossen werden. Berechnen Sie den erforderlichen Vorwiderstand.

2005, Wahlaufgabe 6.3

18 Bei einem Experiment wurde für ein Halbleiter-Bauelement bei konstanter Spannung ($U = 6$ V) folgende Messwerttabelle erstellt:

| $\vartheta$ in °C | 20 | 25 | 30 | 40 | 50 |
|---|---|---|---|---|---|
| I in mA | 60 | 100 | 165 | 300 | 520 |

18.1 Zeichnen Sie ein entsprechendes I-$\vartheta$-Diagramm

18.2 Beschreiben Sie den Einfluss der Temperatur auf die elektrische Stromstärke.

18.3 Geben Sie an, ob der elektrische Widerstand des Bauelements bei Temperaturerhöhung größer wird, kleiner wird oder gleich bleibt.
Begründen Sie Ihre Aussage.

18.4 Nennen Sie zwei Anwendungen von Halbleiter-Bauelementen.

2006, Pflichtaufgabe 4

## Elektrizitätslehre im Haushalt

19 In einer Küche werden ein Toaster, ein Wasserkocher und eine Kaffeemaschine entsprechend der folgenden Abbildung betrieben.

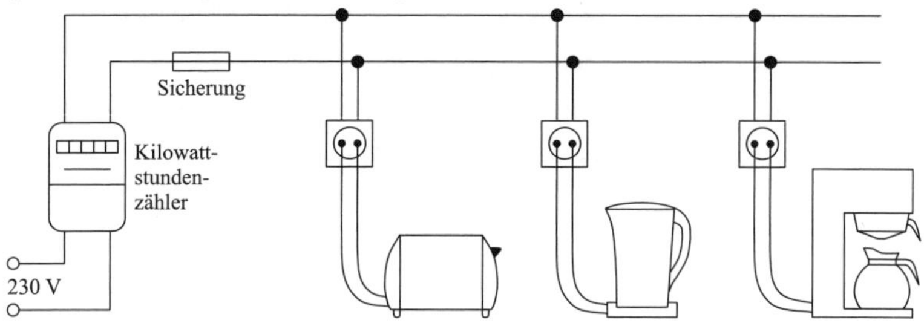


19.1 Begründen Sie, dass an jedem Gerät die gleiche Spannung anliegt.

19.2 Welche Aufgabe hat die Sicherung im Stromkreis?

19.3 Geben Sie an, welche physikalische Größe mithilfe des Kilowattstundenzählers gemessen wird.

19.4 Die Geräte haben folgende Typenschilder:

| | Toaster | | Wasserkocher | | Kaffeemaschine |
|---|---|---|---|---|---|
| | **Typ: Röstmich**<br>Made in Germany<br>230 V, 50 Hz<br>850 W | | **Typ: Kochmich**<br>Made in Germany<br>230 V, 50 Hz<br>1 000 W | | **Typ: Brühmich**<br>Made in Germany<br>230 V, 50 Hz<br>850 W |

Der Stromkreis ist mit 16 A abgesichert.
Nach Rücksprache mit einem Elektroinstallateur erfährt der Wohnungsinhaber, dass eine Mikrowelle mit einer Leistung von 1 200 W nicht gleichzeitig mit den anderen Geräten betrieben werden kann.
Begründen Sie diese Aussage rechnerisch.

2006, Wahlaufgabe 5.2

20 Bei einer Wohnungsrenovierung soll die bisherige, insgesamt 50 m lange Aluminiumleitung mit dem Querschnitt 1,6 $mm^2$ durch eine gleich lange Kupferleitung ersetzt werden.
Berechnen Sie den Querschnitt dieser Kupferleitung, wenn der Widerstand beider Leitungen gleich sein soll.

1998, Wahlaufgabe 6.5

## Elektrische Energie und Leistung

21 Geräte der Unterhaltungselektronik mit Fernbedienung werden oft nicht gänzlich abgeschaltet, sondern in Betriebsbereitschaft (Stand-by-Betrieb) belassen. Dabei kann die Leistungsaufnahme immer noch bis zu 10 W betragen.

21.1 Ermitteln Sie die während eines Jahres verrichtete elektrische Arbeit, wenn das Gerät durchschnittlich 18 Stunden pro Tag im Stand-by-Betrieb belassen wird.

21.2 Berechnen Sie die dadurch entstehenden Kosten. Gehen Sie vom Preis 0,27 € für 1 kWh aus.

1998, Wahlaufgabe 6.4

22 Ein Lötkolben hat bei einer Spannung von 230 V eine Leistungsaufnahme von 60 W.

22.1 Berechnen Sie den elektrischen Widerstand des Lötkolbens.

22.2 Geben Sie die bei einem Lötkolben auftretende Energieumwandlung an.

22.3 Nennen Sie ein weiteres elektrisches Gerät, bei dem die gleiche Energieumwandlung auftritt.

2002, Wahlaufgabe 5.3

## Realschulabschluss Physik (Sachsen)
## Aufgaben im Stil der Abschlussprüfung: Kosmos, Erde und Mensch

### Geschichte der Astronomie

1 Vergleichen Sie geozentrisches und heliozentrisches Weltbild.

2 Unterscheiden Sie Astronomie und Astrologie.

### Orientierung am Sternenhimmel

3 Beschriften Sie die scheinbare Himmelskugel.
Ordnen Sie den Zahlen die Begriffe Zenit, Meridian, Azimut, Höhe, Horizont, Himmelsäquator und Himmelsnordpol zu.

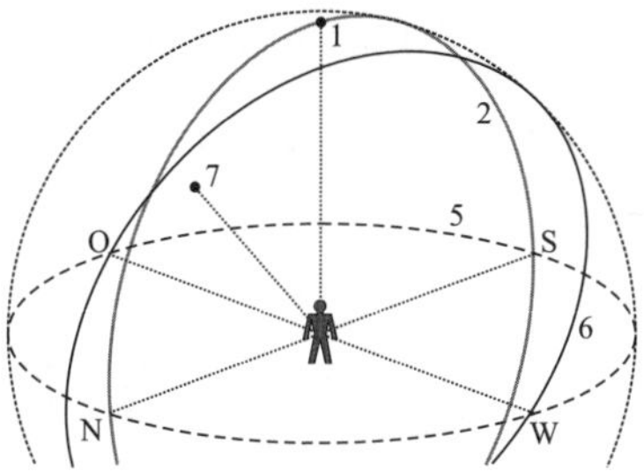


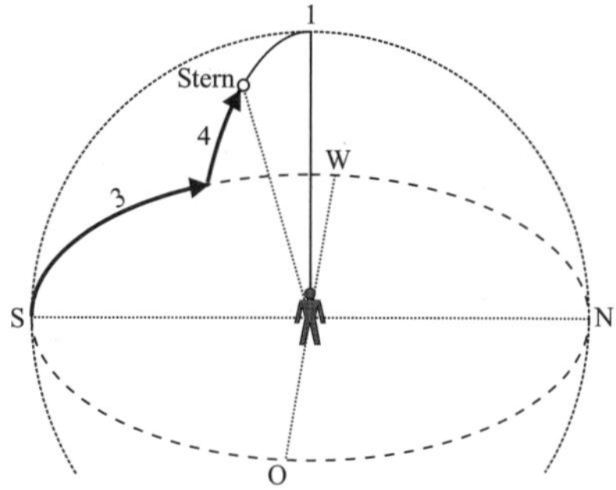


Die folgenden Aufgaben sind mit der drehbaren Sternkarte zu lösen. Auf der Rückseite der Karte ist die Handhabung ausführlich erläutert.

4 Bestimmen Sie Azimut und Höhe des Sternes Wega im Sternbild Leier am 20. 08., 1 Uhr.

5 Welcher Stern befindet sich am 5. 11., 24 Uhr unter dem Azimut von 270° und einer Höhe von 68°?

6 In welcher Jahreszeit befindet sich das Sternbild Orion um Mitternacht am östlichen Sternenhimmel?

7 Geben Sie jeweils ein Sternbild am Süd-, West-, Nord- und Osthimmel an, das am 10. 10., 1 Uhr sichtbar ist.

8 Welches Sternbild liegt am 5. 10. um Mitternacht in der Nähe des Zenit?

9 Wann erreicht der Stern Rigel im Sternbild Orion am 20. 06. seinen Kulminationspunkt? Wann verschwindet er vom Sternenhimmel?

10 Welche der folgenden Sternbilder sind für Ihren Standort zirkumpolar? Begründen Sie.
Adler, Großer Bär, Kleiner Bär, Kassiopeia, Schlange, Schwan; Stier.

**Das Sonnensystem**

11 Nennen Sie wesentliche Bestandteile des Sonnensystems.

12 Vergleichen Sie Planeten und Monde.

13 Was versteht man unter „Kleinkörpern" im Sonnensystem?

14 Beschreiben Sie den Aufbau der Sonne.

15 Welche Wirkungen der Sonne sind auf der Erde feststellbar?

16 In welcher Zeit legt das Licht die Strecke Sonne – Erde zurück?

17 Nennen Sie Sonnenaktivitäten.

18 Erläutern Sie das Zustandekommen von Sonnen- und Mondfinsternissen.

19 Ordnen Sie den Ziffern die Begriffe „Neumond", „abnehmender Mond", „zunehmender Mond" und „Vollmond" zu.

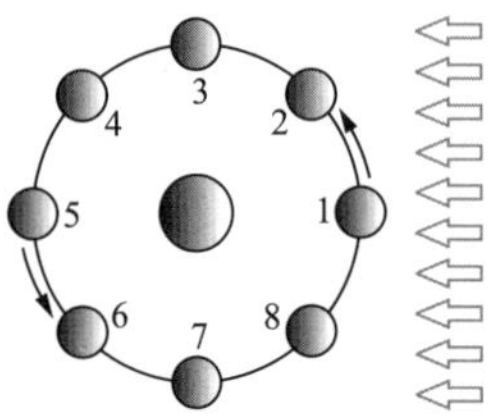


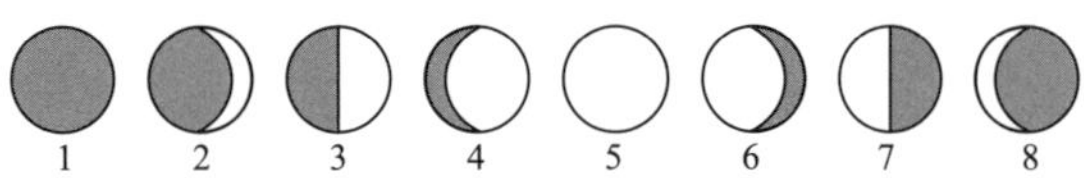


20 Im Unterschied zur Erde hat der Mond keine Atmosphäre. Erläutern Sie die Auswirkungen für den Mond.

21 Erläutern Sie den Einfluss des Mondes auf die Gezeiten.

22 Teilen Sie die Planeten in erdähnliche und jupiterähnliche Planeten ein und geben Sie wesentliche Unterscheidungsmerkmale an.

23 Beschreiben Sie die Bewegung der Planeten um die Sonne. Gehen Sie dabei auch auf die Kepler'schen Gesetze ein.

24 Ergänzen Sie den folgenden Lückentext.
Die Anziehungskraft zwischen zwei Körpern wird als ______________________ bezeichnet. Je größer die __________ der Körper sind, desto größer ist die wirkende Anziehungskraft zwischen ihnen. Die zwischen zwei Körpern wirkende Anziehungskraft ist auch vom __________ zwischen diesen Körpern abhängig. Je kleiner der __________, desto größer die ______________________ zwischen den Körpern.

**Realschulabschluss Physik (Sachsen)**
**Aufgaben im Stil der Abschlussprüfung: Grundlagen der Informationsübertragung**

1.1 Nennen Sie zwei Eigenschaften von Schallwellen.
Erläutern Sie eine davon an einem Beispiel.

1.2 Begründen Sie, warum man bei einem Gewitter im Allgemeinen den Donner später hört als den Blitz sieht.

1.3 Beschreiben Sie an einem Beispiel eine Maßnahme zur Schalldämpfung.

nach 1997, Pflichtaufgabe 3

2 Beim Stimmen von Musikinstrumenten verwendet man oft den von einer Stimmgabel erzeugten Kammerton a', dessen Frequenz 440 Hz beträgt.

2.1 Nennen Sie zwei Merkmale der von der Stimmgabel ausgehenden Schallwelle.

2.2 Berechnen Sie die Periodendauer.

2.3 Erläutern Sie an einem selbst gewählten Beispiel eine Möglichkeit, unerwünschte Schallausbreitung zu unterbinden.

1999, Pflichtaufgabe 2

3 Beim Übergang des Lichtes von einem Stoff in einen anderen tritt Brechung oder unter bestimmten Bedingungen Totalreflexion auf.

3.1 Nennen Sie beide Bedingungen für das Auftreten von Totalreflexion.

3.2 Nennen Sie eine Anwendung der Totalreflexion.

3.3 Berechnen Sie den Brechungswinkel für den Übergang von Wasser nach Luft, wenn der Einfallswinkel 30° beträgt.
Stellen Sie den Strahlenverlauf zeichnerisch dar.

2003, Pflichtaufgabe 3

4.1 Warum wird bei einem Gewitter der Donner später wahrgenommen als der Blitz?

4.2 Geben Sie die ungefähre Entfernung des Blitzes an, wenn der Donner 9 s nach dem Blitz wahrgenommen wird.

4.3 Erläutern Sie an einem Beispiel, wie die unerwünschte Ausbreitung von Lärm an Autobahnen verringert werden kann.

4.4 Explosionen, die sich im Weltall ereignen, kann man auf der Erde nicht hören.
Begründen Sie diesen Sachverhalt.

4.5 Nennen Sie zwei Maßnahmen, um mögliche gesundheitliche Schäden durch Lärm zu vermeiden.

2004, Wahlaufgabe 6.2

5 Bei einem Experiment zum Brechungsgesetz wird der Übergang einfarbigen Lichts von einem halbrunden Körper aus Kronglas in die angrenzende Luft untersucht (s. Skizze). Der Einfallswinkel ist 40°. Die Lichtgeschwindigkeit in Kronglas ist $197\,000\ \mathrm{km \cdot s^{-1}}$.

5.1 Berechnen Sie den Brechungswinkel für den Übergang von Kronglas nach Luft.

5.2 Zeichnen Sie den Strahlenverlauf für den genannten Übergang.

5.3 Bei Überschreiten eines bestimmten Einfallswinkels tritt Totalreflexion auf. Nennen Sie eine Anwendung dieser physikalischen Erscheinung.

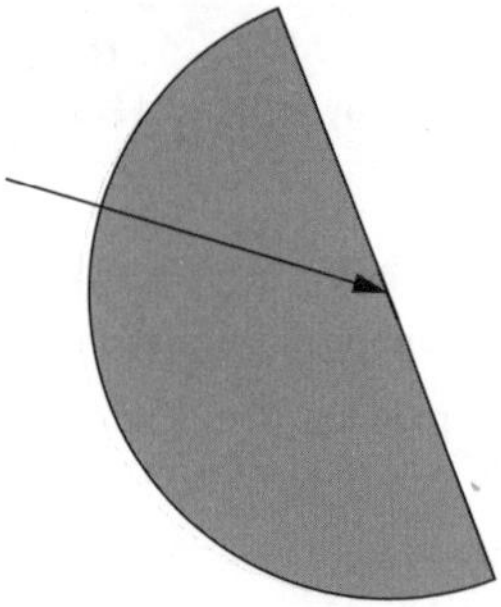

2005, Pflichtaufgabe 2

6 Ultraschallwellen breiten sich im Wasser mit einer Geschwindigkeit von $1\,400\ \text{m} \cdot \text{s}^{-1}$ aus. Sie werden z. B. verwendet, um mithilfe des Echolotverfahrens Meerestiefen zu bestimmen (siehe Bild).

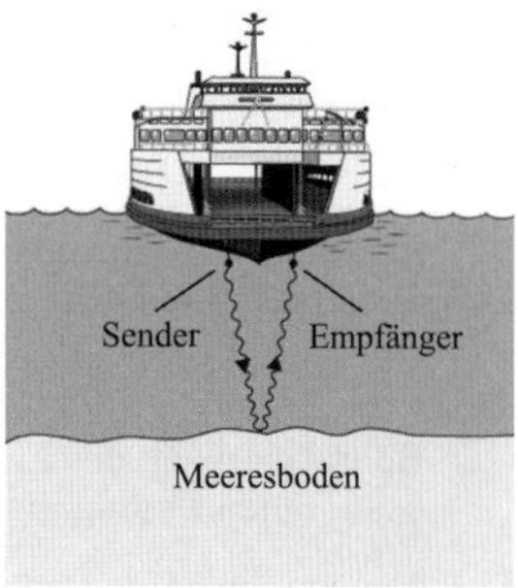


6.1 Nennen Sie die Eigenschaft mechanischer Wellen, die hier angewendet wird.

6.2 Die gesendete Schallwelle erreicht den Empfänger nach 0,8 s. Berechnen Sie die Meerestiefe.

6.3 Erläutern Sie eine weitere Eigenschaft mechanischer Wellen.

2005, Pflichtaufgabe 4

7.1 Eine mechanische Schwingung mit der Frequenz 250 Hz wurde aufgezeichnet. Dabei ergab sich folgendes y-t-Diagramm:

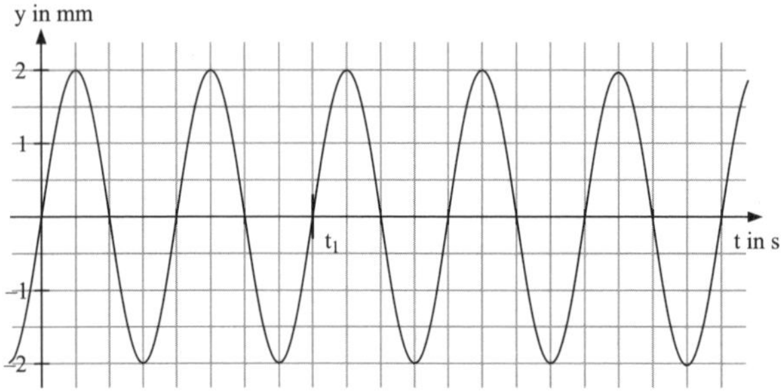


– Ermitteln Sie die Periodendauer der Schwingung.
– Geben Sie den Wert für den Zeitpunkt $t_1$ an.

7.2 Eine Stimmgabel führt eine gedämpfte Schwingung aus. Wie ändert sich dabei Lautstärke und Frequenz des Tones?

7.3 Bei der Ausbreitung von Schallwellen treten Reflexion und Beugung auf. Erläutern Sie dazu je ein Beispiel.

2006, Pflichtaufgabe 2

## Realschulabschluss Physik (Sachsen)
## Aufgaben im Stil der Abschlussprüfung: Licht und Farben

1 Sonnenlicht soll in seine Spektralfarben zerlegt werden.
Skizzieren Sie eine mögliche Experimentieranordnung.
Erläutern Sie das Zustandekommen des Spektrums.

1997, Wahlaufgabe 7.1

2 Eine Kerzenflamme wird mithilfe einer Sammellinse auf einem 60 cm von der Linse entfernten Schirm abgebildet. Das wirkliche (reelle), umgekehrte Bild der Kerzenflamme ist 18 cm hoch, die Sammellinse hat die Brennweite 10 cm.

2.1 Zeichnen Sie den Strahlenverlauf, verwenden Sie einen geeigneten Maßstab.

2.2 Ermitteln Sie die Höhe der Flamme und deren Entfernung von der Linse.

1997, Wahlaufgabe 7.3

3 Erläutern Sie anhand einer Skizze die Bildentstehung im Auge **oder** in einem optischen Gerät.

1997, Wahlaufgabe 7.4

4 Ein Lichtstrahl trifft, aus der Luft kommend, unter einem Einfallswinkel von 48° auf eine Glasplatte aus leichtem Kronglas. Nach zweimaliger Brechung tritt der Lichtstrahl wieder aus.

4.1 Berechnen Sie den Brechungswinkel beim Übergang von Luft in Glas.

4.2 Skizzieren Sie den vollständigen Strahlenverlauf.

4.3 Vergleichen Sie die Richtungen des einfallenden und des aus der Glasplatte austretenden Lichtstrahls.

1998, Pflichtaufgabe 3

5 Bei einem Experiment tritt ein Lichtstrahl in ein mit Wasser gefülltes Gefäß ein. Auf dem Gefäßboden liegt ein Spiegel.
Übernehmen Sie die Abbildung und skizzieren Sie den weiteren Strahlenverlauf bis das Licht das Wasser wieder verlassen hat.
Tragen Sie wichtige Winkel ein.

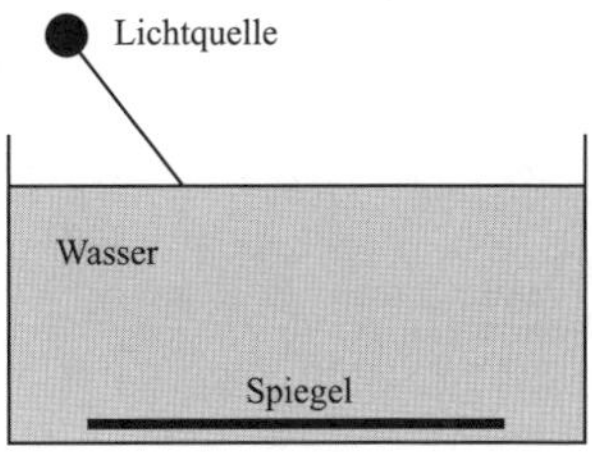


2000, Pflichtaufgabe 4

6 Ein einfarbiges schmales Lichtbündel tritt unter dem Einfallswinkel 40° in einen Quader aus Polystyren ein und verlässt ihn nach zweimaliger Brechung wieder. Der Quader wird von der Luft umgeben und ist 5,0 cm dick. In Polystyren beträgt die Lichtgeschwindigkeit $1{,}89 \cdot 10^5\ \text{km} \cdot \text{s}^{-1}$.

6.1 Ermitteln Sie die Brechungswinkel an beiden Grenzflächen.

6.2 Zeichnen Sie den vollständigen Strahlenverlauf.

2001, Pflichtaufgabe 3

7 Ein schmales, einfarbiges Lichtbündel fällt entsprechend der Abbildung auf ein rechtwinkliges, gleichschenkliges Prisma aus Flintglas ($c = 171000 \frac{km}{s}$). Der Einfallswinkel beträgt 20°.

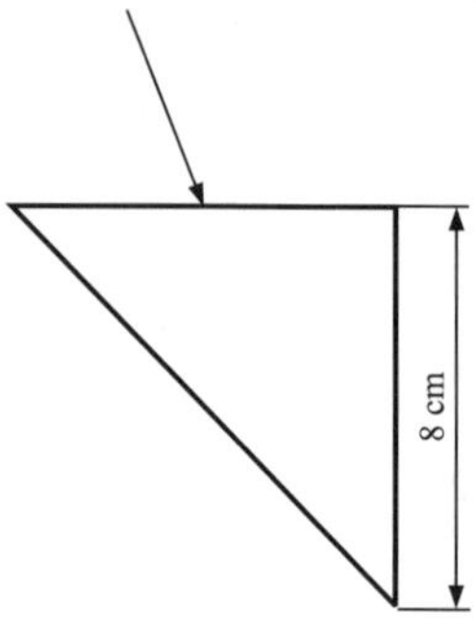


7.1 Berechnen Sie den Brechungswinkel beim Übergang des Lichts von Luft in Flintglas.

7.2 Übernehmen Sie die Abbildung. Zeichnen Sie den weiteren Strahlenverlauf, bis das Licht die nächste Grenzfläche erreicht.

7.3 An der Grenzfläche Glas/Luft tritt Totalreflexion auf. Zeichnen Sie den entsprechenden Strahlenverlauf im Glas.

2006, Pflichtaufgabe 3

8 Ein Lichtstrahl trifft, aus der Luft kommend, unter einem Einfallswinkel von 40° auf eine 2 cm starke Glasplatte aus schwerem Kronglas ($c = 186\,000 \text{ km} \cdot \text{s}^{-1}$). Nach zweimaliger Brechung tritt der Lichtstrahl wieder aus.

8.1 Ermitteln Sie die Brechungswinkel an beiden Grenzflächen.

8.2 Zeichnen Sie den vollständigen Strahlenverlauf.

2007, Pflichtaufgabe 3

1.1 Leiten Sie eine Strahlenschutzmaßnahme aus den Eigenschaften der radioaktiven Strahlen ab.

1.2 Stellen Sie den Vorteilen der Kernenergienutzung die Sicherheitsrisiken gegenüber.

1998, Wahlaufgabe 7.4

2 In Kernkraftwerken wird erheblicher Aufwand getrieben, um Menschen vor radioaktiver Strahlung zu schützen.

2.1 Nennen Sie zwei Arten von radioaktiver Teilchenstrahlung.

2.2 Geben Sie ein Gerät an, mit dem sich radioaktive Strahlung nachweisen lässt.

2.3 Nennen Sie zwei Eigenschaften radioaktiver Strahlung und je eine geeignete Strahlenschutzmaßnahme, um eine mögliche Gefährdung der Menschen zu vermeiden.

2001, Wahlaufgabe 7.3

3 In Deutschland werden etwa 30 % der elektrischen Energie in Kernkraftwerken erzeugt.

3.1 Nennen Sie drei wesentliche Bestandteile eines Kernkraftwerkes.

3.2 Erläutern Sie eine Strahlenschutzmaßnahme in einem Kernkraftwerk.

2002, Wahlaufgabe 7.4

1 Die Versorgung mit Elektroenergie erfolgt in Deutschland derzeit vorwiegend durch Kohle- und Kernkraftwerke.

1.1 Beschreiben Sie die Energieumwandlungen in einem Kohlekraftwerk.
Berücksichtigen Sie dabei die Aggregate Dampferzeuger, Dampfturbine und Generator.

1.2 Vergleichen Sie Kohle- und Kernkraftwerk hinsichtlich der Art der Dampferzeugung.

1.3 Nennen Sie zwei Eigenschaften radioaktiver Strahlung.

1.4 Erläutern Sie eine Schutzmaßnahme gegen radioaktive Strahlung.

1.5 Nennen Sie einen Vorteil der Kernenergienutzung im Kraftwerk und ein Sicherheitsrisiko.

2000, Wahlaufgabe 7.2

2 Die „erste $CO_2$-neutrale Schule Sachsens" in Claußnitz verfügt über eine Fotovoltaikanlage, in der mithilfe von Solarzellen „elektrischer Strom aus Sonnenlicht gewonnen wird".

2.1 Geben Sie die gewünschte Energieumwandlung in einer Solarzelle an.

2.2 Nennen Sie einen Vorteil und einen Nachteil dieser Art der Energiegewinnung.

2.3 Geben Sie zwei weitere regenerative Energieträger an.

2.4 Der Wirkungsgrad einer Solarzelle beträgt etwa 14 %.
Erläutern Sie diese Angabe.

2007, Pflichtaufgabe 4

3.1 Elektroenergie wird in Deutschland überwiegend in Wärmekraftwerken aus Kohle gewonnen.

3.1.1 Beschreiben Sie die Energieumwandlungen in einem Wärmekraftwerk. Gehen Sie dabei auf die Aggregate Dampferzeuger, Turbine, Generator und Transformator ein.

3.1.2 Nennen Sie je einen Vorteil und einen Nachteil dieser Art der Gewinnung von Elektroenergie.

3.1.3 Der Wirkungsgrad dieser Kraftwerke liegt bei etwa 45 %.
Erläutern Sie diese Aussage.

3.1.4 Geben Sie eine Möglichkeit zur Erhöhung des Wirkungsgrades von Wärmekraftwerken an.

3.2 Im sächsischen Pumpspeicherkraftwerk Markersbach arbeiten sechs Maschinensätze mit einer Gesamtleistung von 1 050 MW. Diese können je nach Bedarf im Turbinen- oder Pumpenbetrieb laufen.

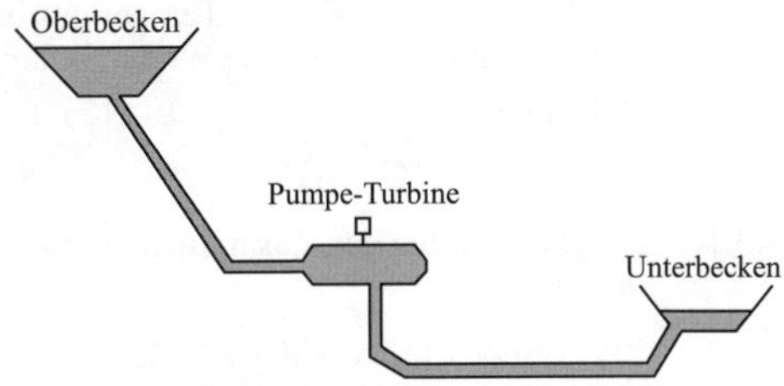


Pumpspeicherkraftwerk (schematisch)

Erläutern Sie, zu welchem Zweck die Maschinensätze in der jeweiligen Betriebsart eingesetzt werden.
Geben Sie die dabei jeweils auftretenden Energieumwandlungen an.

2001, Wahlaufgabe 7.1, 7.2

4.1 Bei der Zubereitung eines Glases Tee werden zunächst 250 ml Wasser in einen Wasserkocher gefüllt. Das Wasser hat die Anfangstemperatur 18 °C und wird in 75 s zum Sieden gebracht. Der Wasserkocher hat die elektrische Leistung 2 000 W.

4.1.1 Berechnen Sie die Wärme, die das Wasser aufnimmt.

4.1.2 Berechnen Sie den Wirkungsgrad des Wasserkochers.

4.2 Nachdem das siedende Wasser ins Teeglas gegossen wurde, kühlt es sich langsam ab. Den Temperaturverlauf zeigt das folgende Diagramm:

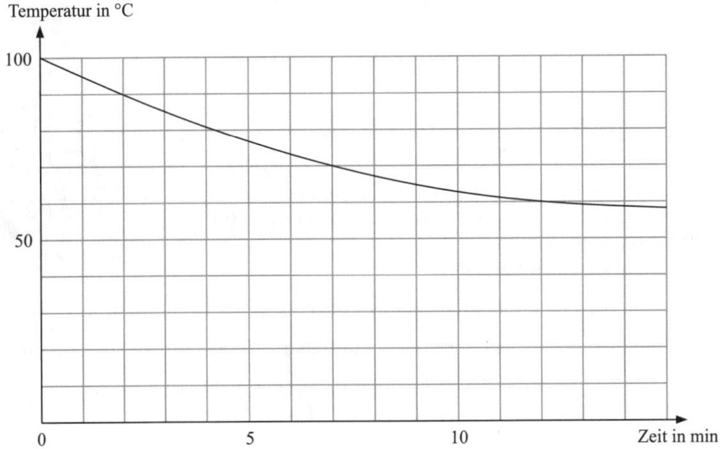


4.2.1 Nach 3 Minuten wird der Teebeutel aus dem Glas entfernt.
Wie groß ist dabei die Temperatur?

4.2.2 Zu welchem Zeitpunkt ist der Tee bis auf die zum Trinken angenehme Temperatur 60 °C abgekühlt?

4.2.3 Nennen Sie eine Maßnahme, die zum schnelleren Abkühlen des Tees führen würde. Begründen Sie.

4.3 Im Wohnzimmer wird die Temperatur in verschiedenen Höhen gemessen.
Dabei ergibt sich folgende Wertetabelle:

| Höhe in m | 0,1 | 0,4 | 1,1 | 1,7 | 2,3 |
|---|---|---|---|---|---|
| Temperatur in °C | 20,1 | 20,5 | 21,8 | 22,4 | 23,2 |

4.3.1 Beschreiben Sie den Zusammenhang zwischen Höhe und Temperatur und erklären Sie diesen.

4.3.2 Zur Temperaturmessung könnte ein Flüssigkeitsthermometer oder ein Bimetallthermometer verwendet worden sein.
Beschreiben Sie den prinzipiellen Aufbau und erläutern Sie die Funktionsweise für eines der genannten Thermometer.

4.4 Der Kühlschrank hat Eis angesetzt und soll deshalb abgetaut werden. Dazu wird der Netzstecker aus der Steckdose gezogen und die Kühlschranktür geöffnet.

4.4.1 Entscheiden Sie, wie sich die Temperatur im Zimmer ändert.
Begründen Sie Ihre Entscheidung.

4.4.2 Wie wird die Zimmertemperatur beeinflusst, wenn man vergisst, den Netzstecker aus der Steckdose zu ziehen?

2006, Wahlaufgabe 6

5.1 In Deutschland waren 1998 ca. 51 Millionen Pkw zugelassen, davon 87 % mit einem Viertakt-Ottomotor.

5.1.1 Benennen Sie drei der im Bild gekennzeichneten Teile des Ottomotors.

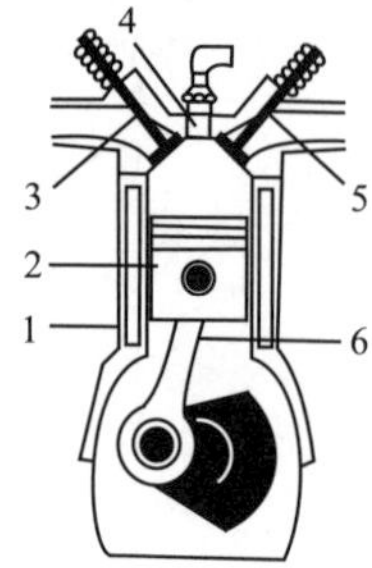


5.1.2 Geben Sie die Energieumwandlungen in einem Ottomotor an.

5.1.3 Der Wirkungsgrad von Ottomotoren beträgt ca. 25 %.
Erläutern Sie diese Angabe.

5.1.4 Trotz eines wesentlich höheren Wirkungsgrades werden Elektromotoren bisher nur selten zum Antrieb von Kraftfahrzeugen genutzt.
Nennen Sie einen Grund dafür.

5.1.5 Begründen Sie die besondere Eignung von Wasser als Kühlmittel für Ottomotoren.

5.2 Ein Dreipersonenhaushalt verbraucht jährlich ca. 3 000 kWh elektrische Energie.

5.2.1 Ein Staubsauger mit der Leistung 2 000 W wird täglich eine halbe Stunde genutzt.
Berechnen Sie die monatlichen Kosten (30 Tage).
Eine Kilowattstunde kostet 25 Cent.

5.2.2 Geben Sie ein elektrisches Gerät an, das elektrische Energie in thermische Energie umwandelt.

5.2.3 Nennen Sie eine technische Entwicklung, die im Haushalt zur Energieeinsparung beitragen kann.

5.3 Für die Warmwasserversorgung von Häusern können Sonnenkollektoren genutzt werden. Es wird angenommen, dass ein Sonnenkollektor mit einer Fläche von 1 $m^2$ in einer Stunde etwa 1 000 kJ an thermischer Energie von der Sonne aufnehmen kann und diese an das Wasser abgibt.

5.3.1 Berechnen Sie die thermische Energie, die bei 6 Stunden Sonneneinstrahlung von 5 Sonnenkollektoren an das Wasser abgegeben wird.

5.3.2 Überprüfen Sie durch Rechnung, ob mit dieser Energie 200 l Wasser von 20 °C auf 50 °C erwärmt werden können.

5.3.3 Nennen Sie einen Grund für den Einsatz von Sonnenkollektoren.

5.4 Schon vor langer Zeit haben die Menschen erkannt, dass Wasser mechanische Arbeit verrichten kann.

5.4.1 Erläutern Sie eine Nutzung dieser Eigenschaft aus der Vergangenheit oder der Gegenwart.

5.4.2 Begründen Sie die Zunahme der Energie der Flüsse bei Hochwasser.

1999, Wahlaufgabe 7

6.1 Mit Solarstromanlagen wird die Energie der Sonne direkt in elektrische Energie umgewandelt.

6.1.1 Nennen Sie einen Vorteil und einen Nachteil dieser Energiequelle.

6.1.2 Ein Solarmodul, das aus mehreren Solarzellen besteht, liefert unter Sonneneinstrahlung die Stromstärke 6 A bei der elektrischen Spannung von 50 V.
Berechnen Sie die elektrische Leistung des Solarmoduls.

6.1.3 Diese elektrische Leistung wird erreicht, wenn die Leistung der auftreffenden Sonnenstrahlung 2,5 kW beträgt.
Berechnen Sie den Wirkungsgrad dieses Solarmoduls.

6.1.4 Elektrische Energie kann zum Betreiben eines Föns genutzt werden.
Geben Sie zwei dabei auftretende Energieumwandlungen an.

6.1.5 Erläutern Sie eine Möglichkeit zur Einsparung von elektrischer Energie im Haushalt.

6.2 Die Abbildung zeigt vereinfacht und vergrößert einen Teil der strukturierten Oberfläche einer Solarzelle und einen Lichtstrahl, der unter einem Einfallswinkel von 45° auftrifft. Das Licht wird beim Übergang von Luft in die Solarzelle gebrochen und anschließend am Spiegel reflektiert.
Die Lichtgeschwindigkeit in der Solarzelle beträgt 200 000 $\frac{km}{s}$.

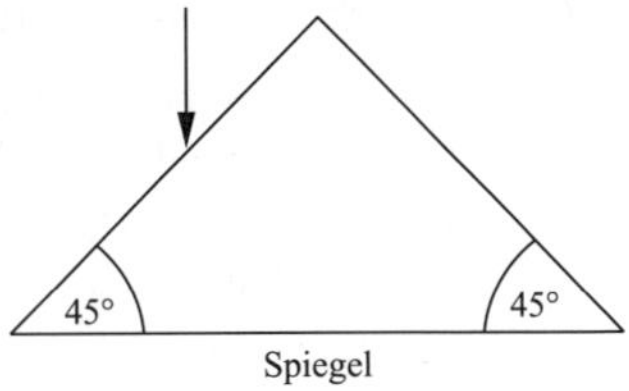


6.2.1 Berechnen Sie den Brechungswinkel des Lichtes beim Übergang von Luft in die Solarzelle.

6.2.2 Übernehmen Sie die Abbildung und zeichnen Sie den Strahlenverlauf bei der Brechung des Lichtes und bei der anschließenden Reflexion am Spiegel.

6.3 Zur Montage soll ein Solarmodul mit der Masse 50 kg mit einer losen Rolle auf ein Dach gehoben werden.

6.3.1 Ermitteln Sie die erforderliche Zugkraft.

6.3.2 Kann man mithilfe der losen Rolle mechanische Arbeit sparen? Begründen Sie.

6.3.3 Nennen Sie eine weitere kraftumformende Einrichtung, die zum Anheben des Solarmoduls genutzt werden könnte.

2002, Wahlaufgabe 7.1, 7.2, 7.3

7.1 Die Talsperre Eibenstock im Erzgebirge dient dem Hochwasserschutz, der Trinkwasserversorgung, der Elektroenergieerzeugung und der Erholung.

7.1.1 Zu Kontrollzwecken überquert ein Radfahrer die 300 m lange Krone der Talsperre mit einer konstanten Geschwindigkeit von $18\,\frac{km}{h}$.
Berechnen Sie die dafür benötigte Zeit.

7.1.2 Beschreiben Sie, was beim plötzlichen, starken Bremsen eines Radfahrers mit lose befestigten Gepäckstücken passieren kann.
Begründen Sie Ihre Aussage mithilfe eines physikalischen Gesetzes.

7.2 Der Stausee der Talsperre Eibenstock hat eine Fläche von etwa $3{,}5\ km^2$. Eine 10 cm dicke Wasserschicht an der Oberfläche hat damit eine Masse von etwa 350 000 t.

7.2.1 Berechnen Sie die von dieser Wassermenge abgegebene Wärme, wenn sich das Wasser von 20 °C auf 19 °C abkühlt.

7.2.2 Erläutern Sie den Einfluss eines großen Stausees auf das Klima in der unmittelbaren Umgebung.

7.2.3 Nennen Sie eine weitere Folge für die Umwelt, die eintreten kann, wenn neue Stauseen geschaffen werden.

7.3 Die Talsperre Eibenstock verfügt über ein Wasserkraftwerk mit der Spitzenleistung 1 700 kW.

7.3.1 Im Wesentlichen besteht ein Wasserkraftwerk aus den Aggregaten Turbine, Generator und Transformator.
Geben Sie deren jeweilige Funktion an.

7.3.2 Berechnen Sie die elektrische Energie, die von diesem Wasserkraftwerk in 24 Stunden erzeugt werden kann.

7.4 Zum Schutz der Umwelt gewinnen alternative, regenerative Energiequellen immer mehr an Bedeutung.

7.4.1 Nennen Sie eine solche Energiequelle.

7.4.2 Geben Sie einen Vor- und einen Nachteil der von Ihnen genannten Energiequelle an.

2003, Wahlaufgabe 7

8 Pkw, Motorräder und Busse sind Fortbewegungsmittel, die wir häufig nutzen. Als Antrieb finden oft Verbrennungsmotoren Verwendung.

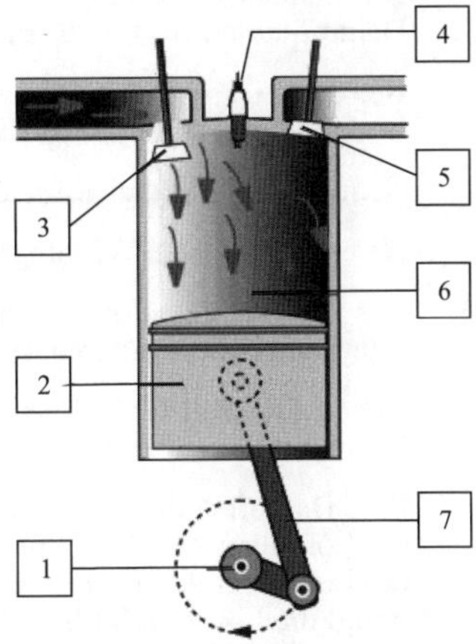


8.1 Viele Pkw werden mit Viertakt-Ottomotoren angetrieben.

8.1.1 Ordnen Sie die Begriffe Zündkerze, Auslassventil, Kolben und Kurbelwelle den entsprechenden Zahlen zu.

8.1.2 Benennen Sie die einzelnen Takte. Erläutern Sie die Vorgänge während eines von Ihnen selbst gewählten Taktes.

8.1.3 Nennen Sie die Energieumwandlungen bei einem solchen Motor.

8.2 In der Beschreibung eines Fahrzeuges findet man folgende technische Daten:

**Hubraum:** 1598 $cm^3$
**Leistung:** 71kW / 97 PS
**Höchstgeschindigkeit:** 170 km / h
**Beschleunigung**
**0-100 km / h in:** 15,5 s
**Durchschnittlicher Verbrauch**
**auf 100 km:** 7,5 l

8.2.1 Geben Sie die Höchstgeschwindigkeit des Fahrzeugs in $\frac{m}{s}$ an.

8.2.2 Berechnen Sie die Beschleunigung von 0 auf 100 $\frac{km}{h}$ unter der Annahme, dass eine gleichmäßig beschleunigte Bewegung vorliegt.

8.2.3 Vergleichen Sie die Beschleunigungen eines Fahrzeugs im leeren und im voll beladenen Zustand.
Begründen Sie Ihr Ergebnis mithilfe des Newton'schen Grundgesetzes.

8.3 Technische Entwicklungen und richtiges Verhalten im Straßenverkehr lassen sich auf physikalische Sachverhalte zurückführen.

8.3.1 Jeder Pkw-Motor treibt auch gleichzeitig noch einen Generator, die „Lichtmaschine", an.
Beschreiben Sie den prinzipiellen Aufbau eines Generators.
Geben Sie die erwünschte Energieumwandlung an.

8.3.2 Ein Verbrennungsmotor muss gekühlt werden.
Erläutern Sie, warum Wasser als Kühlflüssigkeit physikalisch sehr gut geeignet ist.

8.3.3 Erdgas und Wasserstoff erlangen als alternative Kraftstoffe für Ottomotoren immer mehr Verbreitung.
Nennen Sie für einen dieser Kraftstoffe einen Vorteil und einen Nachteil.

8.3.4 Viele Geschwindigkeitsbegrenzungen, insbesondere in gefährlichen Kurven, gelten nur bei Nässe.
Begründen Sie diese Maßnahme aus physikalischer Sicht.

2004, Wahlaufgabe 7

9 Auf Schmalspurbahnen, wie im Zittauer Gebirge, sind heute noch mit Kohle beheizte Dampflokomotiven im Einsatz.

9.1 Bei einer Dampflok stehen von 40 MJ zugeführter Energie nur 3,6 MJ als nutzbare Energie für den Antrieb zur Verfügung.

9.1.1 Nennen Sie die dabei auftretenden wesentlichen Energieumwandlungen.

9.1.2 Berechnen Sie den Wirkungsgrad.

9.1.3 Der von der Lok ausgestoßene Wasserdampf kühlt sich ab und wird zu Wasser. Benennen Sie die Aggregatzustandsänderung.

9.1.4 Geben Sie zwei Gründe an, warum Dampflokomotiven durch Diesel- oder Elektrolokomotiven ersetzt wurden.

9.2 Eine Dampflok der Schmalspurbahn bewegt sich mit konstanter Geschwindigkeit, als der Lokführer ein Hindernis auf den Gleisen bemerkt. Nach einer Reaktionszeit leitet der Lokführer den Bremsvorgang mit der konstanten Verzögerung $1{,}1\ \mathrm{m \cdot s^{-2}}$ ein und bringt die Lok zum Stillstand.

9.2.1 Skizzieren Sie ein v-t-Diagramm für den Anhaltevorgang beginnend mit der Wahrnehmung des Hindernisses.

9.2.2 Berechnen Sie den Anhalteweg für eine Geschwindigkeit von $30\ \mathrm{km \cdot h^{-1}}$ und eine Reaktionszeit von 1,0 s.

9.2.3 Die Masse der Lok beträgt 30 t.
Berechnen Sie die beim Bremsen wirkende Kraft.

9.2.4 Bei einer Gefahrenbremsung wird automatisch Sand vor die Räder der Lok auf die Schienen geblasen.
Begründen Sie diese Maßnahme aus physikalischer Sicht.

9.3 Die Dampflokomotive ($m = 30$ t) überwindet während der Fahrt von Zittau nach Jonsdorf einen Höhenunterschied von 170 m.

9.3.1 Berechnen Sie die Zunahme der potenziellen Energie der Lok während dieser Fahrt.

9.3.2 Geben Sie die Größe der dabei verrichteten Hubarbeit an.

9.3.3 Nennen Sie eine weitere Art der mechanischen Arbeit, die während der Fahrt verrichtet wird.

2005, Wahlaufgabe 7

10 Herkömmliche Pkw werden mit Verbrennungsmotoren angetrieben. Auf der Suche nach neuen Antriebsmöglichkeiten werden in so genannten Hybrid-Fahrzeugen Verbrennungsmotoren mit Elektromotoren gekoppelt.

10.1 Der Elektromotor eines Hybrid-Pkw hat die maximale Leistung 10 kW.
Er wird von einer Batterie versorgt, die eine Spannung von 144 V liefert.

10.1.1 Die Batterie besteht aus 120 Einzelzellen mit einer Spannung von jeweils 1,2 V.
Geben Sie die Schaltungsart der Zellen an.

10.1.2 Berechnen Sie die Stromstärke bei der maximalen Leistung des Motors.

10.1.3 Skizzieren Sie den Aufbau eines Gleichstrommotors und beschriften Sie die Bauteile.

10.1.4 Geben Sie einen Vorteil und einen Nachteil des Antriebs von Pkw mit Elektromotoren an.

10.2 Als Verbrennungsmotoren in Hybrid-Pkw werden Viertakt-Ottomotoren oder Viertakt-Dieselmotoren eingesetzt.

10.2.1 Vergleichen Sie den Aufbau und die Wirkungsweise der beiden Motoren.

10.2.2 Entscheiden Sie, welcher Wert für den Wirkungsgrad eines Viertakt-Dieselmotors realistisch ist. Begründen Sie.

a) 110 %  b) 5 %  c) 35 %

10.3 Ein Hybrid-Pkw mit der Gesamtmasse 1 800 kg bewegt sich mit der Geschwindigkeit 60 km/h, als der Fahrer einen Bremsvorgang bis zum Stillstand einleitet. Dabei können 90 % der kinetischen Energie als elektrische Energie in der Batterie gespeichert werden.
Geben Sie die Energieumwandlung beim Bremsen mit einem herkömmlichen Pkw an.

10.4 Der Pkw benötigt 20 s zum Beschleunigen aus dem Stand auf 120 km/h. Anschließend fährt er 1 min mit konstanter Geschwindigkeit.

10.4.1 Berechnen Sie den während der Beschleunigung zurückgelegten Weg.

10.4.2 Geben Sie den während der gleichförmigen Bewegung zurückgelegten Weg an.

10.4.3 Entscheiden Sie, welches der folgenden Diagramme den Bewegungsablauf richtig beschreibt.

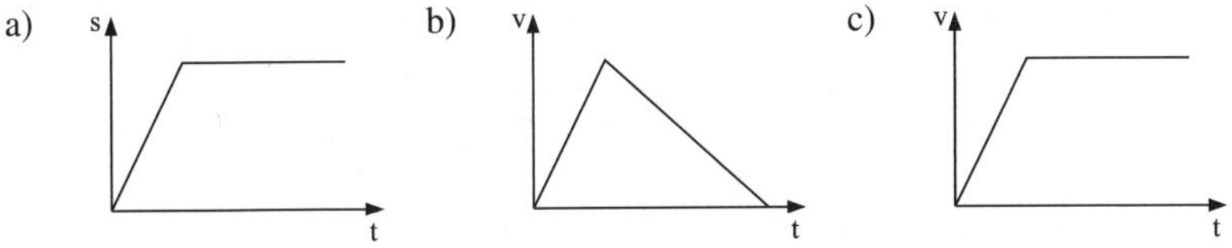


2006, Wahlaufgabe 7

11 In Ihrem Physik-Fachraum finden Sie eine große Zahl physikalischer Sachverhalte.

11.1 Eine senkrecht verschiebbare Wandtafel hängt an Stahlseilen, die über feste Rollen laufen und an deren Enden zwei gleiche Massestücke aus Stahl als Gegengewichte hängen.

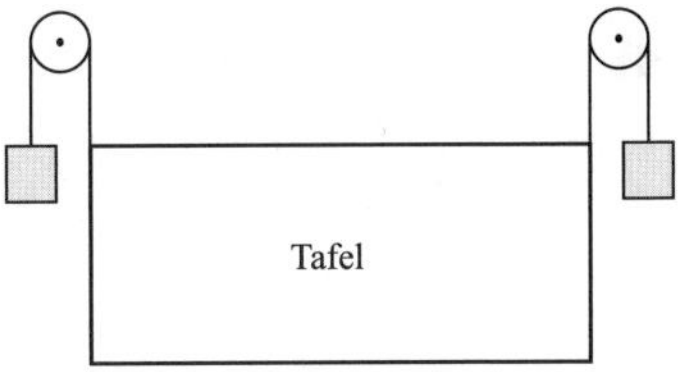


11.1.1 Damit sich die Tafel leicht verschieben lässt, soll sich die Anordnung im Gleichgewicht befinden.
Geben Sie für diesen Fall die Masse eines Gegengewichtes im Vergleich zur Masse der Tafel an. Begründen Sie.

11.1.2 Ein Gegengewicht hat das Volumen 2 500 cm³. Berechnen Sie die Masse eines Gegengewichtes.

11.2 Zur Beleuchtung des Raumes werden 24 Leuchtstofflampen mit einer elektrischen Leistung von jeweils 55 W verwendet.

11.2.1 Geben Sie die Schaltungsart der Leuchtstofflampen an.

11.2.2 Berechnen Sie die Energiekosten, wenn alle Lampen eine Unterrichtsstunde lang leuchten (1 kWh kostet 0,25 €).

11.2.3 Nennen Sie einen Vorteil von Leuchtstofflampen gegenüber Glühlampen.

11.3 Ein Schülerstromversorgungsgerät wandelt mithilfe eines Transformators die Netzspannung von 230 V in ungefährliche Kleinspannungen von 1 V bis 12 V um.

11.3.1 Beschreiben Sie den Aufbau eines Transformators.
Erläutern Sie seine Wirkungsweise.

11.3.2 Unterschiedliche Sekundärspannungen werden durch unterschiedliche Windungszahlen der Sekundärspule erzeugt. Für die Sekundärspannung 1 V sind 16 Windungen erforderlich.
Geben Sie die Windungszahl für die Sekundärspannung 12 V an.

11.3.3 Das Stromversorgungsgerät liefert auch Gleichstrom.
Nennen Sie ein Bauelement, mit dem man Wechselstrom in Gleichstrom umwandeln kann. Geben Sie dessen Schaltzeichen an.

11.4 Der Physikraum wird durch eine Warmwasserheizung erwärmt. Dabei laufen pro Stunde 100 $\ell$ Wasser durch einen Heizkörper und kühlen sich dabei von 60 °C auf 45 °C ab.

11.4.1 Berechnen Sie die vom Wasser abgegebene Wärme.

11.4.2 Erläutern Sie zwei dabei auftretende Arten der Wärmeübertragung.

2007, Wahlaufgabe 7

## Elektrizitätslehre

1 Bestätigen Sie experimentell das Gesetz

$$\frac{U_1}{U_2} = \frac{N_1}{N_2}$$

am unbelasteten Transformator.

1.1 Vorbereitung

1.1.1 Zeichnen Sie einen entsprechenden Schaltplan.

1.1.2 Bereiten Sie eine Messwerttabelle für 4 Messungen vor.

1.2 Durchführung

1.2.1 Bauen Sie die Schaltung nach Ihrem Schaltplan auf. Verwenden Sie für die Primärspule 500 Windungen und die Sekundärspule 1 000 Windungen.

1.2.2 Lassen Sie die Schaltung vom Lehrer kontrollieren.

1.2.3 Führen Sie die Messungen für verschiedene Spannungen durch.

1.2.4 Wählen Sie die Spannungen im Bereich von 3 V bis 6 V.

1.2.5 Notieren Sie Ihre Messwerte.

1.3 Auswertung

1.3.1 Werten Sie die Messreihe entsprechend der Aufgabenstellung aus.

1.3.2 Geben Sie eine mögliche Fehlerquelle an, die die Genauigkeit Ihrer Messergebnisse beeinflusst.

1997, Wahlaufgabe 5.1

2 Bestimmen Sie ein unbekanntes Bauelement durch Aufnahme der U-I-Kennlinie.

2.1 Vorbereitung

2.1.1 Zeichnen Sie einen entsprechenden Schaltplan. Verwenden Sie für das unbekannte Bauelement das Schaltzeichen „Widerstand“.

2.1.2 Bereiten Sie eine Messwerttabelle für fünf Messwertpaare vor. Der Lehrer teilt Ihnen die für das Bauelement zulässige Höchstspannung mit.

2.2 Durchführung

2.2.1 Bauen Sie die Schaltung nach Ihrem Schaltplan auf.

2.2.2 Lassen Sie die Schaltung vom Lehrer überprüfen.

2.2.3 Führen Sie die Messungen durch.
Notieren Sie die Messwerte in der Tabelle.

2.3 Auswertung

2.3.1 Zeichnen Sie die U-I-Kennlinie des Bauelementes.

2.3.2 Gilt für das gegebene Bauelement das ohmsche Gesetz?
Begründen Sie Ihre Aussage.

2.3.3 Entscheiden Sie, ob es sich bei dem verwendeten Bauelement um eine Glühlampe, einen Konstantandraht oder einen Halbleiterwiderstand handelt.

1999, Wahlaufgabe 5.1

3 Nehmen Sie die I-U-Kennlinien eines Widerstandes und einer Glühlampe auf.

3.1 Vorbereitung

3.1.1 Zeichnen Sie für das Experiment mit dem Widerstand einen entsprechenden Schaltplan.

3.1.2 Bereiten Sie für beide Bauelemente je eine Messwerttabelle für jeweils vier Messwertpaare vor.

3.2 Durchführung

3.2.1 Bauen Sie die Schaltung mit dem Widerstand nach Ihrem Schaltplan auf.

3.2.2 Lassen Sie die Schaltung vom Lehrer überprüfen.

3.2.3 Führen Sie die Messungen durch. Beachten Sie dabei die Ihnen vom Lehrer genannte zulässige Höchstspannung. Notieren Sie die Messwerte in der entsprechenden Tabelle.

3.2.4 Ersetzen Sie in Ihrer Schaltung den Widerstand durch die Glühlampe.

3.2.5 Führen Sie die Messungen für die Glühlampe durch. Notieren Sie die Messwerte in der entsprechenden Tabelle.

3.3 Auswertung

3.3.1 Zeichnen Sie die I-U-Kennlinien der beiden untersuchten Bauelemente in ein gemeinsames I-U-Diagramm.

3.3.2 Entscheiden und begründen Sie, ob für den Widerstand das ohmsche Gesetz gilt.

3.3.3 Berechnen Sie für zwei Spannungen die elektrischen Widerstände der Glühlampe. Vergleichen Sie die Widerstände. Begründen Sie.

3.3.4 Geben Sie eine Fehlerquelle an, die die Genauigkeit Ihrer Messergebnisse beeinflusst hat.

2003, Wahlaufgabe 5.1

4 Bestimmen Sie experimentell den Gesamtwiderstand von zwei verschiedenen Widerstandskombinationen:

a) Es sind zwei gleiche Widerstände in Reihe zu schalten.

b) Es sind die zwei Widerstände parallel zu schalten.

4.1 Vorbereitung

4.1.1 Zeichnen Sie zwei entsprechende Schaltpläne mit den zur Bestimmung des jeweiligen Gesamtwiderstandes notwendigen Messinstrumenten.

4.1.2 Fordern Sie die Geräte beim Lehrer an.

4.2 Durchführung

4.2.1 Bauen Sie die erste Schaltung auf.
Lassen Sie die Schaltung vom Lehrer kontrollieren.
Führen Sie die Messungen durch und notieren Sie die Messwerte.

4.2.2 Bauen Sie die zweite Schaltung auf.
Lassen Sie die Schaltung vom Lehrer kontrollieren.
Führen Sie die Messungen durch und notieren Sie die Messwerte.

4.3 Auswertung

4.3.1 Berechnen und vergleichen Sie die Gesamtwiderstände.

4.3.2 Geben Sie die Größe eines Einzelwiderstandes an. Begründen Sie.

2006, Wahlaufgabe 5.1

5 Untersuchen Sie experimentell die Abhängigkeit des elektrischen Widerstandes R eines Drahtes von dessen Länge $\ell$.

5.1 Vorbereitung

5.1.1 Zeichnen Sie einen entsprechenden Schaltplan für eine Spannungs- und Stromstärkemessung an einem Widerstand.

5.1.2 Bereiten Sie eine Messwerttabelle für die Größen Länge, Spannung, Stromstärke und Widerstand für insgesamt 4 Messungen vor.

5.2 Durchführung

5.2.1 Bauen Sie die Schaltung nach Ihrem Schaltplan auf.

5.2.2 Lassen Sie die Schaltung vom Lehrer kontrollieren.
Der Lehrer teilt Ihnen die zu verwendende Spannung mit.

5.2.3 Führen Sie die Messungen durch.
Zum Vervielfachen der Länge verwenden Sie weitere gleichartige Drahtwiderstände, die Sie jeweils in Reihe schalten.

5.2.4 Notieren Sie die Messwerte in der Tabelle.

5.3 Auswertung

5.3.1 Berechnen Sie für jede Messung den Widerstand.

5.3.2 Stellen Sie den Widerstand R in Abhängigkeit von der Länge $\ell$ in einem Diagramm dar.

5.3.3 Geben Sie den Zusammenhang zwischen beiden Größen an.

5.3.4 Nennen Sie zwei Fehlerquellen, die die Genauigkeit Ihrer Messergebnisse beeinflusst haben.

2002, Wahlaufgabe 5.1

**Thermodynamik**

6 Untersuchen Sie den Temperaturverlauf beim Erwärmen von 100 g Wasser in einem Zeitraum von 5 min.

6.1 Vorbereitung

6.1.1 Wärmen Sie die Heizplatte einige Minuten vor.
Der Temperaturverlauf ist in Abständen von 30 s zu beobachten.

6.1.2 Bereiten Sie eine entsprechende Messwerttabelle vor.

6.2 Durchführung

6.2.1 Bestimmen Sie die Anfangstemperatur des Wassers.

6.2.2 Führen Sie die weiteren Temperaturmessungen während der Erwärmung durch.
Notieren Sie Ihre Messwerte.

6.3 Auswertung

6.3.1 Stellen Sie die Temperatur des Wassers in Abhängigkeit von der Zeit in einem Diagramm dar.

6.3.2 Formulieren Sie in Worten den Zusammenhang zwischen den beiden Größen.

6.4 Wirkungsgrad der Versuchsanordnung

6.4.1 Berechnen Sie die in 5 min von der Heizplatte abgegebene Energie.
(Die Leistung der Heizplatte wird Ihnen vom Lehrer mitgeteilt.)

6.4.2 Berechnen Sie die vom Wasser aufgenommene Energie.

6.4.3 Berechnen Sie den Wirkungsgrad.

6.4.4 Begründen Sie, warum die Versuchsanordnung nicht den Wirkungsgrad 100 % erreicht.

6.4.5 Geben Sie eine mögliche Änderung der verwendeten Versuchsanordnung an, die zu einer Verbesserung des Wirkungsgrades beitragen kann.

6.5 Aggregatzustandsänderungen

6.5.1 Während des Schülerexperimentes konnten Sie das Beschlagen der Gefäßwand beobachten. Es bildeten sich Tropfen.
Ordnen Sie den entsprechenden physikalischen Vorgang zu.
Erklären Sie diesen.

6.5.2 Stellen Sie sich vor, dem Wasser wird weiterhin ohne Unterbrechung Wärme zugeführt.
Beschreiben Sie den weiteren Temperaturverlauf.
Benennen und erklären Sie den ablaufenden physikalischen Vorgang.

1998, Wahlaufgabe 5.1, 5.2

7 Bestimmen Sie die Wärme, die beim Mischen zweier Wassermengen unterschiedlicher Temperatur abgegeben bzw. aufgenommen wird.

7.1 Vorbereitung

7.1.1 Geben Sie die Gleichung zur Berechnung der Wärme an.
Benennen Sie die darin enthaltenen physikalischen Größen.

7.1.2 Bauen Sie den Versuch auf. Verwenden Sie 100 g kaltes und 100 g heißes Wasser. (1 ml Wasser hat die Masse 1 g.)

7.2 Durchführung

7.2.1 Ermitteln Sie die Anfangstemperaturen beider Wassermengen.
Notieren Sie Ihre Ergebnisse.

7.2.2 Geben Sie das heiße in das kalte Wasser.
Ermitteln Sie die Mischungstemperatur und notieren Sie diese.

7.3 Auswertung

7.3.1 Berechnen Sie die vom heißen Wasser abgegebene Wärme.

7.3.2 Berechnen Sie die vom kalten Wasser aufgenommene Wärme.

7.3.3 Vergleichen Sie die Ergebnisse.
Nennen Sie einen Grund für die möglicherweise auftretende Abweichung.

2000, Wahlaufgabe 5.1

8 Untersuchen Sie den Temperaturverlauf beim Wärmeaustausch zweier Wassermengen. Dazu wird ein Becherglas mit heißem Wasser (50 g) in ein Becherglas mit kaltem Wasser (50 g) gestellt und der Temperaturverlauf beider Wassermengen über einen Zeitraum von 5 min in Abständen von 30 s beobachtet.

8.1 Vorbereitung

8.1.1 Fertigen Sie eine Skizze der Versuchsanordnung an.

8.1.2 Bereiten Sie eine entsprechende Messwerttabelle vor.

8.1.3 Fordern Sie die vom Lehrer bereitgestellten Geräte an.

8.2 Durchführung

8.2.1 Bestimmen Sie zum Zeitpunkt $t = 0$ s die Anfangstemperaturen beider Wassermengen.

8.2.2 Stellen Sie die Gefäße ineinander.

8.2.3 Führen Sie die Messungen durch.
Notieren Sie die Messwerte in Ihrer Tabelle.

8.3 Auswertung

8.3.1 Stellen Sie den Temperaturverlauf beider Wassermengen in einem gemeinsamen Diagramm dar.

8.3.2 Beschreiben Sie die Temperaturverläufe über den gesamten Zeitraum.

8.3.3 Geben Sie eine mögliche Fehlerquelle beim Experimentieren an.

8.4 Wärmeaustausch
Beim Schülerexperiment findet ein Wärmeaustausch statt.

8.4.1 Berechnen Sie die vom heißen Wasser abgegebene Wärme und die vom kalten Wasser aufgenommene Wärme.
Vergleichen Sie beide Ergebnisse.

8.4.2 Nennen Sie eine Ursache für den Unterschied zwischen abgegebener und aufgenommener Wärme.

8.4.3 Geben Sie eine mögliche Änderung der Versuchsanordnung an, die zur Verringerung des Unterschiedes zwischen abgegebener und aufgenommener Wärme beitragen kann.

2004, Wahlaufgabe 5.1, 5.2

9 Untersuchen Sie den Wirkungsgrad einer Experimentieranordnung zum Erwärmen von 100 ml Wasser in einem Zeitraum von 3 min für zwei Gefäße verschiedener Größe.

9.1 Vorbereitung

9.1.1 Fordern Sie die Geräte beim Lehrer an.

9.1.2 Wärmen Sie die Heizplatte einige Minuten vor.

9.1.3 Füllen Sie in das 100-ml-Becherglas und in das 250-ml-Becherglas je 100 ml Wasser.

9.2 Durchführung

9.2.1 Messen Sie die Anfangstemperatur des Wassers im 100-ml-Becherglas.

9.2.2 Erwärmen Sie das Wasser und messen Sie die Endtemperatur.

9.2.3 Verfahren Sie in gleicher Weise mit dem 250-ml-Becherglas.

9.2.4 Protokollieren Sie Ihre Messwerte.

9.3 Auswertung

9.3.1 Berechnen Sie jeweils
– die vom Wasser aufgenommene Wärme und
– die von der Heizplatte abgegebene Wärme.
(Die Leistung der Heizplatte wird Ihnen vom Lehrer mitgeteilt.)

9.3.2 Ermitteln Sie die Wirkungsgrade.

9.3.3 Formulieren Sie eine Aussage zum Wirkungsgrad bezogen auf die Größe der verwendeten Gefäße.

9.3.4 Geben Sie eine mögliche Fehlerquelle beim Experimentieren an.

9.3.5 Erläutern Sie eine Möglichkeit für den sparsamen Umgang mit Energie im Haushalt.

2007, Wahlaufgabe 5

**Mechanische Schwingungen**

10 Untersuchen Sie die Veränderung der Periodendauer T und Frequenz f eines Fadenpendels bei Vervierfachung seiner Pendellänge $\ell$.

10.1 Vorbereitung

10.1.1 Skizzieren Sie den Aufbau Ihres Experimentes.

10.1.2 Entwerfen Sie eine Messwerttabelle für die Pendellängen 20 cm und 80 cm.

10.2 Durchführung

10.2.1 Bauen Sie die Experimentieranordnung nach Ihrer Skizze auf.

10.2.2 Messen Sie jeweils die Zeit für 10 Schwingungen (bei kleinen Amplituden).

10.2.3 Bestimmen Sie daraus für beide Pendellängen Periodendauer und Frequenz.

10.2.4 Notieren Sie die Werte in der Tabelle.

10.3 Auswertung

10.3.1 Ermitteln Sie mithilfe Ihrer Messwerte den Faktor, um den sich die Periodendauer bei Vervierfachung der Pendellänge geändert hat.

10.3.2 Untersuchen Sie diesen Zusammenhang durch Berechnung der Periodendauer für die gegebenen Pendellängen.

10.3.3 Nennen Sie einen Grund für die möglicherweise auftretende Abweichung zwischen berechnetem und experimentell ermitteltem Wert.

10.3.4 Geben Sie die Veränderung der Frequenz bei Vervierfachung der Pendellänge an.

2001, Wahlaufgabe 5

11 Untersuchen Sie die Abhängigkeit der Periodendauer T eines Fadenpendels von seiner Länge $\ell$.

11.1 Vorbereitung

11.1.1 Skizzieren Sie den Versuchsaufbau.

11.1.2 Bereiten Sie eine Messwertetabelle für 4 Wertepaare vor.

11.2 Durchführung

11.2.1 Bauen Sie die Experimentieranordnung nach Ihrer Skizze auf.

11.2.2 Messen Sie für die Pendellängen 20 cm, 40 cm, 60 cm und 80 cm jeweils die Zeit für 10 Schwingungen.

11.2.3 Bestimmen Sie für jede Pendellänge die Periodendauer und notieren Sie die Werte in der Tabelle.

11.3 Auswertung

11.3.1 Stellen Sie die Periodendauer in Abhängigkeit von der Pendellänge in einem Diagramm dar.

11.3.2 Entscheiden Sie, ob die beiden Größen proportional zueinander sind. Begründen Sie ihre Entscheidung.

11.3.3 Berechnen Sie die Schwingungsdauer für die Pendellänge 80 cm.

11.3.4 Vergleichen Sie berechnete und experimentell bestimmte Periodendauer.

11.3.5 Nennen Sie eine mögliche Fehlerquelle beim Experimentieren.

11.3.6 Geben Sie an, wie sich eine Vergrößerung der Fallbeschleunigung auf die Periodendauer des Fadenpendels auswirkt.

2005, Wahlaufgabe 5.1

## Mechanik

1 Beobachten Sie jeweils das Verhalten des Körpers.
Dabei werden zwei Körper gleichen Volumens in eine Flüssigkeit gegeben.

1.1 Beobachten Sie jeweils das Verhalten des Körpers.
Notieren Sie Ihre Beobachtungsergebnisse.

1.2 Erklären Sie beide Beobachtungsergebnisse.
Betrachten Sie dabei die wirkenden Kräfte am Körper 1 und am Körper 2.

1.3 Einer der Körper soll in der Flüssigkeit schweben.
Überlegen Sie, welche Veränderungen im Experiment vorgenommen werden müssten, damit der Körper schwebt.
Beschreiben Sie eine Möglichkeit. Begründen Sie.

1997, Pflichtaufgabe 1

2 Vom Lehrer wird Ihnen ein Experiment vorgeführt. Dabei wird ein Wagen durch ein Hindernis zum Stehen gebracht.

2.1 Beobachten Sie die Bewegung des Wagens und des darauf befindlichen Körpers.
Beschreiben Sie Ihre Beobachtung.

2.2 Erklären Sie mithilfe eines physikalischen Gesetzes die Bewegung des Körpers beim Abbremsen.

2.3 Formulieren Sie eine Schlussfolgerung für die Beförderung von Personen in einem Fahrzeug.

1999, Pflichtaufgabe 1

3 Vom Lehrer wird Ihnen ein Experiment mit zwei miteinander verbundenen Wagen A und B vorgeführt.

3.1 Beobachten Sie Wagen B nach dem Anhalten von Wagen A. Notieren Sie Ihre Beobachtung.

3.2 Erklären Sie mithilfe eines physikalischen Gesetzes das Verhalten des Wagens B.

3.3 Was ist beim Abschleppen von Fahrzeugen mit defekter Bremsanlage zu beachten?

2006, Pflichtaufgabe 1

4 Vom Lehrer wird Ihnen ein Experiment mit einem Modell für eine Wippe vorgeführt.

4.1 Beobachten Sie das Verhalten der Wippe.
Beschreiben Sie Ihre Beobachtung.

4.2 Fertigen Sie eine Skizze der Versuchsanordnung an und tragen Sie die wirkenden Kräfte in einem geeigneten Maßstab ein. Geben Sie den verwendeten Maßstab an.

4.3 Kann mit dem leichteren Körper ein Gleichgewicht der Wippe hergestellt werden, wenn sich der schwerere Körper am äußeren Ende der Wippe befindet? Begründen Sie Ihre Antwort mithilfe eines physikalischen Gesetzes.

2000, Pflichtaufgabe 1

5 Vom Lehrer wird Ihnen ein Experiment mit einem drehbar gelagerten Stab und mehreren Hakenkörpern mit je 50 g Masse vorgeführt.

5.1 Beobachten Sie das Experiment. Beschreiben Sie Ihre Beobachtung.

5.2 Fertigen Sie eine Zeichnung der Experimentieranordnung im Endzustand an, in der die wirkenden Kräfte in einem geeigneten Maßstab eingetragen sind.
Geben Sie den verwendeten Maßstab an.

5.3 Bei der Benutzung von Fahrradbremse, Schere und Zange findet das Hebelgesetz Anwendung.
Erläutern Sie an einem der Beispiele dieses physikalische Gesetz.

2007, Pflichtaufgabe 1

**Mechanische Schwingungen**

6 Vom Lehrer wird Ihnen ein Experiment vorgeführt. Zwei Fadenpendel A und B haben die gleiche Masse. Die Pendel werden in Schwingungen versetzt.

6.1 Beobachten Sie die Durchführung des Experimentes.
Vergleichen Sie die Periodendauern beider Pendel miteinander.
Notieren Sie Ihre Beobachtungen.

6.2 Vergleichen Sie die Frequenzen beider Pendel.
Begründen Sie Ihre Entscheidung.

6.3 Ein Pendel führt ungedämpfte Schwingungen mit einer Amplitude von 2,5 cm aus. Für 10 Schwingungen benötigt es 15 s.
Zeichnen Sie ein zugehöriges y-t-Diagramm für zwei Perioden.

2002, Pflichtaufgabe 1

**Elektrizitätslehre**

7 Vom Lehrer wird Ihnen ein Experiment vorgeführt.
Dabei wird ein unbekanntes Bauelement mit Gleichspannung betrieben. Zum Nachweis des Stromflusses dient eine Glühlampe. Die Polarität der Spannung wird während des Experiments geändert.

7.1 Beobachten Sie die Glühlampe jeweils nach Schließen des Stromkreises. Notieren Sie Ihre Beobachtungen.

7.2 Entscheiden Sie, ob das unbekannte Bauelement ein Widerstand, eine Diode oder ein Kondensator ist. Begründen Sie.

7.3 Zeichnen Sie für das Experiment einen Schaltplan mit dem von Ihnen erkannten Bauelement.

2003, Pflichtaufgabe 1

8 Vom Lehrer werden Ihnen im Experiment die Schaltungen A und B vorgeführt. Dabei sind je zwei Glühlampen einmal in Reihe und das andere Mal parallel geschaltet. Alle Glühlampen sind gleich. Es liegt jeweils die gleiche Spannung an.

8.1 Beobachten Sie jeweils die Helligkeit der Glühlampen nach dem Schließen der Stromkreise.
Notieren Sie Ihre Beobachtung.

8.2 Entscheiden Sie, in welchem Stromkreis Reihenschaltung vorliegt.
Begründen Sie Ihre Entscheidung.

8.3 Zeichnen Sie für die Schaltungen A und B jeweils den zugehörigen Schaltplan.

8.4 Nennen Sie eine Anwendung der Parallelschaltung.

2005, Pflichtaufgabe 1

9 Vom Lehrer werden Ihnen zwei Experimente nach folgendem Schaltplan vorgeführt.
Für jedes Experiment wird eine andere Spannungsart verwendet.

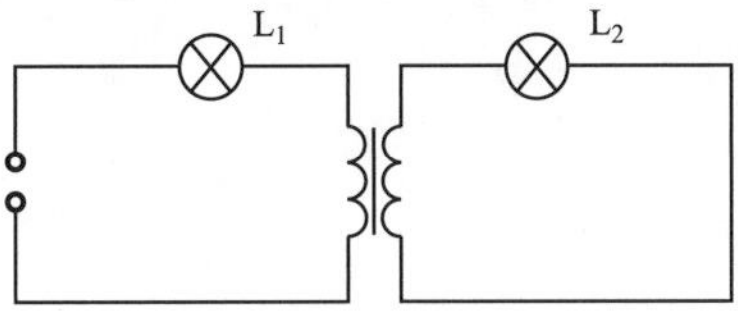


9.1 Beobachten Sie in beiden Experimenten die Glühlampen $L_1$ und $L_2$ nach dem Einschalten und notieren Sie Ihre Beobachtungsergebnisse.

9.2 Geben Sie für jedes Experiment die verwendete Spannungsart an und begründen Sie jeweils Ihre Entscheidung.

1998, Pflichtaufgabe 1

**Thema: Mechanik**

1.1 Der Pkw befindet sich auf einer geneigten Ebene. Die geneigte Ebene ist eine kraftumformende Einrichtung, d. h. Betrag oder Richtung einer Kraft werden geändert. Die Zugkraft der Motorwinde ist geringer als die Gewichtskraft des Pkw. Die Zugkraft ist entlang der geneigten Ebene gerichtet. Die Gewichtskraft des Pkw ist senkrecht nach unten gerichtet.

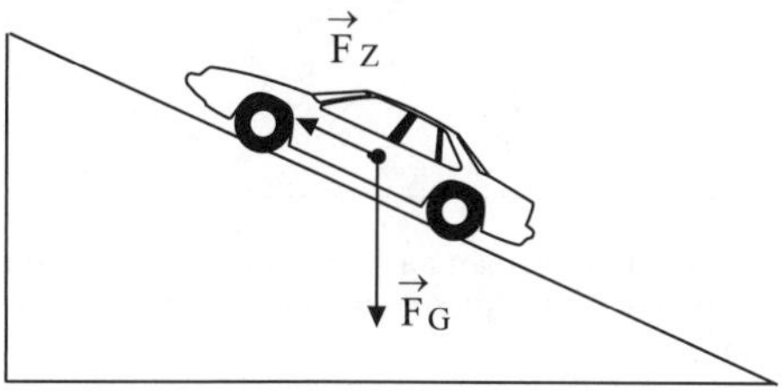


1.2 Die Gewichtskraft des Pkw beträgt 12 kN. Die Länge der geneigten Ebene ist doppelt so groß wie der Höhenunterschied. Nach der goldenen Regel der Mechanik folgt dann, dass die aufzuwendende Zugkraft nur halb so groß ist, d. h. $F_Z = 6\,000$ N.

1.3 *Berechnung*:
Ges.: W in Nm    Geg.: $F_Z = 6\,000$ N
$s = 5{,}00$ m

*Lösung:*
$W = F_Z \cdot s$
$= 6\,000 \text{ N} \cdot 5 \text{ m}$
$= 30\,000 \text{ Nm}$

*Ergebnis:* Die von der Motorwinde zu verrichtende Arbeit beträgt 30 000 Nm.

1.4 a) Der Neigungswinkel wird vergrößert (Der Höhenunterschied ändert sich nicht!): Die von der Motorwinde aufzubringende Kraft wird größer. Die zu verrichtende mechanische Arbeit ändert sich nicht, da sich die Länge der geneigten Ebene verkürzt.

b) Der Neigungswinkel wird verkleinert.
Die von der Motorwinde aufzubringende Kraft wird kleiner. Die zu verrichtende mechanische Arbeit ändert sich nicht, da sich die Länge der geneigten Ebene vergrößert.
Die Gewichtskraft des Pkw bleibt natürlich unverändert.

2.1 Skizze:

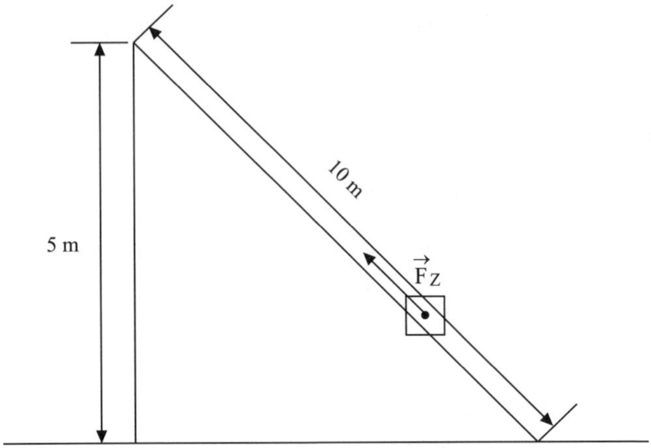


2.2 Die „Goldene Regel der Mechanik“ lautet: Was man an Kraft spart, muss man an Weg zusetzen. Der Weg verdoppelt sich, also wird die aufzuwendende Kraft halbiert.
40 kg ≙ 400 N. Die Zugkraft beträgt 200 N.

2.3 Nein.
Begründung: Nach der „Goldenen Regel“ ist die Arbeit, die bei der Beförderung auf der Schräge verrichtet wird, gleich der Arbeit, die beim Heben zur Überwindung desselben Höhenunterschiedes verrichtet wird.

3.1 Kraftumformende Einrichtungen: lose und feste Rolle

3.2 Feste und lose Rolle ermöglichen das stufenlose Regeln der Lampenhöhe. Die Gewichtskraft von loser Rolle und Gegengewicht zusammen muss so bemessen sein, dass sie sich im Gleichgewicht mit der Gewichtskraft der Lampe befindet. Das Gegengewicht ist doppelt so groß wie das Gewicht der Lampe (bei Vernachlässigung der Aufhängung). Die feste Rolle ändert nur die Richtung der Kraft.

3.3 Für die lose Rolle gilt: $F_{zug} = \frac{1}{2} F_{Hub}$

Daraus folgt, dass die Gewichtskraft der Lampe 28 N beträgt.

4.1 Z. B.: feste Rolle: Sie dient der Änderung der Kraftrichtung (Umlenkrolle).
oder lose Rolle :Sie ermöglicht eine Verringerung der aufzuwendenden Kraft.

4.2 Mithilfe einer losen Rolle kann die Hubkraft halbiert werden. Mit 40 kg ≙ 400 N ergibt sich eine Zugkraft von 200 N.

4.3 Nach der goldenen Regel der Mechanik wird das, was man an Kraft spart, an Weg zugesetzt. Halbiert sich die Zugkraft, so verdoppelt sich der mit dem Seil zurückgelegte Weg. Die Arbeit ergibt sich aus dem Produkt von Kraft und Weg. Deshalb sind die zu verrichtenden mechanischen Arbeiten gleich.

5.1 Kraftumformende Einrichtung: (einseitiger) Hebel

5.2 *Berechnung:*

Ges.: x in mm ($I_1$) Geg.: $F_1 = 4\ N$

$F_2 = 20\ N$

$I_2 = 15\ mm$

*Lösung:*

$F_1 \cdot I_1 = F_2 \cdot I_2$

$$I_1 = \frac{F_2 \cdot I_2}{F_1} = \frac{20\ N \cdot 15\ mm}{4\ N} = 75\ mm$$

*Ergebnis*: Der Abstand des Gegengewichts beträgt 75 mm.

6.1 Ein nicht aufgeblasener Luftballon wird zugeschnürt und unter eine Glasglocke gelegt, die mit einer Pumpe verbunden ist. Die Luft wird aus der Glasglocke abgesaugt. Der Luftballon wird größer.
Mit dem Absaugen der Luft verringert sich der Schweredruck der Luft (Luftdruck), der den Ballon zusammendrückt. Der Druck im Ballon wird nun größer als der Luftdruck, und der Ballon dehnt sich aus.

6.2 Wirkende Kräfte: Gewichtskraft des Ballons, Auftriebskraft
*Begründung:* Der Ballon ist mit einem Gas gefüllt. Der Unterschied der Dichten des Gases im Ballon und der verdrängten Luft führen zu einer Auftriebskraft.

7.1 Druck-Tiefe-Diagramm

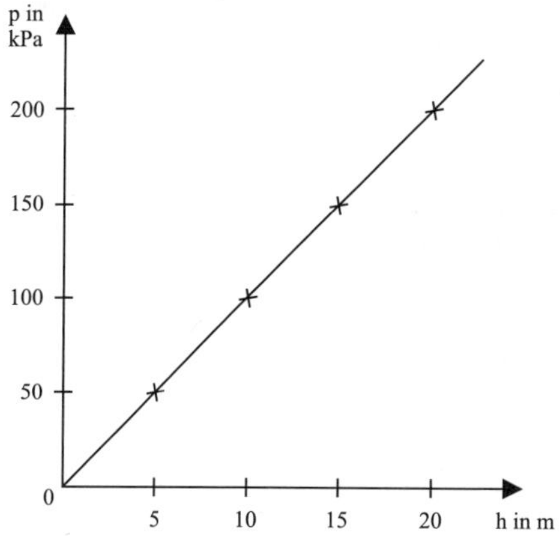


7.2 Zusammenhang: Der Schweredruck nimmt mit der Tiefe zu ($p \sim h$).

7.3 Tiefe: 18,5 m

7.4 Der Druck nimmt pro Meter um 10 kPa zu. Die Druckzunahme beträgt deshalb 20 kPa.

7.5 *Begründung:* Da der Schweredruck des Wassers mit der Tiefe zunimmt, vergrößern sich auch die auf die Staumauer wirkenden Kräfte. Deshalb muss das Bauwerk an der Sohle entsprechend dick sein.

7.6 *Begründung:* Der Schweredruck hängt nur von der Höhe der Wassersäule ab und nicht von der Gefäßform (Form des Stausees). Die Belastung der Sperrmauer ändert sich deshalb nicht.

8.1 Geschwindigkeits-
Zeit-Diagramm

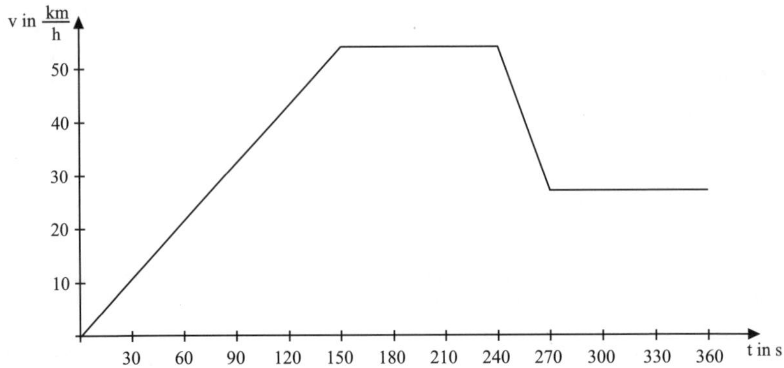


8.2 Abschnitt I: Geradlinige, gleichmäßig beschleunigte Bewegung
*Begründung:* Die Geschwindigkeit ist der Zeit proportional, d. h. in gleichen Zeiten wird die gleiche Geschwindigkeitsänderung (-zunahme) erreicht.

Abschnitt II: Geradlinige, gleichförmige Bewegung
*Begründung:* Die Geschwindigkeit ist konstant.

Abschnitt III: Geradlinige, gleichmäßig verzögerte Bewegung
*Begründung:* Die Geschwindigkeit ist der Zeit proportional, d. h. in gleichen Zeiten wird die gleiche Geschwindigkeitsänderung (-abnahme) erreicht.

Abschnitt IV: Geradlinige, gleichförmige Bewegung
*Begründung:* Die Geschwindigkeit ist konstant.

8.3 *Berechnung:*
Ges.: a in $m \cdot s^{-2}$ Geg.: $\Delta v = 54\ km \cdot h^{-1} = 15\ m \cdot s^{-1}$
$\Delta t = 150\ s$

*Lösung:*

$$a = \frac{\Delta v}{\Delta t} = \frac{15\ ms^{-1}}{150\ s} = 0{,}1\ m \cdot s^{-2}$$

*Ergebnis:* Das Fahrzeug wird im Abschnitt I mit $0{,}1\ m \cdot s^{-2}$ beschleunigt.

8.4 $a = 0$

8.5 *Berechnung:*
Ges.: s in m Geg.: $v = 15\ m \cdot s^{-1}$
$t = 90\ s$

*Lösung:*

$$s = v \cdot t$$
$$= 15\ m \cdot s^{-1} \cdot 90\ s$$
$$= 1\,350\ m$$

*Ergebnis*: Das Fahrzeug legt einen Weg von 1 400 m zurück.

8.6 *Berechnung:*

Ges.: F in N

Geg.: $m = 60\ t = 60\,000\ kg$
$\Delta v = 27\ km \cdot h^{-1} = 7{,}5\ m \cdot s^{-1}$
$\Delta t = 30\ s$

*Lösung:*

$$F = m \cdot a \qquad a = \frac{\Delta v}{\Delta t}$$

$$F = m \cdot \frac{\Delta v}{\Delta t} = 60\,000\ kg \cdot \frac{7{,}5\ m \cdot s^{-1}}{30\ s} \qquad \left(1\ N = 1 \frac{kg \cdot m}{s^2}\right)$$

$$= 15\,000\ N$$

*Ergebnis*: Es ist eine Bremskraft von 15 000 N erforderlich.

9.1 Berechnung:

Ges.: t in s

Geg.: $v = 2{,}8\ m \cdot s^{-1}$
$s = 80\ m$

*Lösung:*

$$v = \frac{s}{t}$$

$$t = \frac{s}{v} = \frac{80\ m}{2{,}8\ m \cdot s^{-1}} = 29\ s$$

*Ergebnis:* Es ist eine Zeit von 29 s erforderlich.

9.2.1 Weg-Zeit-Diagramm:

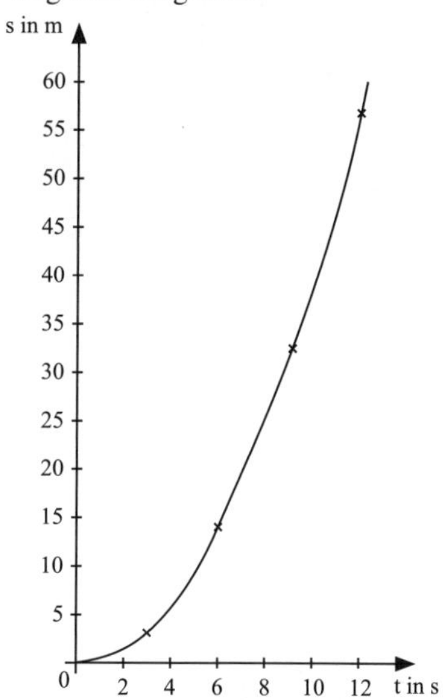


9.2.2 Bewegungsart: Gleichmäßig beschleunigte Bewegung
Begründung: Im Diagramm ergibt sich ein Parabelast, d. h. $s \sim t^2$

10.1 Abschnitt I: Geradlinige, gleichförmige Bewegung
*Begründung:* Die Geschwindigkeit ist konstant.

Abschnitt II: Geradlinige, gleichmäßig beschleunigte Bewegung
*Begründung:* Die Geschwindigkeit ist der Zeit proportional. Betrachtet man eine Zeitänderung von 20 s, ergibt sich jeweils eine Geschwindigkeitszunahme von $7{,}5\,\frac{m}{s}$.

10.2 Die Geschwindigkeit nach 40 s beträgt $22{,}5 \cdot 3{,}6\,\frac{km}{h} = 81\,\frac{km}{h}$.

10.3 Abschnitt I: $a = 0$. Das Fahrzeug wird nicht beschleunigt.

*Berechnung:*
Beschleunigung für Abschnitt II

Ges.: a in $m \cdot s^{-2}$ Geg.: $\Delta v = 15\ m \cdot s^{-1}$
$\Delta t = 40\ s$

*Lösung:*

$$a = \frac{\Delta v}{\Delta t} = \frac{15\ m \cdot s^{-1}}{40\ s} = 0{,}375\ m \cdot s^{-2}$$

*Ergebnis:* Das Fahrzeug wird im Abschnitt II mit $0{,}38\ m \cdot s^{-2}$ beschleunigt.

11.1.1 Aus dem Diagramm abgelesen: $t = 10$ s.

11.1.2 Fahrzeug A wird am stärksten beschleunigt.
*Begründung:* In der gleichen Zeit erreicht dieses Fahrzeug die höhere Geschwindigkeit.

11.1.3 *Berechnung:*

Ges.: a in $\frac{m}{s^2}$ Geg.: (aus dem Diagramm)

$\Delta v = 100\frac{km}{h} = 27{,}8\frac{m}{s}$

$\Delta t = 14\ s$

*Lösung:*

$$a = \frac{\Delta v}{\Delta t} = \frac{27{,}8\frac{m}{s}}{14\ s} = 2\frac{m}{s^2}$$

*Ergebnis:* Fahrzeug B wird mit $2\,\frac{m}{s^2}$ beschleunigt.

11.1.4 a-t-Diagramm:

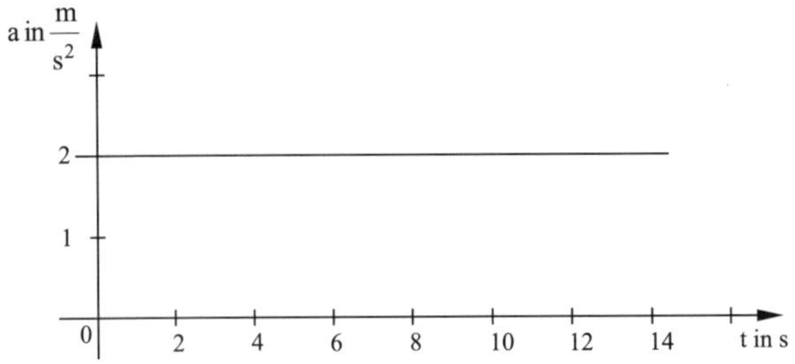

11.1.5 *Berechnung:*

Ges.: s in m

Geg.: $t = 6\,s$

$a = 2\frac{m}{s^2}$

*Lösung:*

$$s = \frac{a}{2} \cdot t^2 = \frac{2\frac{m}{s^2}}{2}(6\,s)^2 = 36\,m$$

*Ergebnis:* Innerhalb der ersten 6 s legt Fahrzeug B einen Weg von 36 m zurück.

11.2.1 Berechnung:

Ges.: t in s

Geg.: $s = 5\,m$

$v = 4\frac{km}{h} = 1{,}1\frac{m}{s}$

*Lösung:*

$$s = v \cdot t$$

$$t = \frac{s}{v}$$

$$= \frac{5\,m}{1{,}1\frac{m}{s}} = 4{,}5\,s$$

*Ergebnis:* Zum Überqueren der Straße benötigt der Schüler 4,5 s.

11.2.2 *Berechnung:*

Ges.: t in s

Geg.: $s = 50\,m$

$v = 30\frac{km}{h} = 8{,}3\frac{m}{s}$

*Lösung:*

$$t = \frac{s}{v}$$

$$= \frac{50\,m}{8{,}3\frac{m}{s}} = 6\,s$$

*Ergebnis:* Der Schüler hat bereits die Straße überquert. Aufgrund der geringen Zeitdifferenz von 1,5 s empfiehlt sich allerdings eine Verringerung der Geschwindigkeit.

11.2.3 *Berechnung:*

Ges.: Anhalteweg s in m

Geg.: $t_R = 0{,}8\,s$

$v = 30\frac{km}{h} = 8{,}3\frac{m}{s}$

$a = 8\frac{m}{s^2}$

*Lösung:*

Berechnung des Reaktionsweges.

$$s_R = v \cdot t$$

$$= 8{,}3\frac{m}{s} \cdot 0{,}8\,s = 6{,}6\,m$$

Berechnung des Bremsweges:
Durch Anwendung des Einsetzungsverfahrens erhält man eine Formel ohne die Zeit t zur Berechnung des Weges.

$$s_B = \frac{a}{2} \cdot t^2; \quad t = \frac{v}{a} \quad \Rightarrow \quad s_B = \frac{v^2}{2\,a}$$

$$= \frac{\left(8{,}3\,\frac{m}{s}\right)^2}{2 \cdot 8\,\frac{m}{s^2}}$$

$$= 4{,}3\text{ m}$$

Berechnung des Anhalteweges:

$$s = s_R + s_B$$

$$= 6{,}6\text{ m} + 4{,}3\text{ m} = 11\text{ m}$$

*Ergebnis:* Das Fahrzeug benötigt 11 m bis zum Stillstand.

11.3 Z. B.: Bewegung einer Person auf einer Rolltreppe, Bewegung der Zeigerspitze einer Uhr.

12.1 Abschnitt I: Pkw wird beschleunigt. Gleichmäßig beschleunigte Bewegung
Abschnitt II: Pkw wird abgebremst. Gleichmäßig verzögerte Bewegung
Abschnitt III: Pkw fährt mit konstanter Geschwindigkeit. Gleichförmige Bewegung
Abschnitt IV: Pkw wird bis zum Stillstand abgebremst. Gleichmäßig verzögerte Bewegung

12.2 Berechnung der Beschleunigungen:
Abschnitt I:

Ges.: a in $\frac{m}{s^2}$

Geg.: (aus dem Diagramm)

$\Delta v = 5\,\frac{m}{s}$

$\Delta t = 4\text{ s}$

*Lösung:*

$$a = \frac{\Delta v}{\Delta t} = \frac{5\,\frac{m}{s}}{4\text{ s}} = 1{,}25\,\frac{m}{s^2}$$

*Ergebnis:* Der Pkw wird mit $1{,}25\,\frac{m}{s^2}$ beschleunigt.
Abschnitt II:

Ges.: a in $\frac{m}{s^2}$

Geg.: (aus dem Diagramm)

$\Delta v = 2\,\frac{m}{s}$

$\Delta t = 2\text{ s}$

*Lösung:*

$$a = \frac{\Delta v}{\Delta t} = \frac{2\,\frac{m}{s}}{2\text{ s}} = 1\,\frac{m}{s^2}$$

*Ergebnis:* Der Pkw wird mit $1\frac{m}{s^2}$ beschleunigt, in diesem Fall abgebremst.
Abschnitt III: Die Beschleunigung ist gleich null ($a = 0$).

12.3 *Berechnung:*

Ges.: s in m

Geg.: $v = 3\frac{m}{s}$

$t = 9\,s$

*Lösung:*

$s = v \cdot t = 3\frac{m}{s} \cdot 9\,s = 27\,m$

*Ergebnis:* Der Pkw legt einen Weg von 27 m zurück.

12.4 *Berechnung:*

Ges.: F in N

Geg.: $m = 1\,500\,kg \quad a = 1{,}25\,\frac{m}{s^2}$

*Lösung:*

$F = m \cdot a = 1\,500\,kg \cdot 1{,}25\,\frac{m}{s^2} = 1\,900\,N \quad \left(1\,\frac{kg \cdot m}{s^2} = 1\,N\right)$

*Ergebnis:* Es wirkt eine beschleunigende Kraft von 1 900 N.

12.5 Die Reibungskräfte der Reifen auf der Straße werden u. a. von der Gummimischung, dem Profil und der Außentemperatur beeinflusst. Bei Sommerreifen verringern sich mit sinkender Temperatur die Reibungskräfte. Die Bremswege verlängern sich. Deshalb empfiehlt sich ein Wechsel.

13.1 *Berechnung:*

Ges.: s in m

Geg.: (aus dem Diagramm)

$t = 10\,s$

$v = 18\,\frac{m}{s}$

*Lösung:*

$s = v \cdot t = 18\,\frac{m}{s} \cdot 10\,s = 180\,m$

*Ergebnis:* Mit konstanter Geschwindigkeit werden 180 m zurückgelegt.

13.2 *Berechnung:*

Ges.: a in $\frac{m}{s^2}$

Geg.: (aus dem Diagramm)

$\Delta v = 18\,\frac{m}{s}$

$\Delta t = 10\,s$

*Lösung:*

$a = \frac{\Delta v}{\Delta t} = \frac{18\,\frac{m}{s}}{10\,s} = 1{,}8\,\frac{m}{s^2}$

*Ergebnis:* Das Fahrzeug wird mit $1{,}8\,\frac{m}{s^2}$ abgebremst.

13.3 *Berechnung:*

Ges.: s in m

Geg.: $t = 10\,s$

$a = 1{,}8\,\frac{m}{s^2}$

*Lösung:*

$$s = \frac{a}{2} \cdot t^2 = \frac{1{,}8\,\frac{m}{s^2}}{2} \cdot (10\,s)^2 = 90\,m$$

*Ergebnis:* Der Bremsweg beträgt 90 m.

14.1 *Berechnung:*

Ges.: t in s

Geg.: $v = 50{,}0\,\frac{km}{h} = 13{,}9\,\frac{m}{s}$

$a = 1{,}10\,\frac{m}{s^2}$

*Lösung:*

$v = a \cdot t$

$$t = \frac{v}{a} = \frac{13{,}9\,\frac{m}{s}}{1{,}1\,\frac{m}{s^2}} = 12{,}6\,s$$

*Ergebnis:* Nach 12,6 s wird die Geschwindigkeit erreicht.

14.2 v-t-Diagramm

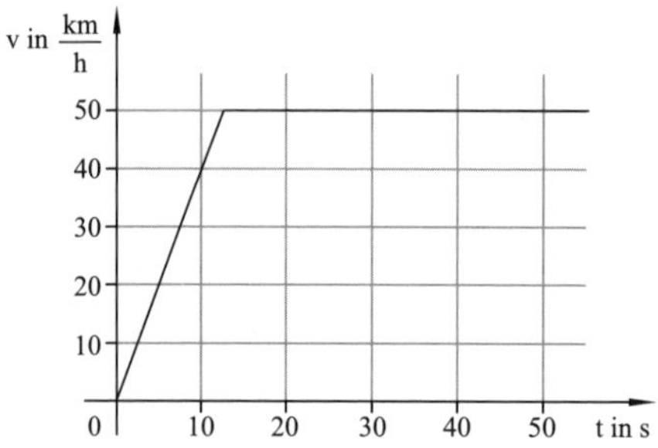


Berechnung des zurückgelegten Weges

a) Beschleunigungsphase

*Berechnung:*

Ges.: s in m Geg.:

Geg.: $t = 12{,}6\,s$

$a = 1{,}10\,\frac{m}{s^2}$

*Lösung:*

$$s = \frac{a}{2} \cdot t^2 = \frac{1{,}1\,\frac{m}{s^2}}{2} \cdot (12{,}6\,s)^2 = 87{,}3\,m$$

b) Gleichförmige Phase

*Berechnung:*

Ges.: s in m

Geg.: $t = 37{,}4\,s$

$v = 13{,}9\,\frac{m}{s}$

*Lösung:*

$s = v \cdot t = 13{,}9\,\frac{m}{s} \cdot 37{,}4\,s = 520\,m$

c) Gesamtweg

*Berechnung:*

$520\,m + 87{,}3\,m = 607{,}3\,m$

*Ergebnis:* Innerhalb von 50 s legt die Bahn einen Weg von 607 m zurück.

14.3 Energieumwandlung: $E_{kin} \rightarrow E_{therm}$

*Berechnung:*

Ges.: a in $\frac{m}{s^2}$

Geg.: $m = 39{,}3\,t = 39\,300\,kg$

$F = 8 \cdot 64\,kN = 512\,kN$

$= 512\,000\,N$

*Lösung:*

$F = m \cdot a$

$a = \frac{F}{m}$

$= \frac{512\,000\,N}{39\,300\,kg}$ $\left(1\,\frac{kg \cdot m}{s^2} = 1\,N\right)$

$= 13\,\frac{m}{s^2}$

*Ergebnis:* Die Bremsbeschleunigung beträgt $13\,\frac{m}{s^2}$.

14.4 Begründung mithilfe des **Trägheitsgesetzes**: Ein Körper behält seinen Zustand der Ruhe oder der geradlinigen gleichförmigen Bewegung bei, solange keine Kraft auf ihn einwirkt.

Verhaltensmaßregel: Die Fahrgäste bewegen sich mit dem Fahrzeug. Beim Bremsvorgang wirkt auf das Fahrzeug und die Fahrgäste eine große Kraft entgegen der Bewegungsrichtung. Aufgrund der Trägheit möchten die Fahrgäste ihren bisherigen Bewegungszustand beibehalten. Deshalb ist ein Festhalten unbedingt notwendig, um Verletzungen vorzubeugen.

15.1 *Berechnung:*

Ges.: F in N

Geg.: $m = 1{,}2\,t = 1\,200\,kg$

$a = 4{,}2\,\frac{m}{s^2}$

*Lösung:*

$F = m \cdot a$

$= 1\,200\,kg \cdot 4{,}2\,\frac{m}{s^2}$ $\left(1\,\frac{kg \cdot m}{s^2} = 1\,N\right)$

$= 5\,040\,N$

*Ergebnis:* Es wirkt eine Bremskraft von 5 040 N.

15.2 Erläuterung mithilfe des Trägheitsgesetzes: Ein Körper behält seinen Zustand der Ruhe oder der geradlinigen gleichförmigen Bewegung bei, solange keine Kraft auf ihn einwirkt. Die Person bewegt sich mit dem Fahrzeug. Beim Bremsvorgang wirkt auf das Fahrzeug und die Person eine Kraft entgegen der Bewegungsrichtung. Aufgrund der Trägheit möchte die Person ihren bisherigen Bewegungszustand beibehalten. Deshalb rutscht sie in Bewegungsrichtung nach vorn vom Sitz. Das Anschnallen ist für jede Person im Auto lebenswichtig.

16.1 Beide bewegen sich voneinander weg.

16.2 Wechselwirkungsgesetz: Zu jeder Kraft gehört eine gleich große Gegenkraft. Wirkt auf einen Körper eine Kraft, so setzt dieser Körper eine Kraft mit gleichem Betrag und entgegengesetzter Richtung dagegen.

16.3 Zwei Magnete werden auf zwei Wagen befestigt. Gleiche Pole stehen einander gegenüber. Lässt man die Wagen los, bewegen sich beide voneinander weg.

17.1 *Berechnung:*

Ges.: W in kJ

Geg.: $m = 80\ \text{kg}$
$F_G = 800\ \text{N}$
$h = 3\,790\ \text{m} - 1\,290\ \text{m} = 2\,500\ \text{m}$

*Lösung:*

$$W = F_G \cdot h = 800\ \text{N} \cdot 2\,500\ \text{m} = 2\,000\ \text{kJ} \qquad (1\ \text{Nm} = 1\ \text{J})$$

*Ergebnis:* Die Bergsteigerin muss eine Arbeit von 2 000 kJ verrichten.

17.2 *Berechnung:*

Ges.: P in W

Geg.: $W = 2\,000\ \text{kJ}$
$t: 50\ \text{min für}\ 300\ \text{m}$
$t = 25\,000\ \text{s}$

*Lösung:*

$$P = \frac{W}{t} \qquad \left(1\ \text{W} = \frac{1\ \text{J}}{1\ \text{s}}\right)$$

$$= \frac{2\,000\ \text{kJ}}{25\,000\ \text{s}} = 80\ \text{W}$$

*Ergebnis:* Die durchschnittliche Leistung der Bergsteigerin beträgt 80 W.

18.1 *Berechnung:*

Ges.: $\eta$

Geg.: $E_{auf} = 12\,000\ \text{kJ}$
$E_{ab} = 3\,000\ \text{kJ}$

*Lösung:*

$$\eta = \frac{\text{genutzte Energie}}{\text{aufgenommene Energie}}$$

$$= \frac{3\,000\ \text{kJ}}{12\,000\ \text{kJ}} = 0{,}25$$

*Ergebnis:* Der Wirkungsgrad beträgt 25 %.

18.2 Die restliche Energie wird z. B. verwendet für die Arbeit der Organe, den Stoffwechsel, die Muskelarbeit.

19 *Berechnung:*

Ges.: P in kW — Geg.: $W = 755\ \text{J}$, $t = 0{,}38\ \text{s}$

*Lösung:*

$$P = \frac{W}{t}$$

$$= \frac{755\ \text{J}}{0{,}38\ \text{s}}$$

$$= 2\,000\ \text{W} = 2\ \text{kW} \qquad \left(1\ \text{W} = \frac{1\ \text{J}}{1\ \text{s}}\right)$$

*Ergebnis:* Die kurzzeitige Leistung der Schülerin beträgt 2 kW.
Die Schülerin kann kurzzeitig die mittlere Leistung eines Kleinkraftrades erreichen.

20.1 $y_{max} = 1{,}5\ \text{cm}$

20.2 Vergleich: $T_1 > T_2$

20.3 *Berechnung:*

Ges.: f in Hz — Geg.: $T = 0{,}4\ \text{s}$

*Lösung:*

$$f = \frac{1}{T} = \frac{1}{0{,}4\ \text{s}} \qquad (1\ \text{Hz} = 1\ \text{s}^{-1})$$

$$= 2{,}5\ \text{Hz}$$

*Ergebnis:* Die Frequenz beträgt 2,5 Hz.

20.4 Schwingung II ist gedämpft.
Begründung: Die Amplitude nimmt mit der Zeit ab.

20.5 Energieumwandlungen: Potenzielle Energie wandelt sich in kinetische Energie und umgekehrt um. Ein Teil der mechanischen Energie wandelt sich in thermische Energie um.

20.6 Ungedämpfte mechanische Schwingung: Pendel einer mechanischen Uhr
Gedämpfte mechanische Schwingung: Schwingung einer Stimmgabel

21.1.1 Beschreibung eines möglichen Experiments:
Bestimmung der Periodendauer eines Fadenpendels.

Skizze:

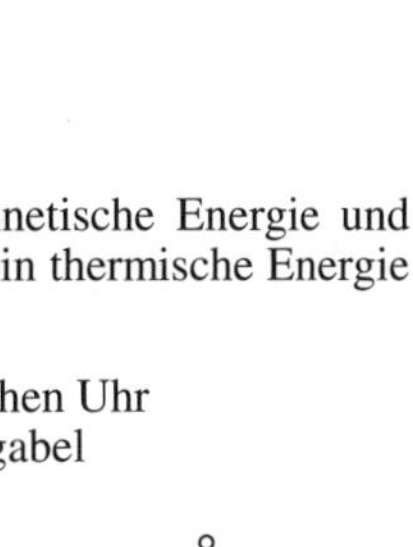

*Durchführung:* Das Pendel wird leicht ausgelenkt. Mit einer Stoppuhr wird die Zeit für 10 Schwingungen bestimmt. (Genauigkeit der Messung wird erhöht!)

*Auswertung:* Die Periodendauer erhält man, indem man die Zeit für 10 Schwingungen durch 10 dividiert.

21.1.2 Die Länge des Fadenpendels kann verkürzt werden.

21.2.1

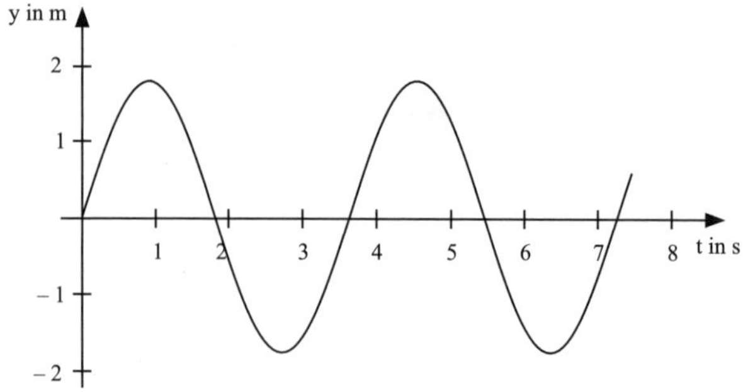


21.2.2 *Berechnung:*

Ges.: f in Hz

Geg.: T = 3,6 s

*Lösung:*

$$f = \frac{1}{T}$$

$$= \frac{1}{3{,}6\ s} \qquad (1\ Hz = 1\ s^{-1})$$

$$= 0{,}28\ Hz$$

*Ergebnis*: Die Frequenz beträgt 0,28 Hz

22.1 Berechnung:

Ges.: T in s

Geg.: f = 100 Hz, 1 Hz = 1 $s^{-1}$

*Lösung:*

$$T = \frac{1}{f} = \frac{1}{100\ s^{-1}} = 0{,}01\ s$$

*Ergebnis:* Die Periodendauer der Stimmgabel beträgt 0,01 s.

22.2

22.3

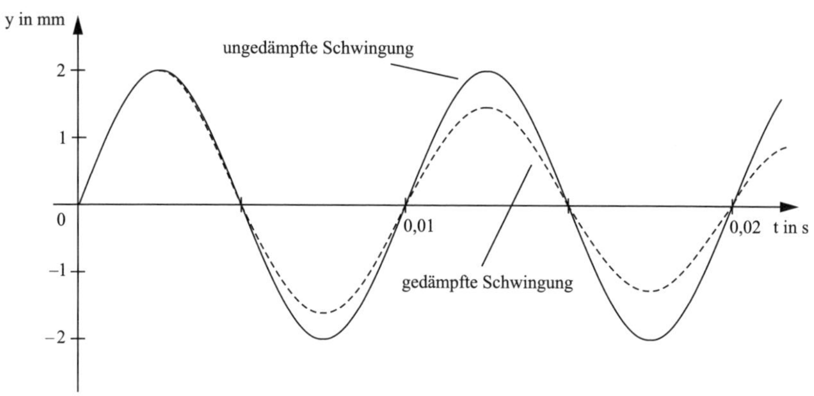

22.4 Energieumwandlungen:
**Potenzielle** Energie wandelt sich in **kinetische** Energie und umgekehrt um. Ein Teil der **mechanischen** Energie wandelt sich in **thermische** Energie um.

23.1 I ungedämpfte Schwingung: Amplitude ändert sich nicht.
II gedämpfte Schwingung: Amplitude nimmt ab.

23.2 I Schwingung eines Uhrpendels
II Schwingungsdämpfer (Stoßdämpfer) eines Pkw

24.1 Die Periodendauer beträgt 2,5 s.

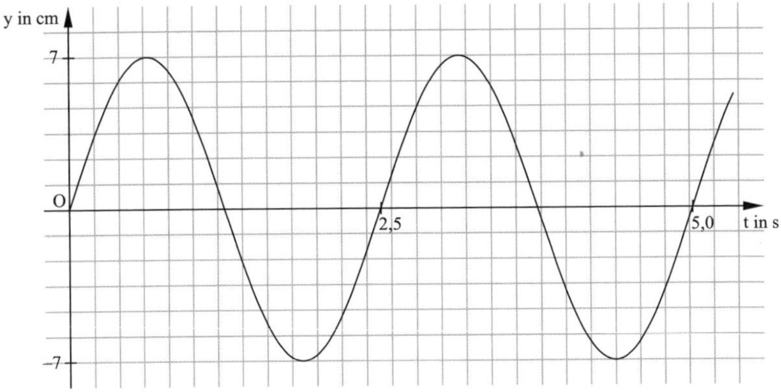


24.2 Dem Pendel wird zunächst potenzielle Energie zugeführt. Mit Beginn des Schwingungsvorganges wandelt sich diese Energie in kinetische Energie um. Die kinetische Energie erreicht ihren größten Betrag beim Durchgang durch die Mittelpunktslage. Danach wandelt sich die kinetische Energie wieder in potenzielle Energie um, die ihren größten Betrag jeweils in den Umkehrpunkten besitzt. Die kinetische Energie ist dort null.

25.1 Die Kugel führt eine gedämpfte Schwingung aus. Die Amplitude nimmt ab, da ein Teil der mechanischen Energie durch Reibung in thermische Energie umgewandelt wird.

25.2 Für 10 Schwingungen werden 12 s benötigt. Für die Schwingungsdauer T ergibt sich daher T = 12 s : 10 = 1,2 s.

Wegen $f = \frac{1}{t}$ ist $f = \frac{1}{1{,}2}\,\text{Hz} = 0{,}83\,\text{Hz}$.

25.3 Die Frequenz beschreibt die Anzahl von Schwingungen in einer bestimmten Zeit.
Führt z. B. die Kugel in der Schale innerhalb von 12 s mehr Schwingungen aus, so nimmt die Frequenz zu.

25.4 y-t-Diagramm:

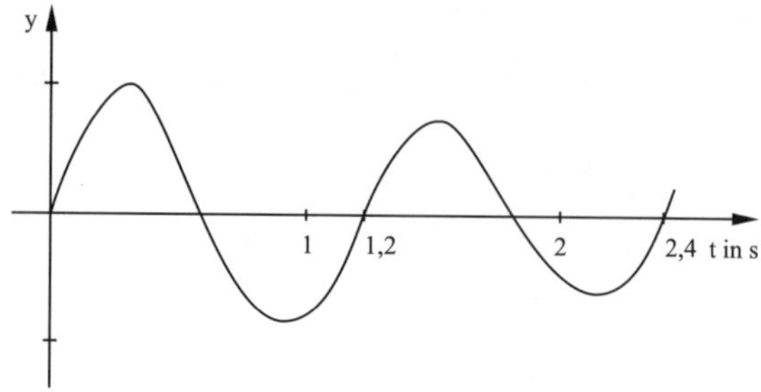


oder auch:

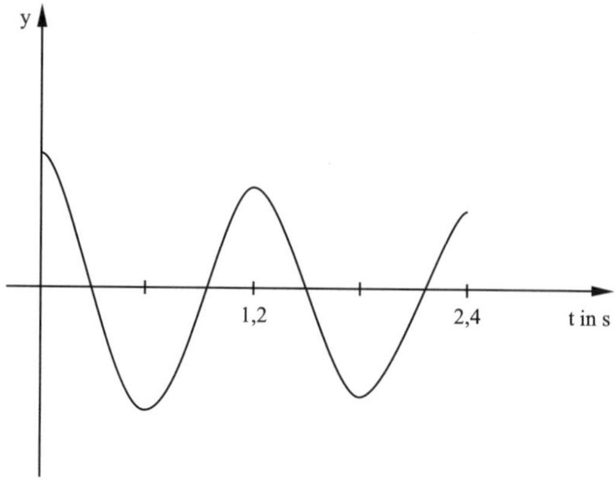


25.5 Energieumwandlungen:
$E_{pot} \rightarrow E_{kin} \rightarrow E_{pot}$
$E_{mech} \rightarrow E_{therm}$

**Thema: Thermodynamik**

1.1 Das Material der Kühlbox ist ein schlechter Wärmeleiter.
Wände und Deckel der Box sind mehrere Zentimeter stark, um einen Wärmeaustausch zu mindern.

1.2 *Begründung:*
Die Wärmedämmung reduziert die zur Erwärmung eines Hauses notwendige Energie. Dadurch ist es möglich, Kosten zu sparen und die Umwelt zu schonen.
Maßnahmen zur Wärmedämmung:
Verwendung von Thermofenstern, die aus mehreren Glasplatten bestehen zwischen denen sich eine dünne Luftschicht befindet.
Einsatz von Ziegeln, die Hohlräume enthalten.
Im Dachbereich kann Mineralwolle zur Wärmedämmung eingesetzt werden.

1.3 Die spezifische Wärmekapazität von Wasser ist sehr groß. Wasser kann deshalb besonders viel Wärme aufnehmen und abgeben.

2.1 Elektrische Energie wird in thermische Energie umgewandelt.

2.2 *Berechnung:*

Ges.: $\eta$

Geg.: $P = 1\,200\ \text{W}$
$t = 60\ \text{s}$
$Q = 66\ \text{kJ}$ (nutzbare Energie)

*Lösung:*

$$\eta = \frac{\text{nutzbare Energie}}{\text{zugeführte Energie}}$$

zugeführte Energie:

$$E = P \cdot t = 1\,200\ \text{W} \cdot 60\ \text{s} = 72\,000\ \text{Ws} \quad (1\ \text{Ws} = 1\ \text{J}) \quad = 72\ \text{kJ}$$

$$\eta = \frac{66\ \text{kJ}}{72\ \text{kJ}} = 0{,}92$$

*Ergebnis:* Der Wirkungsgrad beträgt 92 %.

3.1 *Berechnung:*

Ges.: $Q_{ab}$ in kJ

Geg.: $m = 1{,}5\ \text{kg}$
$\Delta T = (75 - 37)\ \text{K} = 38\ \text{K}$
$c = 4{,}19 \frac{\text{kJ}}{\text{kg} \cdot \text{K}}$

*Lösung:*

$$Q_{ab} = c \cdot m \cdot \Delta T = 4{,}19 \frac{\text{kJ}}{\text{kg} \cdot \text{K}} 1{,}5\ \text{kg} \cdot 38\ \text{K} = 240\ \text{kJ}$$

*Ergebnis:* Das Wasser gibt eine Wärme von 240 kJ ab.

3.2 *Berechnung:*

Ges.: m in kg

Geg.: $Q_{ab} = 1{,}5\ \text{kg}$
$c = 0{,}8 \frac{\text{kJ}}{\text{kg} \cdot \text{K}}$
$\Delta T = 38\ \text{K}$

*Lösung:*

$$Q_{ab} = c \cdot m \cdot \Delta T m = \frac{Q_{ab}}{c \cdot \Delta T} = \frac{240\ \text{kJ}}{0{,}8 \frac{\text{kJ}}{\text{kg} \cdot \text{K}} \cdot 38\ \text{K}} = 7{,}9\ \text{kg}$$

*Ergebnis:* Die Masse des Steins muss 7,9 kg betragen.

4.1 Im Inneren einer Isolierkanne befindet sich ein doppelwandiges Glasgefäß. Zwischen dessen innerer und äußerer Glaswand befindet sich ein Vakuum. Die sichtbaren Glaswände sind verspiegelt. Die äußere Hülle besteht meist aus einem Plastik- oder Metallbehälter mit Verschluss.

4.2 Die Verspiegelung des Innenraums der Isolierkanne führt zu einer Reflexion der Wärmestrahlung in den Innenraum. Das Vakuum zwischen innerer und äußerer Glaswand vermindert die Wärmeleitung. Die äußere Hülle und der Verschluss sorgen für eine weitere Minderung der Wärmeübertragung.

5 Stahl dehnt sich bei Erwärmung aus. Infolge dieser Ausdehnung wird am Bandmaß eine kürzere Länge angezeigt.

6.1 Dem Eis wird Wärme zugeführt. Die Temperatur steigt bis 0 °C an. Beim Erreichen des Schmelzpunktes steigt die Temperatur trotz ständiger Wärmezufuhr zunächst nicht weiter an. Die gesamte zugeführte Wärme wird zum Schmelzen des Eises benötigt (Schmelzwärme). Ist das Eis geschmolzen, steigt die Temperatur wieder an.

6.2 Temperatur-Zeit-Diagramm

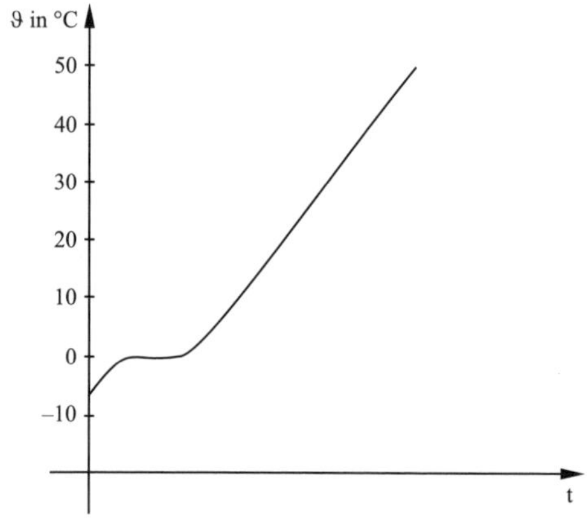


7.1 Energieumwandlungen: Die chemische Energie des Kraftstoff-Luft-Gemisches wird beim Verbrennen in thermische Energie umgewandelt. Diese Energie wird zu einem Teil in mechanische Energie (kinetische Energie) des Kolbens umgewandelt.

7.2 1 = Zylinder; 2 = Kolben; 3 = Einlassventil;
4 = Einspritzdüse; 5 = Auslassventil; 6 = Pleuelstange

8.1 *Berechnung:*

Ges.: Q in kJ

Geg.: $c = 4{,}19\ \text{kJ} \cdot \text{kg}^{-1} \cdot \text{K}^{-1}$
$m = 700\ \text{kg}$
$\Delta T = (70 - 15)\ \text{K} = 55\ \text{K}$

*Lösung:*

$$Q = c \cdot m \cdot \Delta T$$
$$= 4{,}19\ \text{kJ} \cdot \text{kg}^{-1} \cdot \text{K}^{-1} \cdot 700\ \text{kg} \cdot 55\ \text{K}$$
$$= 160000\ \text{kJ}$$

*Ergebnis:* Zur Erwärmung des Wassers wird eine Wärme von 160 000 kJ (160 MJ) benötigt.

8.2 Die von der Heizungsanlage aufgenommene Energie kann nur zu 75 % in nutzbare Energie umgewandelt werden. Ein Teil der aufgenommenen Energie wird an die Umgebung abgegeben und geht durch die Erwärmung von Rohrleitungen verloren, kann also nicht für die Erwärmung des Wassers genutzt werden.

8.3 Z. B.: Abschalten der Heizung vor und während des Lüftens; Einsatz von Rollläden; Vermeidung unnötig hoher Temperaturen beim Wäsche waschen.

9.1 Die Thermometerflüssigkeit dehnt sich bei Erwärmung aus und zieht sich bei Abkühlung zusammen. Im Thermometer führt das zu einem Steigen bzw. Sinken der Flüssigkeitssäule.

9.2 Z. B. Alkohol. Diese Flüssigkeit hat eine niedrige Erstarrungstemperatur, sodass auch sehr geringe Temperaturen gemessen werden können.

9.3 Elektrische Thermometer sind sehr belastbar und können auch an schwer zugänglichen Stellen eingesetzt werden, an denen direkte Ablesung der Temperatur nicht möglich ist.

10.1 $\vartheta$-t-Diagramm

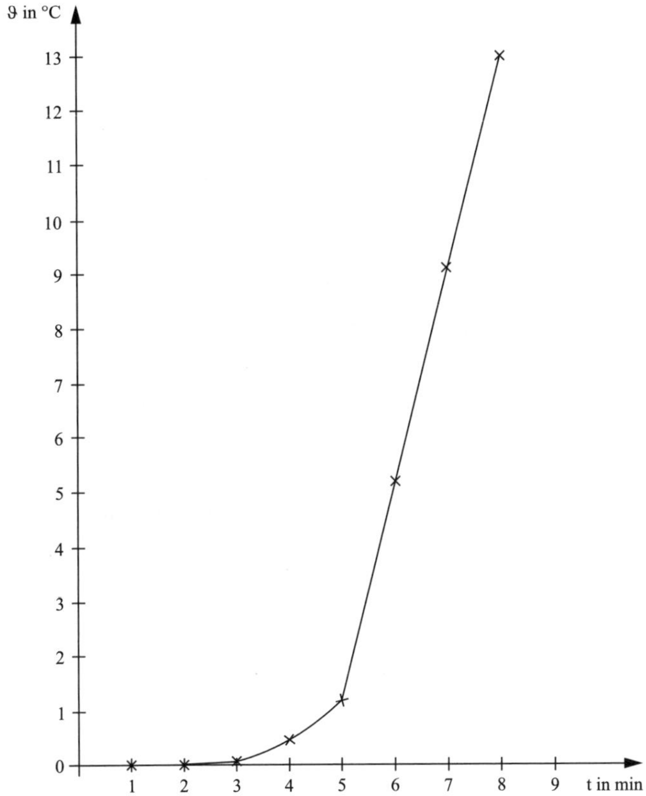

10.2 Im Intervall $0 \le t < 3$ min steigt die Temperatur trotz Wärmezufuhr nicht an.

*Begründung:* Die zugeführte Wärme wird zum Schmelzen des Eises (Schmelzwärme) benötigt.

10.3 Die Zeit zum Schmelzen des Eises verringert sich, d. h. die Temperatur beginnt eher zu steigen.
Nach dem Schmelzen steigt die Temperatur schneller, d. h. die Kurve wird steiler verlaufen.

11.1 Feste Körper dehnen sich bei Erwärmung aus und ziehen sich bei Abkühlung zusammen. Je größer der Temperaturunterschied ist desto größer ist die Längenänderung.

11.2 Beispiel: Die Kessel zur Dampferzeugung in einem Kraftwerk werden hängend befestigt, damit eine große Längenänderung möglich ist.

**Thema: Elektrizitätslehre**

1.1 I-U-Diagramm:

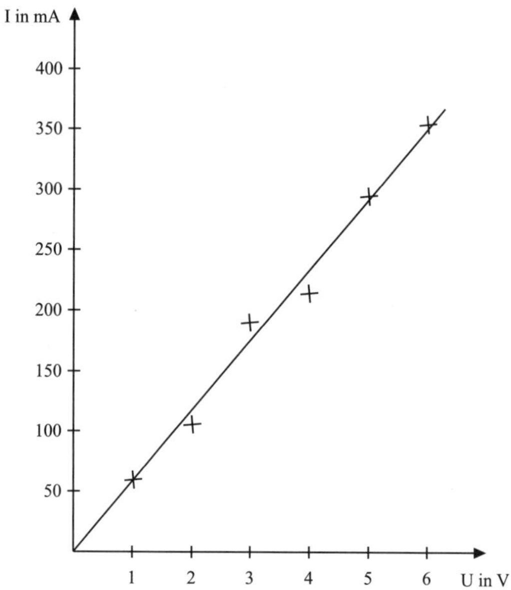


1.2 *Berechnung:*

Ges.: $R_1$ in Ω
$R_2$ in Ω

Geg.: $U_1 = 1\,V$
$U_2 = 6\,V$
$I_1 = 60\,mA = 0{,}06\,A$
$I_2 = 360\,mA = 0{,}36\,A$

*Lösung:*

$$R = \frac{U}{I}$$

$$R_1 = \frac{1\,V}{0{,}06\,A} \qquad R_2 = \frac{6\,V}{0{,}36\,A}$$

$$= 17\,\Omega \qquad = 17\,\Omega$$

*Ergebnis:* Beide Widerstände betragen 17 Ω.

1.3 Bei dem Bauelement handelt es sich um einen Konstantandraht.
*Begründung:* Der Widerstand bleibt konstant.

2.1 I-U-Diagramm:

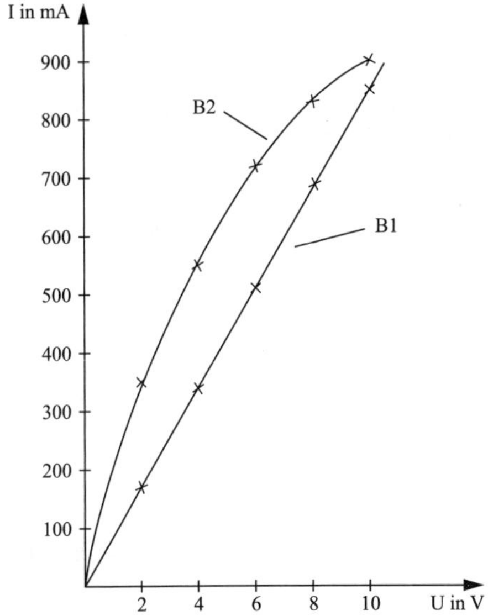


2.2 Bauelement 1

Ges.: $R_1$ in Ω
$R_2$ in Ω

Geg.: $U_1 = 2\,V$
$U_2 = 10\,V$
$I_1 = 170\,mA = 0{,}17\,A$
$I_2 = 850\,mA = 0{,}85\,A$

*Lösung:*

$$R = \frac{U}{I}$$

$$R_1 = \frac{2\,V}{0{,}17\,A} = 11{,}8\,\Omega \qquad R_2 = \frac{10\,V}{0{,}85\,A} = 11{,}8\,\Omega$$

*Ergebnis:* Der Widerstand beträgt bei beiden Spannungen 11,8 Ω.

Bauelement 2

Ges.: $R_1$ in Ω
$R_2$ in Ω

Geg.: $U_1 = 2\ \text{V}$
$U_2 = 10\ \text{V}$
$I_1 = 350\ \text{mA} = 0{,}35\ \text{A}$
$I_2 = 900\ \text{mA} = 0{,}9\ \text{A}$

*Lösung:*

$$R = \frac{U}{I}$$

$$R_1 = \frac{2\ \text{V}}{0{,}35\ \text{A}} = 5{,}7\ \Omega \qquad R_2 = \frac{10\ \text{V}}{0{,}9\ \text{A}} = 11{,}1\ \Omega$$

*Ergebnis:* Der Widerstand bei 2 V beträgt 5,7 Ω und bei 10 V 11,1 Ω.

2.3 Bauelement 2 ist die **Glühlampe**.

*Begründung:* Der Widerstand ist bei der höheren Spannung größer geworden. Dies ist auf die Erwärmung der Glühlampe zurückzuführen.

3.1 Der Widerstand des Drahtes verdoppelt sich.
Begründung: Widerstand und Querschnittsfläche sind indirekt proportional zueinander.

$$R = \rho \cdot \frac{l}{A} \Rightarrow R \sim \frac{1}{A}$$

3.2 Beschreibung: Der Widerstand eines Eisendrahtes nimmt bei Erwärmung zu.
Begründung: Bei der Erwärmung eines Körpers schwingen die Metallionen stärker. Dadurch stoßen sie häufiger mit den Ladungsträgern (Elektronen) zusammen. Die Behinderung der Ladungsträger nimmt zu, folglich wird der Widerstand größer.

4 Vergleich:
Der Aluminiumdraht könnte kürzer sein.

*Begründung:* Der spezifische elektrische Widerstand für Aluminium ist größer ($\rho = 0{,}028\ \Omega \cdot \text{mm}^2 \cdot \text{m}^{-1}$).

5.1 Schaltplan:

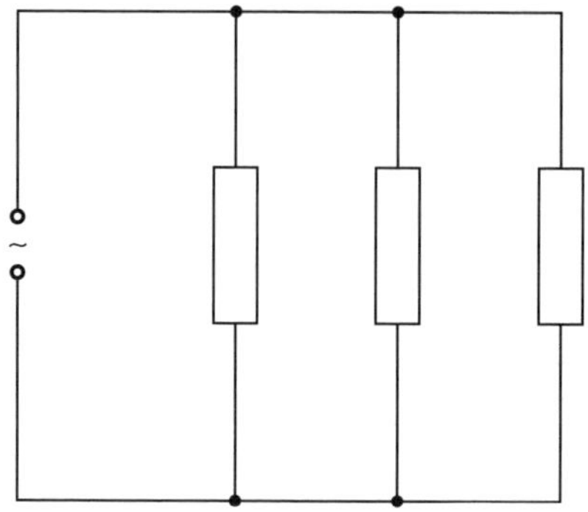

5.2 Berechnung:
Ges.: $I_1$, $I_2$, $I_3$, $I_{ges}$ in A

Geg.: $U = 230\ V$
$P_1 = 800\ W$
$P_2 = 550\ W$
$P_3 = 1\,200\ W$

*Lösung:*

a) $P = U \cdot I$

$$I = \frac{P}{U}$$

$$I_1 = \frac{800\ W}{230\ V} = 3{,}48\ A \qquad I_2 = \frac{550\ W}{230\ V} = 2{,}39\ A \qquad I_3 = \frac{1\,200\ W}{230\ V} = 5{,}22\ A \qquad (1\ W = 1\ V \cdot 1\ A)$$

b) $I_{ges} = I_1 + I_2 + I_3$
$= 3{,}48\ A + 2{,}39\ A + 5{,}22\ A = 11{,}1\ A$

*Ergebnis:* Aus den Einzelstromstärken von 3,48 A (Grill), 2,39 A (Mixer) und 5,22 A (Mikrowelle) ergibt sich eine Gesamtstromstärke von 11,1 A.

5.3 Es ist zu erwarten, dass der Stromkreis unterbrochen wird.
Begründung: Die Summe der Einzelstromstärken (11,1 A) ist größer als 10 A.

6.1 $I_2 = 300\ mA$

6.2 *Berechnung:*
Ges.: $U_2$ in V

Geg.: $U = 9{,}0\ V$
$U_1 = 3{,}0\ V$

*Lösung:*

$U = U_1 + U_2$ (unverzweigter Stromkreis)

$$U_2 = U - U_1 = 9{,}0\ V - 3{,}0\ V = 6{,}0\ V$$

*Ergebnis:* Die Spannung am Widerstand $R_2$ beträgt 6,0 V.

6.3 *Berechnung:*
Ges.: $R_1$ in Ω
$R_2$ in Ω

Geg.: $I = 300\ mA = 0{,}3\ A$
$U_1 = 3{,}0\ V$
$U_2 = 6{,}0\ V$

*Lösung:*

$$R = \frac{U}{I}$$

$$R_1 = \frac{3{,}0\ V}{0{,}3\ A} = 10\ \Omega \qquad R_2 = \frac{6{,}0\ V}{0{,}3\ A} = 20\ \Omega$$

*Ergebnis*: Die Widerstände $R_1$ und $R_2$ betragen 10 Ω und 20 Ω.

7.1 – Die Betriebsspannung für jedes Gerät beträgt 230 V. Im unverzweigten Stromkreis setzt sich die Gesamtspannung aus der Summe der Teilspannungen zusammen. Alle angeschlossenen Geräte müssten sich diese Spannung teilen.
– Die Unterbrechung des Stromflusses in einem Gerät hätte den Ausfall aller Geräte zur Folge.

7.2 Beispiel: Energiesparlampen. Mit einem geringeren Energiebedarf wird die gleiche Lichtmenge erzeugt.

8.1 Aussage c ist zutreffend.

*Begründung:*

Die Lampen 4 und 5 sind in Reihe geschaltet. Wird Lampe 4 herausgeschraubt, so wird in diesem Teilstromkreis der Stromfluss unterbrochen und Lampe 5 kann nicht mehr leuchten.

8.2 Schaltungsart: Reihenschaltung
Anzahl der Lampen = 240 V : 16 V = 15
Die Lichterkette besteht aus 15 Lampen.

9.1

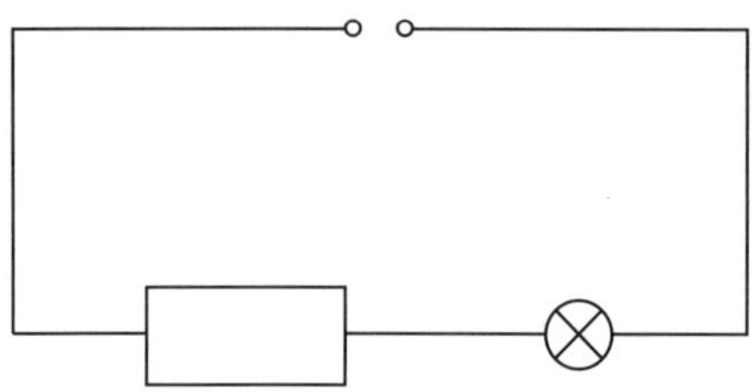

9.2 *Berechnung:*

Ges.: $R_V$ in Ω

Geg.: $U = 12\ V$
$U_L = 6{,}0\ V$
$P_L = 5{,}0\ W$

*Lösung:*

Berechnung der Stromstärke: $P_L = U_L \cdot I$

$$I = \frac{P_L}{U_L}$$

$$I = \frac{5{,}0\ W}{6{,}0\ V} \qquad (1\ W = 1\ V \cdot 1\ A)$$

$$= 0{,}83\ A$$

Berechnung des Vorwiderstandes:

$$R_V = \frac{U_V}{I}$$

$$R_V = \frac{6{,}0\ V}{0{,}83\ A} \qquad \left(1\ \Omega = \frac{IV}{IA}\right)$$

$$= 7{,}2\ \Omega$$

*Ergebnis*: Der Vorwiderstand muss 7,2 Ω betragen.

10.1 Reihenschaltung

10.2 *Berechnung:*

Ges.: $R_{vor}$ in Ω

Geg.: $I = 0{,}1\ A$
$U_L = 6\ V$
$U = 10\ V$

*Lösung:*

Berechnung der Spannung am Vorwiderstand:

$$U = U_{Vor} + U_L$$

$$U_{Vor} = U - U_L = 10\ V - 6\ V = 4\ V$$

Berechnung des Widerstandswertes:

$$R = \frac{U}{I} = \frac{4\ V}{0{,}1\ A} = 40\ \Omega$$

*Ergebnis:* Der Vorwiderstand hat eine Größe von 40 Ω.

11.1

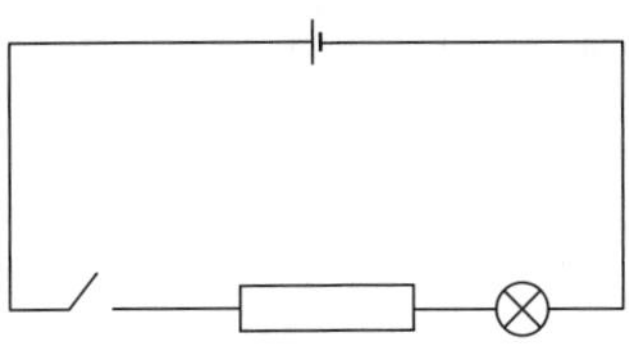

11.2 *Berechnung:*

Ges.: R in Ω

Geg.: $I = 0{,}15\ A$
$U_L = 6\ V$
$U = 9\ V$

*Lösung:*

Widerstand und Lampe sind in Reihe zu schalten.
Berechnung der Spannung am Vorwiderstand:

$$U = U_{Vor} + U_L$$

$$U_{Vor} = U - U_L = 9\ V - 6\ V = 3\ V$$

Berechnung des Widerstandswertes:

$$R = \frac{U_{Vor}}{I} = \frac{3\ V}{0{,}15\ A} = 20\ \Omega \qquad \left(1\frac{V}{A} = 1\ \Omega\right)$$

*Ergebnis:* Der Vorwiderstand hat eine Größe von 20 Ω.

11.3 Berechnung:

Ges.: P in W

Geg.: $U_L = 6\ V$
$I = 0{,}15\ A$

*Lösung:*

$$P = U_L \cdot I$$
$$= 6\ V \cdot 0{,}15\ A \qquad (1\ V \cdot 1\ A = 1\ W)$$
$$= 0{,}9\ W$$

*Ergebnis:* Die elektrische Leistung der Lampe beträgt 0,9 W.

12.1 Ein Elektromagnet besteht aus einer stromdurchflossenen Spule mit Eisenkern. Die Stärke des Elektromagneten kann durch eine **Erhöhung der Stromstärke** und eine **Erhöhung der Windungszahl** vergrößert werden.

12.2 1 – Elektromagnet
2 – Glocke
3 – Taster
5 – Anker
Beim Betätigen des Tasters fließt durch die Spule des Elektromagneten Strom. Dadurch wird der Anker angezogen. Der Anker entfernt sich von der Kontaktschraube (6), unterbricht den Stromkreis, der Anker wird von der Spule nicht mehr angezogen und bewegt sich zurück. Der Stromkreis ist jetzt wieder geschlossen. Der Vorgang wiederholt sich.

13.1.1 Die Spule wird mit einem Messgerät verbunden. Der Stabmagnet wird in die Spule hineingestoßen und wieder herausgezogen. Bei der Bewegung des Magneten in die Spule und aus der Spule heraus ist am Messgerät ein Zeigerausschlag zu sehen, eine Spannung wird induziert. Die Richtung des Zeigerausschlages ist von der Bewegungsrichtung des Magneten abhängig.

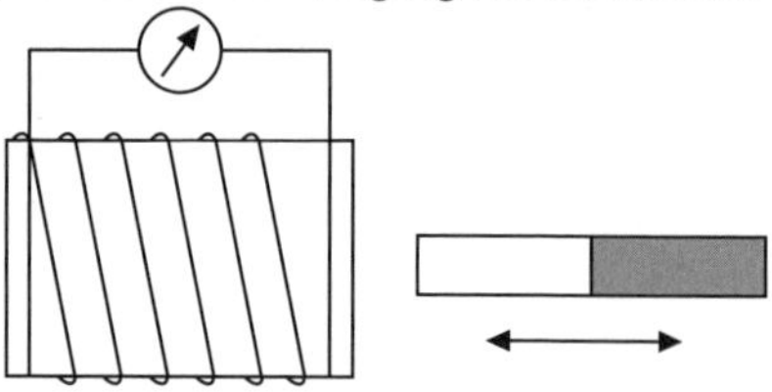

13.1.2 Die Induktionsspannung kann vergrößert werden, z. B. durch eine Vergrößerung der Änderungsgeschwindigkeit des die Spule umfassenden Magnetfeldes, durch eine Verstärkung des Magnetfeldes.

13.2 Für einen unbelasteten Transformator gilt: $\frac{U_P}{U_S} = \frac{N_P}{N_S}$

Die Spannung wird herunter transformiert, deshalb muss die Windungszahl der Sekundärspule kleiner sein. Bei einer Windungszahl von 160 für die Sekundärspule verhalten sich die Spannungen wie die Windungszahlen.

14.1 1 – Antriebsrad; 2 – Magnet; 3 – Spule

14.2 Das Antriebsrad ist mit einem Magneten verbunden, der sich in einer Spule dreht. Der Fahrraddynamo liefert nur während der Bewegung des Antriebsrades elektrische Energie, denn in der Spule wird nur eine Spannung induziert, solange sich das von der Spule umfasste Magnetfeld ändert.

14.3 Mechanische Energie wird in elektrische Energie umgewandelt.

15.1.1 *Berechnung:*

Ges.: $U_2$ in V

Geg.: $N_1 = 125$
$N_2 = 750$
$U_1 = 6{,}0\ \text{V}$

*Lösung:*

$$\frac{U_1}{U_2} = \frac{N_1}{N_2}$$

$$\frac{6\,V}{U_2} = \frac{125}{750}$$

$$U_2 = 36\,V$$

*Ergebnis:* Die Sekundärspannung beträgt 36 V.

15.1.2 *Berechnung:*

Ges.: I in A

Geg.: $R = 36\,\Omega$
$U = 36\,V$

*Lösung:*

$$R = \frac{U}{I}$$

$$I = \frac{U}{R} = \frac{36\,V}{36\,\Omega} \qquad \left(1\,\Omega = \frac{1\,V}{1\,A}\right)$$

$$= 1\,A$$

*Ergebnis*: Die Stromstärke beträgt 1 A.

15.2.1 Begründung: Energie muss über große Entfernungen vom Kraftwerk zum Verbraucher übertragen werden. Zur Vermeidung von Energieverlusten (infolge des Leitungswiderstandes) wird die Stromstärke herabgesetzt und die Spannung hochtransformiert.

15.2.2 Der Wirkungsgrad gibt das Verhältnis von nutzbarer zu aufgewandter Energie an. Bei einem Wirkungsgrad von 95 % betragen die Energieverluste 5 %. Bei einem Transformator wird ein Teil der elektrischen Energie in thermische Energie umgewandelt (Erwärmung der Spulen, Wirbelströme).

15.3 Diode: Der Wechselstrom wird nur in einer Richtung durchgelassen, d. h. er wird gleichgerichtet.
Sicherung: Bei Überschreitung einer Stromstärke von 1 A wird der Stromkreis unterbrochen.
Transformator: Transformation der Netzspannung auf die Ladespannung.

16.1 Berechnung:

Ges.: $N_2$

Geg.: $U_1 = 110\,kV$
$U_2 = 20\,kV$
$N_1 = 3\,300$

*Lösung:*

$$\frac{U_1}{U_2} = \frac{N_1}{N_2}$$

$$\frac{110\,kV}{20\,kV} = \frac{3300}{N_2}$$

$$N_2 = 600$$

*Ergebnis:* Die Sekundärspule hat 600 Windungen.

16.2 An der Primärspule des Transformators wird eine Wechselspannung angelegt. In dieser Spule entsteht ein magnetisches Wechselfeld. Das magnetische Wechselfeld durchdringt die Sekundärspule und induziert in dieser eine Wechselspannung.

17.1 Eine Halbleiterdiode besteht aus einer p- und n-leitenden Schicht. Der Strom kann nur in einer Richtung durch die Diode fließen.

17.2 a) falsch

b) richtig

c) falsch

*Begründung:* Eine Diode ist in Durchlass-, die andere in Sperrrichtung geschaltet. Deshalb kann eine Lampe leuchten.

17.3 Vorwiderstand und Diode werden in Reihe geschaltet.

*Berechnung:*

Ges.: $R_{Vor}$ in Ω

Geg.: $I = 0{,}02\ A$

$U_{Diode} = 2{,}1\ V$

$U = 6\ V$

*Lösung:*

Berechnung der Spannung am Vorwiderstand:

$$U = U_{Vor} + U_{Diode}$$

$$U_{Vor} = U - U_{Diode} = 6\ V - 2{,}1\ V = 3{,}9\ V$$

Berechnung des Widerstandswertes:

$$R = \frac{U}{I}$$

$$= \frac{3{,}9\ V}{0{,}02\ A} = 195\ \Omega$$

*Ergebnis:* Der Vorwiderstand muss eine Größe von 195 Ω haben.

18.1 I-ϑ-Diagramm

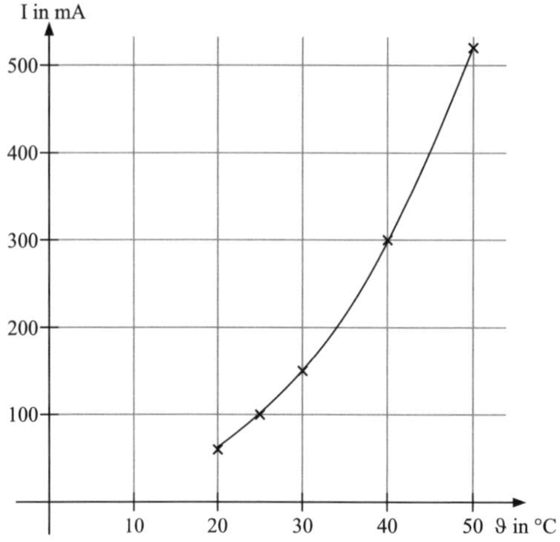


18.2 Mit zunehmender Temperatur wird auch die Stromstärke größer.

18.3 Der elektrische Widerstand des Bauelements wird bei Temperaturerhöhung kleiner. Der Widerstand ist ein Maß für die Behinderung des elektrischen Stromes. Die Stromstärke nimmt zu, deshalb nimmt der Widerstand ab.

18.4 Beispiele: Chip-Herstellung; Thermistor

19.1 *Begründung:* Die Geräte sind parallel geschaltet. In einem verzweigten Stromkreis ist in jedem Zweig die Spannung gleich groß.

19.2 Die Sicherung schützt den Stromkreis vor Überlastung, d. h. wird die Stromstärke zu hoch, unterbricht die Sicherung den Stromkreis.

19.3 Mit dem Kilowattstundenzähler wird die verbrauchte elektrische Energie gemessen.

19.4 *Berechnung:*

Ges.: $P_{max}$ in W

Geg.:

$$U = 230\ V$$
$$I_{max} = 16\ A$$
$$P_{Toaster} = 850\ W$$
$$P_{Kocher} = 1000\ W$$
$$P_{Kaffeemaschine} = 850\ W$$
$$P_{Mikrowelle} = 1200\ W$$

*Lösung:*

$$P_{max} = U \cdot I_{max}$$
$$= 230\ V \cdot 16\ A \qquad 1\ W = 1\ V \cdot 1\ A$$
$$P_{max} = 3680\ W$$

Die Leistung aller Geräte beträgt: 850 W + 1 000 W + 850 W + 1 200 W = 3 900 W.

*Ergebnis:* Die Gesamtleistung aller Geräte ist größer als die Leistung, die bei einer Absicherung mit 16 A möglich ist. Deshalb dürfen die Geräte nicht gemeinsam betrieben werden.

20 *Berechnung:*

Ges.: $A_{Cu}$ in $mm^2$

Geg.:

$$l = 50\ m$$
$$A_{Al} = 1{,}6\ mm^2$$
$$\rho_{Al} = 0{,}028 \frac{\Omega \cdot mm^2}{m}$$
$$\rho_{Cu} = 0{,}0178 \frac{\Omega \cdot mm^2}{m}$$
$$R_{Cu} = R_{Al}$$

*Lösung:*

$$R = \rho \cdot \frac{l}{A}$$

wegen $R_{Cu} = R_{Al}$ gilt:

$$\rho_{Al} \cdot \frac{1}{A_{Al}} = \rho_{Cu} \cdot \frac{1}{A_{Cu}}$$

$$\frac{\rho_{Al}}{A_{Al}} = \frac{\rho_{Cu}}{A_{Cu}}$$

$$\frac{A_{Cu}}{A_{Al}} = \frac{\rho_{Cu}}{\rho_{Al}}$$

$$\frac{A_{Cu}}{1{,}6\ \text{mm}^2} = \frac{0{,}0178\ \Omega \cdot \text{mm}^2 \cdot \text{m}^{-1}}{0{,}028\ \Omega \cdot \text{mm}^2 \cdot \text{m}^{-1}}$$

$$A_{Cu} = 1\ \text{mm}^2$$

*Ergebnis*: Für die Kupferleitung reicht ein Querschnitt von 1 $mm^2$ aus.

21.1 Elektrische Arbeit für ein Jahr:

$$365\ \text{d} \cdot 18 \frac{\text{h}}{\text{d}} \cdot 10\ \text{W} = 65\,700\ \text{Wh}$$
$$= 65{,}7\ \text{kWh}$$

21.2 *Berechnung:* $0{,}27 \frac{€}{\text{kWh}} \cdot 65{,}7\ \text{kWh} = 17{,}74\ €$

22.1 *Berechnung:*

Ges.: R in Ω

Geg.: U = 230 V
P = 60 W

*Lösung:*

Aus den Formeln für den Widerstand und die Leistung erhält man durch Ersetzen der Stromstärke I (Einsetzungsverfahren) eine passende Formel zur Berechnung des Widerstandes:

$$R = \frac{U}{I};\quad P = U \cdot I \quad \Rightarrow \quad R = \frac{U^2}{P}$$

$$R = \frac{(230\ \text{V})^2}{60\ \text{W}} \qquad \left(1\ \text{W} = 1\ \text{VA}; 1\ \Omega = 1\frac{\text{V}}{\text{A}}\right)$$

$$= 880\ \Omega$$

*Ergebnis:* Der Lötkolben hat einen Widerstand von 880 Ω.

22.2 Energieumwandlung: $E_{el} \Rightarrow E_{therm}$

22.3 Z. B.: In einem Wasserkocher tritt diese Energieumwandlung ebenfalls auf.

## Thema: Kosmos, Erde und Mensch

1 Die Menschen entwickelten Vorstellungen vom sie umgebenden Weltall. So entstanden verschiedene Modelle, die als Weltbilder bezeichnet werden.

**Geozentrisches Weltbild** (auch ptolemäisches Weltbild genannt): Die Erde befindet sich im Mittelpunkt des Planetensystems. Sonne, Mond und Planeten bewegen sich auf Bahnen um die Erde. Die Erde wurde als Kugel betrachtet. Die Bewegung der Planeten konnten nicht exakt vorausberechnet werden.

**Heliozentrisches Weltbild** (auch kopernikanisches Weltbild genannt): Die Sonne bildet den Mittelpunkt des Planetensystems. Erde und Planeten bewegen sich auf Umlaufbahnen um die Sonne. Nur der Mond bewegt sich um die Erde. Die Bewegungen der Himmelskörper konnten exakt vorausberechnet werden.

Die Weltbilder entwickelten sich über Jahrhunderte und spiegelten den jeweiligen Stand der Wissenschaft wider.

2 Die **Astronomie** ist eine Naturwissenschaft, die sich mit der Erforschung kosmischer Objekte und des Weltalls insgesamt beschäftigt.
Die **Astrologie** ist keine Wissenschaft. Sie versucht aus der Stellung von Sonne, Mond und Planeten Vorhersagen für Geschehnisse auf der Erde abzuleiten. Treten vorausgesagte Ereignisse tatsächlich ein, so ist dies eher als Zufall anzusehen.

3

| | | | |
|---|---|---|---|
| 1 Zenit | 2 Meridian | 3 Azimut | 4 Höhe |
| 5 Horizont | 6 Himmelsäquator | 7 Himmelsnordpol | |

4 Drehen Sie die Scheiben der Sternkarte so lange, bis angegebene Uhrzeit und Datum übereinstimmen. Suchen Sie den Stern Wega und lesen Sie Azimut (ovale Umrandung) und Höhe ab.
Azimut: 103°, Höhe: 45°

5 Drehen Sie die Scheiben der Sternkarte so lange, bis angegebene Uhrzeit und Datum übereinstimmen. Wählen Sie auf der ovalen Umrandung einen Azimut von 270° und schätzen Sie auf der Höhenlinie 68° ab. Dort finden Sie den gesuchten Stern:
Kapella im Sternbild Fuhrmann

6 Suchen Sie das Sternbild Orion. Drehen Sie die ovale Scheibe so, dass sich dieses Sternbild am östlichen Sternenhimmel befindet. Suchen Sie auf dem Zeitkreis 24 Uhr. Nun finden Sie die zugehörigen Monate und können die Jahreszeit angeben: Herbst

7 Beispiele:

| | | | |
|---|---|---|---|
| Südhimmel: | Walfisch | Westhimmel: | Delphin |
| Nordhimmel: | Drache | Osthimmel: | Kleiner Hund |

8 Drehen Sie die Scheiben der Sternkarte so lange, bis angegebene Uhrzeit und Datum übereinstimmen. Suchen Sie das Sternbild in der Nähe des Zenit: Kassiopeia

9 Suchen Sie den Stern Rigel. Bewegen Sie die ovale Scheibe so, dass der Stern am Ostrand sichtbar wird. Drehen Sie Scheibe weiter und schauen Sie auf die Höhe, die der Stern jeweils erreicht. Haben Sie den höchsten Punkt festgestellt, dann lesen Sie für den 20. 6. die zugehörige Zeit ab. Nun drehen Sie die Scheibe weiter und bestimmen ebenso den Zeitpunkt für das Verschwinden des Sterns.
Kulminationspunkt: 11:15 Uhr, Untergang: 16:45 Uhr

10 Zirkumpolare Sterne kann man ganzjährig beobachten. Sie gehen weder auf noch unter. Dies trifft auf folgende Sternbilder zu: Großer Bär, Kleiner Bär, Kassiopeia, Teile des Sternbildes Schwan.

11 Sonne, Planeten (Merkur, Venus, Erde, Mars, Jupiter, Saturn, Uranus, Neptun), Zwergplaneten (z. B. Pluto), Monde, Kleinkörper (Planetoiden, Kometen, Meteoriden)

12 **Planeten** bewegen sich auf elliptischen Bahnen um die Sonne. Sie reflektieren das Sonnenlicht.
**Monde** (werden auch als Trabanten oder Satelliten bezeichnet) umlaufen ihren Planeten. Sie reflektieren das Sonnenlicht. Planeten und Monde sind kugelförmig.

13 Kleinkörper im Sonnensystem haben eine kleine Masse. Der Durchmesser ist ebenfalls gering. Zu diesen Himmelskörpern gehören: Planetoiden, Kometen, Meteoriden.

14 Die Sonne ist ein Stern mit einer großen Masse und einer hohen Temperatur.

| **Räumliche Zonen der Sonne** | **Beschreibung** |
|---|---|
| Zentralgebiet | Im Zentralgebiet konzentriert sich etwa die Hälfte der Sonnenmasse. Der Kern besteht fast vollständig aus Wasserstoff und Helium. Durch Kernfusion wird die von der Sonne abgestrahlte Energie erzeugt. |
| Strahlungszone | Die im Zentralgebiet freigesetzte Energie wird durch Strahlung nach außen transportiert. |
| Konvektionszone | Hier wird die Energie durch Konvektion weiter nach außen transportiert. |
| Atmosphäre | Sie besteht aus drei Schichten, der Photosphäre, der Chromosphäre und der Korona. Aus der Photosphäre wird der größte Teil der Energie abgestrahlt. |

15 Die Sonne ist für die Erde ein bedeutender Energielieferant. Sie ist die Energiequelle für alle Lebensvorgänge. Wasserkreislauf, Luftströmungen, Fotosynthese werden von der Sonne beeinflusst bzw. sind ohne sie undenkbar. Die Gravitationskräfte zwischen Sonne und Erde (und den anderen Planeten) sind die Ursache für die Bahnbewegungen. Sonnenaktivitäten sind mit starken Teilchenströmen verbunden. Sie beeinflussen das Magnetfeld der Erde. Beobachtbare Erscheinungen sind z. B. Polarlichter in der Atmosphäre, bei denen Gasmoleküle durch elektrisch geladene Teilchen zum Leuchten angeregt werden.

16 Die mittlere Entfernung Erde – Sonne beträgt rund 150 Mio. km, die Lichtgeschwindigkeit 300 000 $\frac{km}{s}$. Mithilfe der Gleichung $v = \frac{s}{t}$ ergibt sich eine Zeit von $500\,s \approx 8{,}3$ min.

17 Sonnenflecken, Protuberanzen, Eruptionen

18 Tritt der Mond in den Schatten der Erde, so entsteht eine **Mondfinsternis**. Die Erde befindet sich genau zwischen Sonne und Mond.
Wirft der Mond Schatten auf die Erde, so ereignet sich eine **Sonnenfinsternis**. Der Mond befindet sich zwischen Sonne und Erde. Es wird jeweils zwischen totaler und partieller Finsternis unterschieden.

19 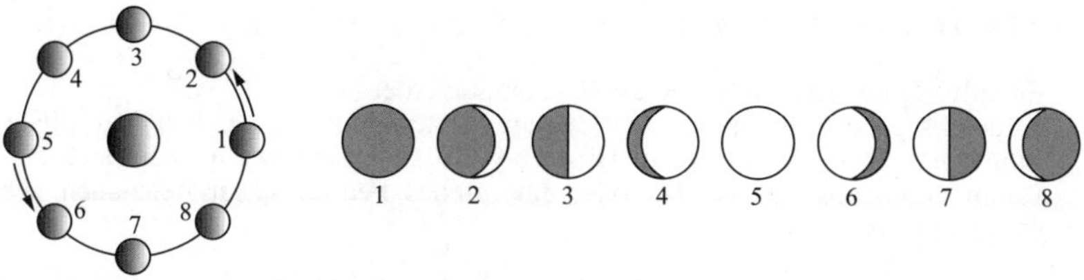

1 – Neumond; 2, 3, 4 – zunehmender Mond; 5 – Vollmond; 6, 7, 8 – abnehmender Mond

20 Die fehlende Atmosphäre ermöglicht viele Meteoriteneinschläge. Das Sonnenlicht trifft ungehindert auf die Mondoberfläche und führt zu sehr hohen Tagestemperaturen. In der Nacht gibt es eine starke Abkühlung. Es gibt keinen Wind, kein Wasser und keine Verwitterungserscheinungen.

21 Zwischen Erde und Mond wirkt die Gravitationskraft. Der Betrag der Kraft hängt vom Abstand zwischen Erde und Mond ab. Die Abstände zwischen Erde und Mond ändern sich während ihrer Bewegung. Die Gravitationskraft beeinflusst Ebbe und Flut.

22 **Erdähnliche Planeten:** Merkur, Venus, Mars. Sie haben einen geringen Radius, eine geringe Masse, eine hohe Dichte und eine feste Oberfläche.

**Jupiterähnliche Planeten:** Saturn, Uranus, Neptun. Sie haben einen großen Radius, eine große Masse, eine geringe Dichte. Sie bestehen aus Gasen.

23 Eigenschaften der Planetenbewegung um die Sonne:
- Die Planeten bewegen sich auf elliptischen Bahnen um die Sonne, in deren einem Brennpunkt die Sonne steht (1. Kepler'sches Gesetz). Der Abstand der Planeten zur Sonne ändert sich während eines Umlaufs.
- Die Verbindungslinie Sonne – Planet überstreicht in gleichen Zeiten gleiche Flächen (2. Kepler'sches Gesetz). In gleichen Zeiten werden auf der Umlaufbahn unterschiedliche Wege zurückgelegt. Die Geschwindigkeit ist in Sonnennähe größer.
- Die Bahngeschwindigkeit eines Planeten ist umso kleiner, je weiter er von der Sonne entfernt ist (3. Kepler'sches Gesetz).

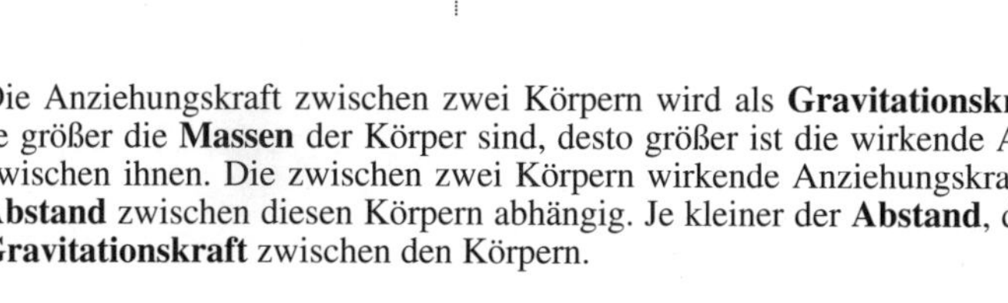


24 Die Anziehungskraft zwischen zwei Körpern wird als **Gravitationskraft** bezeichnet. Je größer die **Massen** der Körper sind, desto größer ist die wirkende Anziehungskraft zwischen ihnen. Die zwischen zwei Körpern wirkende Anziehungskraft ist auch vom **Abstand** zwischen diesen Körpern abhängig. Je kleiner der **Abstand**, desto größer die **Gravitationskraft** zwischen den Körpern.

**Thema: Informationsübertragung**

1.1 Schallwellen können reflektiert und gebeugt werden.
Erläuterung eines Beispiels zur Beugung: Unter Beugung versteht man die Ausbreitung einer Welle hinter einem Hindernis. So sind Schallwellen, die sich aus einem Raum durch eine offene Tür oder ein offenes Fenster ausbreiten, auch neben der Öffnung wahrnehmbar.

1.2 Die Ausbreitungsgeschwindigkeit des Lichtes ($c = 300\,000 \frac{km}{s}$) ist größer als die des Schalles ($v = 340 \frac{m}{s}$).

1.3 Beispiel: Schalldämpfer eines Kraftfahrzeug-Auspuffs
Der Schalldämpfer besteht aus mehreren Kammern, die mit schallschluckenden Materialien (z. B. Stahlwolle) gefüllt sind. Der Schall der Auspuffgase wird in den Kammern reflektiert und absorbiert. Dadurch wird eine Dämpfung der Schallwellen erreicht.

2.1 Merkmale: Die Schwingungen der Stimmgabel breiten sich im Raum als Schallwelle aus. Dabei wird Energie übertragen, aber kein Stoff transportiert.

2.2 *Berechnung:*
Ges.: T in s — Geg.: f = 440 Hz

*Lösung:*

$$T = \frac{1}{f} \qquad (1\,\text{Hz} = 1\,\text{s}^{-1})$$

$$= \frac{1}{440\text{s}^{-1}} = 0{,}0023\,\text{s}$$

*Ergebnis:* Die Periodendauer der Stimmgabel beträgt 0,0023 s.

2.3 Beispiel Lärmschutzwall: Neben Autobahnen und Eisenbahnstrecken werden Wände oder Wälle errichtet, die angrenzende Wohngebiete vor dem Lärm schützen sollen. Dabei wird die Eigenschaft der Reflexion von Schallwellen an einem Hindernis genutzt.

3.1 *Bedingungen:*
- Das Licht muss von einem optisch dichteren in ein optisch dünneres Medium übergehen.
- Der Einfallswinkel muss größer sein als ein bestimmter Winkel (Grenzwinkel).

3.2 Lichtleitkabel

3.3 *Berechnung:*
Ges.: $\beta$

Geg.:
$\alpha = 30°$
$c_{Luft} = 300\,000 \frac{km}{s}$
$c_{Wasser} = 224\,000 \frac{km}{s}$

*Lösung:*

$$\frac{\sin\alpha}{\sin\beta} = \frac{c_{Wasser}}{c_{Luft}}$$

$$\sin\beta = \frac{\sin\alpha \cdot c_{Luft}}{c_{Wasser}}$$

$$= \frac{\sin 30° \cdot 300\,000\,\frac{km}{s}}{224\,000\,\frac{km}{s}}$$

$$= 0{,}67$$

$$\beta = 42°$$

*Ergebnis:* Der Brechungswinkel beträgt 42°.

Strahlenverlauf:

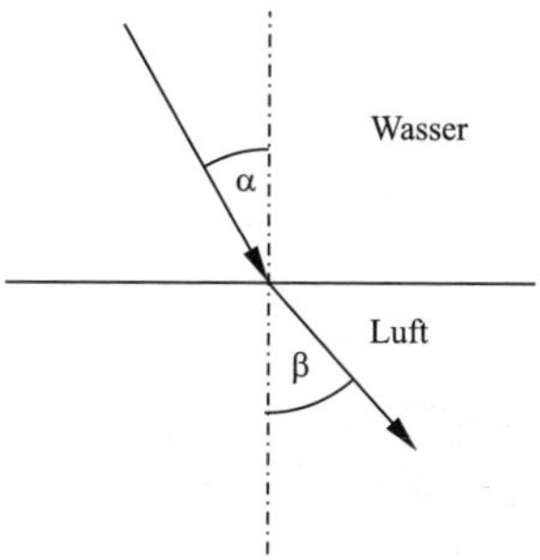


4.1 Die Ausbreitungsgeschwindigkeit des Schalls ist wesentlich kleiner als die des Lichtes.

4.2 Die Schallgeschwindigkeit beträgt ungefähr 330 $\frac{m}{s}$. Bei einer Zeitdauer von 9 s ist deshalb der Blitz ca. 3 km entfernt.

4.3 An Autobahnen werden Schallschutzwände errichtet, die durch die Reflexion des Schalls zu einer Verringerung des Lärms beitragen.

4.4 Der Schall kann im Weltall (luftleerer Raum) nicht übertragen werden.

4.5 Die Lautstärke von Geräten, die unmittelbar am Ohr wirken, ist auf ein normales Maß einzustellen. Tätigkeiten, bei denen sich die Lautstärke der Lärmquelle nicht reduzieren lässt, sind mit entsprechendem Ohrenschutz auszuführen.

5.1 *Berechnung:*

Ges.: $\beta$

Geg.: $\alpha = 40°$
$c_{Luft} = 299\,711\ km \cdot s^{-1}$
$c_{Glas} = 197\,000\ km \cdot s^{-1}$

*Lösung:*
Nach dem **Brechungsgesetz** gilt:

$$\frac{\sin\alpha}{\sin\beta} = \frac{c_{Glas}}{c_{Luft}}$$

$$\sin\beta = \frac{\sin\alpha \cdot c_{Luft}}{c_{Glas}}$$

$$= \frac{\sin 40° \cdot 299\,711\,km \cdot s^{-1}}{197\,000\,km \cdot s^{-1}}$$

$$= 0{,}9779$$

$$\beta = 78°$$

*Ergebnis:* Der Brechungswinkel beträgt 78°.

5.2 Strahlenverlauf

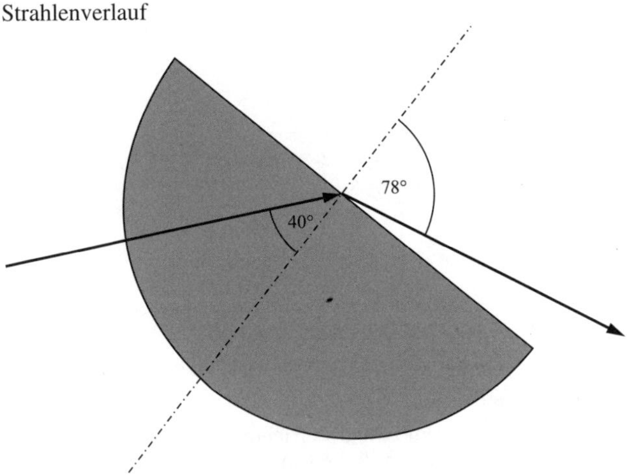


5.3 In optischen Geräten werden total reflektierende Prismen eingesetzt, um das Licht umlenken zu können.

6.1 Die Eigenschaft der **Reflexion** kommt hier zur Anwendung.

6.2 Berechnung:

Ges.: s in m

Geg.: $v = 1\,400\ m \cdot s^{-1}$
$t = 0{,}8\ s$

*Lösung:*

$$s = v \cdot t$$
$$= 1\,400\ m \cdot s^{-1} \cdot 0{,}8\ s$$
$$= 1\,120\ m$$

Die Schallwelle legt in der Zeit von 0,8 s den doppelten Weg zurück. Deshalb ist die Meerestiefe nur halb so groß.

*Ergebnis:* Die Meerestiefe beträgt 560 m.

6.3 Eigenschaft: z. B. **Beugung**
Treffen Wasserwellen auf ein Hindernis, so breiten sie sich auch hinter dem Hindernis aus. Sie ändern dabei ihre Ausbreitungsrichtung.

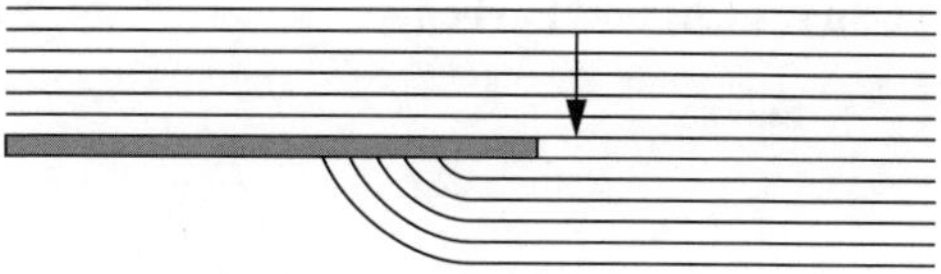

7.1 *Berechnung:*
Ges.: T in s

Geg.: $f = 250\ \text{Hz}$

$1\ \text{Hz} = 1\ \frac{1}{\text{s}}$

*Lösung:*
Für die Periodendauer T der Schwingung gilt:

$$T = \frac{1}{f} = \frac{1}{250\ \text{s}} = 0{,}004\ \text{s}$$

*Ergebnis:* Die Periodendauer der Schwingung beträgt 0,004 s.
Zum Zeitpunkt $t_1$ sind zwei vollständige Schwingungen vorbei, d. h. die Schwingungsdauer ist zu verdoppeln:

$t_1 = 0{,}008\ \text{s}$

7.2 Bei einer gedämpften Schwingung ändert sich die Amplitude, die Frequenz ändert sich nicht. Deshalb verändert sich nur die Lautstärke des Tones der Stimmgabel, sie nimmt ab.

7.3 **Reflexion:** Reflexion ist das Zurückwerfen von Schallwellen an Hindernissen (Oberflächen). Diese Eigenschaft wird zum Beispiel beim Lärmschutz an Autobahnen genutzt, indem Schutzwände errichtet werden, die die Schallwellen reflektieren.

**Beugung:** Die Ausbreitung einer Welle hinter einem Hindernis wird als Beugung bezeichnet. Aufgrund dieser Eigenschaft sind Schallwellen zum Beispiel neben einer geöffneten Tür oder einem geöffneten Fenster zu hören.

**Thema: Licht und Farben**

1 Skizze:

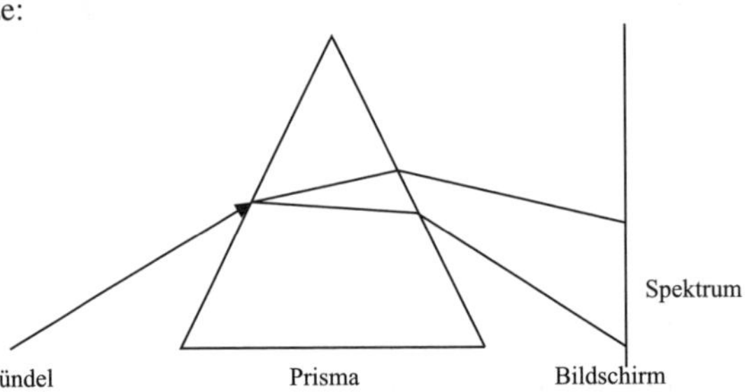


Erläuterung: Trifft Sonnenlicht auf das Prisma, so entsteht auf dem Bildschirm dahinter ein Spektrum. Beim Übergang des Lichtes von Luft in Glas und von Glas in Luft wird es jeweils gebrochen. Weißes Licht besteht aus verschiedenen Lichtarten. Diese werden unterschiedlich stark gebrochen. Deshalb wird das Sonnenlicht in die Spektralfarben zerlegt.

2.1 Strahlenverlauf: M 1 : 10

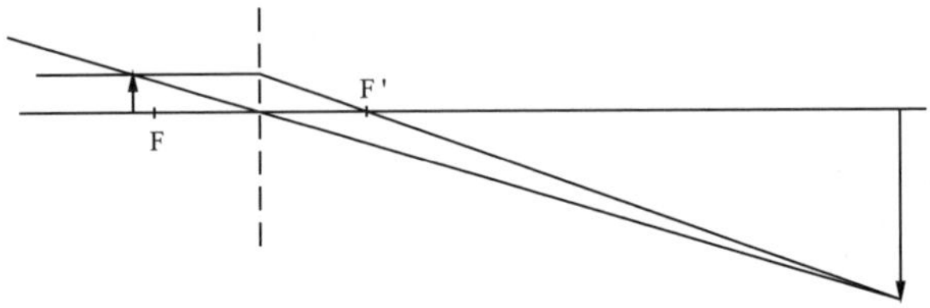


2.2 Höhe der Flamme: 3,5 cm
Gegenstandsweite: 12,0 cm
Beide Werte wurden aus der Zeichnung ermittelt.

3 Bildentstehung im Auge:

*Erläuterung:*
Die Augenlinse ist eine Sammellinse. Die Netzhaut ist der Bildschirm, auf dem ein umgekehrtes und reelles Bild erzeugt wird. Hornhaut und Linse brechen das einfallende Licht. Eine Anpassung an verschiedene Gegenstandsweiten erfolgt durch eine Veränderung der Krümmung der Augenlinse, die zu einer veränderten Brennweite führt.

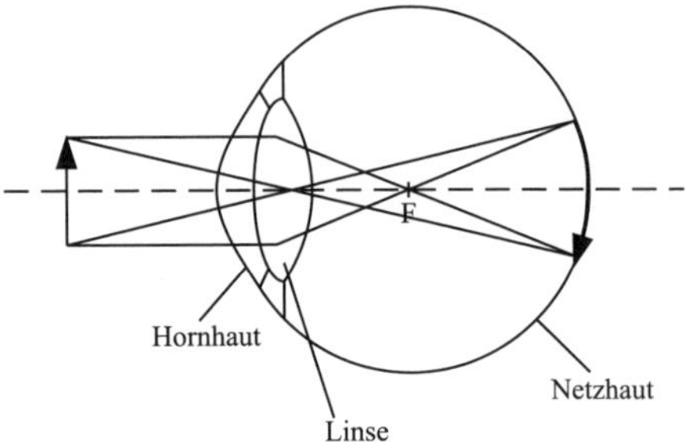


4.1 *Berechnung:*
Ges.: Brechungswinkel $\beta$

Geg.: Einfallswinkel $\alpha = 48°$
$c_1 = 300\,000 \text{ km} \cdot \text{s}^{-1}$
$c_2 = 200\,000 \text{ km} \cdot \text{s}^{-1}$

*Lösung:*

$$\frac{\sin\alpha}{\sin\beta} = \frac{c_1}{c_2}$$

$$\sin\beta = \sin\alpha \cdot \frac{c_2}{c_1} = 0{,}743 \cdot \frac{200\,000\ \text{km} \cdot \text{s}^{-1}}{300\,000\ \text{km} \cdot \text{s}^{-1}} = 0{,}495$$

$$\beta = 30°$$

*Ergebnis*: Der Brechungswinkel beträgt 30°.

4.2

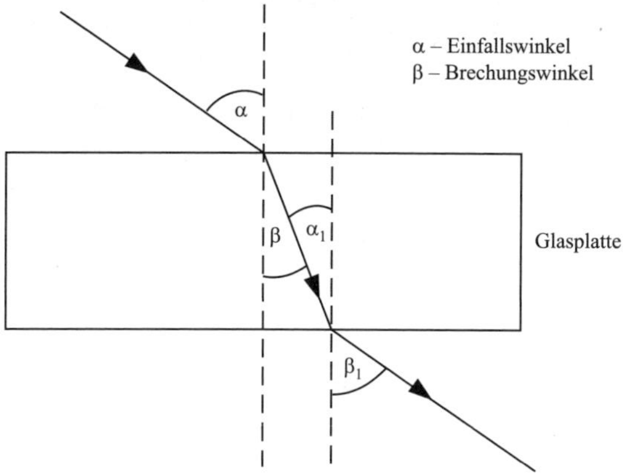


4.3 Beide Strahlen verlaufen parallel zueinander.

5

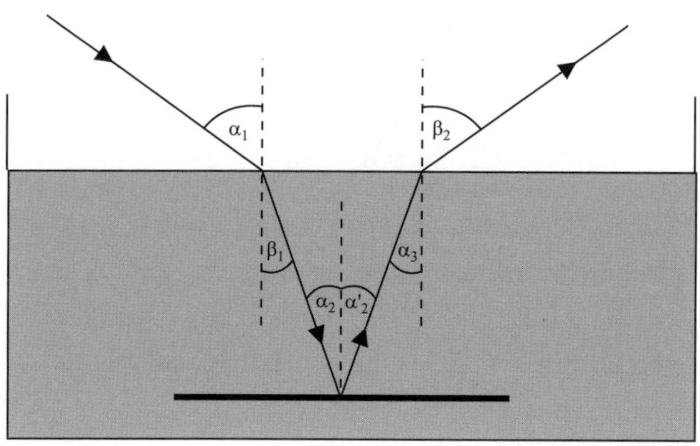


6.1 *Berechnung:*

Brechungswinkel für den Übergang Luft ⇒ Polystyren

Ges.: $\beta$ Geg.: $\alpha = 40°$

$c_{Luft} = 299\,711\ \frac{\text{km}}{\text{s}}$

$c_{Polyst.} = 1{,}89 \cdot 10^5\ \frac{\text{km}}{\text{s}} = 189\,000\ \frac{\text{km}}{\text{s}}$

*Lösung:*

$$\frac{\sin\alpha}{\sin\beta} = \frac{c_{Luft}}{c_{Polyst.}}$$

$$\sin\beta = \frac{\sin\alpha \cdot c_{Polyst.}}{c_{Luft}} = \frac{\sin 40° \cdot 189\,000\,\frac{km}{s}}{299\,711\,\frac{km}{s}} = 0,405 \Rightarrow \quad \beta = 24°$$

*Ergebnis:* Der Brechungswinkel beträgt 24°.

Ermittlung des Brechungswinkels für den Übergang Polystyren ⇒ Luft:
Die beiden Grenzflächen sind parallel zueinander. Deshalb sind einfallendes und den Quader verlassendes Lichtbündel parallel zueinander. Der Brechungswinkel beträgt folglich 40°.
Der Brechungswinkel lässt sich natürlich auch durch Berechnung (siehe oben) ermitteln.

Es gilt: $\frac{\sin\alpha}{\sin\beta} = \frac{c_{Polyst.}}{c_{Luft}}$

6.2 Strahlengang:

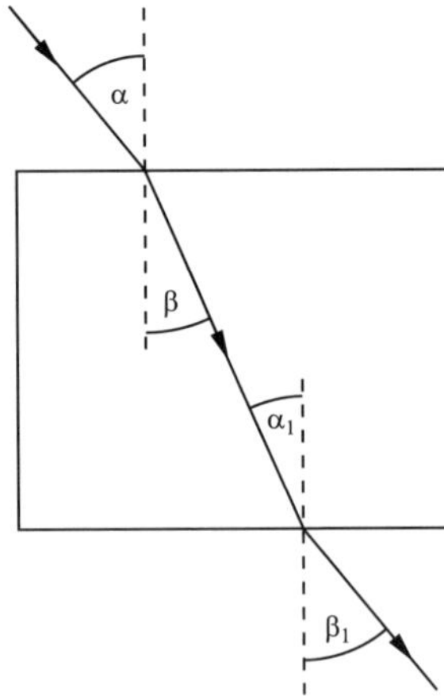


7.1 *Berechnung:*

Ges.: β

Geg.: $\alpha = 20°$
$c_{Luft} = 3 \cdot 10^5\ km \cdot s^{-1}$
$c_{Glas} = 1,71 \cdot 10^5\ km \cdot s^{-1}$

*Lösung:*

Nach dem Brechungsgesetz gilt:

$$\frac{\sin\alpha}{\sin\beta} = \frac{c_{Luft}}{c_{Glas}}$$

$$\sin\beta = \frac{\sin\alpha \cdot c_{Glas}}{c_{Luft}} = \frac{\sin 20° \cdot 1,71 \cdot 10^5\ km \cdot s^{-1}}{3 \cdot 10^5\ km \cdot s^{-1}} = 0,195 \Rightarrow \quad \beta = 11,2°$$

*Ergebnis:* Der Brechungswinkel beträgt 11°.

7.2 Strahlenverlauf

7.3

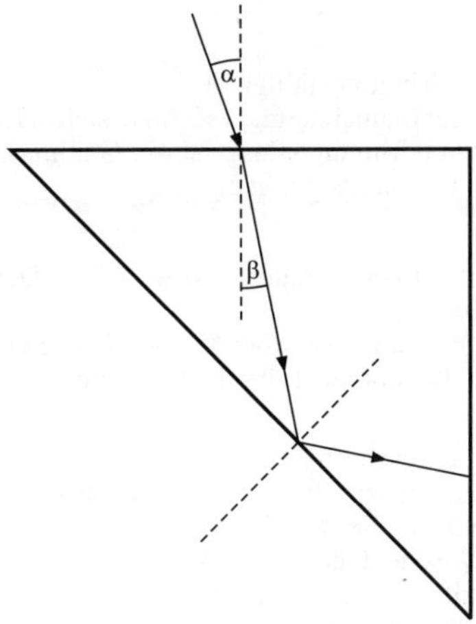


8.1 *Berechnung:*

Ges.: $\beta$, $\beta_1$

Geg.: $\alpha = 40°$

$c_{Luft} = 299\,711 \text{ km} \cdot \text{s}^{-1}$

$c_{Glas} = 186\,000 \text{ km} \cdot \text{s}^{-1}$

*Lösung:*

Nach dem Brechungsgesetz gilt:

$$\frac{\sin\alpha}{\sin\beta} = \frac{c_{Luft}}{c_{Glas}} \Rightarrow \sin\beta = \frac{\sin\alpha \cdot c_{Glas}}{c_{Luft}} = \frac{\sin 40° \cdot 186\,000 \text{ km} \cdot \text{s}^{-1}}{299\,711 \text{ km} \cdot \text{s}^{-1}} = 0,399 \Rightarrow \beta = 23,5°$$

*Ergebnis:* Der Brechungswinkel für den Übergang Luft–Glas beträgt 24°.

Der Brechungswinkel für den Übergang Glas–Luft beträgt $\beta_1 = 40°$. Der aus dem Glas austretende Lichtstrahl verläuft parallel zum in das Glas eintretenden Strahl.

8.2 Strahlenverlauf

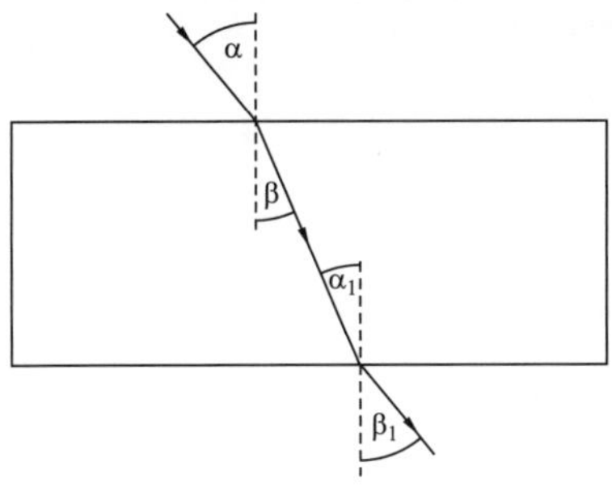

**Thema: Kernumwandlungen**

1.1 Z. B.: Eigenschaft: Durchdringungsfähigkeit
Schutzmaßnahme: Die Schutzmaßnahmen richten sich nach der Art der radioaktiven Strahlung. Besonders durchdringungsfähig ist die Gammastrahlung. Zur Abschirmung dieser Strahlung ist Blei besonders gut geeignet.

1.2 Vorteile:
- Die Ressourcen fossiler Energieträger sind begrenzt. Die Nutzung der Kernenergie ist dazu eine Alternative.
- Die Umweltbelastungen sind gegenüber fossilen Energieträgern geringer.
- Der Energiegehalt des Kernbrennstoffs liegt weit über dem von Kohle, Öl und Gas.

Risiken:
- Die Sicherheit für die Beschäftigten und die Bevölkerung bei Havarien in einem Kernkraftwerk oder in Wiederaufbereitungsanlagen stellt ein erhebliches Risiko dar, wie die Katastrophe von Tschernobyl gezeigt hat.
- Die Sicherheit der Zwischenlagerung von radioaktivem Müll in ausgedienten Salzbergwerken ist ebenfalls umstritten. Es besteht die Gefahr, dass Behälter undicht und radioaktive Stoffe freigesetzt werden.
- Das Problem der Endlagerung radioaktiven Mülls ist noch nicht gelöst.

2.1 $\alpha$- und $\beta$-Strahlung

2.2 Gerät: Geiger-Müller-Zählrohr

2.3

| Eigenschaften | Strahlenschutzmaßnahmen |
|---|---|
| Durchdringungsfähigkeit | Abschirmung mittels geeigneter Materialien (z. B. Blei) und großer Schichtdicken |
| Ionisationsvermögen | Sicherheitsabstand zu Strahlenquellen einhalten |

3.1 Z. B. Kernreaktor, Dampferzeuger, Turbine

3.2 Das Reaktorgebäude besteht aus meterdickem Beton. So wird einerseits das Austreten von radioaktiver Strahlung verhindert und andererseits die Gefahr einer Zerstörung des Reaktors von außen gemindert.

**Thema: Energie, Umwelt und Mensch**

1.1

| Aggregate | Energieumwandlungen |
|---|---|
| Dampferzeuger | Chemische Energie der Kohle in thermische Energie des Dampfes |
| Dampfturbine | Thermische Energie des Dampfes in mechanische Energie der Turbine |
| Generator | Mechanische Energie der Turbine in elektrische Energie |

1.2 Vergleich:
Im Kohlekraftwerk wird Dampf in einem Heizkessel durch Verbrennung von Kohle erzeugt.
Im Kernkraftwerk wird der Dampf in einem Kernreaktor erzeugt. Die Energie wird durch Kernspaltung gewonnen.

1.3 Eigenschaften: Durchdringungsfähigkeit und Ionisationsvermögen

1.4 Eine wirksame Schutzmaßnahme gegen radioaktive Strahlung ist eine Abschirmung mit geeigneten Materialien, z. B. Blei. Mit einer großen Schichtdicke lässt sich eine starke Abschwächung bzw. vollständige Abschirmung erreichen in Abhängigkeit von der Art der radioaktiven Strahlung.

1.5 Ein Vorteil ist zum Beispiel die Vermeidung der Erzeugung von Kohlendioxid, das bei der Verbrennung von fossilen Brennstoffen entsteht.
Ein Nachteil ist zum Beispiel ein gewisses Restrisiko beim Betreiben eines Kernkraftwerkes, das zu einer radioaktiven Verseuchung der Umgebung führen kann.

2.1 Erwünschte Energieumwandlung: $E_{Licht} \rightarrow E_{elektrisch}$

2.2 Vorteil: Keine Umweltbelastung
Nachteil: nicht immer verfügbar

2.3 Regenerative Energieträger: Wasser, Wind

2.4 Der Wirkungsgrad gibt das Verhältnis von nutzbarer zu aufgewandter Energie an. Bei einem Wirkungsgrad von 14 % betragen die Energieverluste 86 %, d. h. nur 14 % der Sonnenenergie werden in elektrische Energie umgewandelt.

3.1.1

| Aggregate | Energieumwandlungen |
|---|---|
| Dampferzeuger | Chemische Energie des Dampfes in mechanische Energie der Turbine |
| Generator | Mechanische Energie der Turbine in elektrische Energie |
| Transformator | Elektrische Energie des Primärkreises in elektrische Energie des Sekundärkreises |

3.1.2 Vorteil: z. B. relativ kostengünstige Energieerzeugung
Nachteil: z. B. Umweltschäden durch Verbrennungsgase

3.1.3 Der Wirkungsgrad ist das Verhältnis von nutzbarer zu zugeführter Energie, d. h. bei einem Wirkungsgrad von 45 % können nur 45 % der zugeführten Energie genutzt werden. Die restliche Energie geht „verloren“, wird in Wärme umgewandelt.

3.1.4 Der Wirkungsgrad lässt sich z. B. durch Nutzung der Restwärme zum Heizen erhöhen.

3.2

| | Einsatz | Energieumwandlungen |
|---|---|---|
| Turbinenbetrieb | Gewinnung elektrischer Energie | Mechanische Energie des Wassers ⇒ Mechanische Energie der Turbine ⇒ Elektrische Energie des Generators |
| Pumpenbetrieb | Füllen des Oberbeckens | Elektrische Energie des Motors ⇒ Mechanische Energie der Pumpe ⇒ Mechanische Energie des Wassers |

4.1.1 *Berechnung:*

Ges.: Q in kJ

Geg.: $c = 4{,}19 \frac{\text{kJ}}{\text{kg} \cdot \text{K}}$

$m = 250 \text{ g} = 0{,}25 \text{ kg}$

$\Delta T = (100 - 18) \text{ K} = 82 \text{ K}$

*Lösung:*

$$Q = c \cdot m \cdot \Delta T = 4{,}19 \frac{\text{kJ}}{\text{kg} \cdot \text{K}} \cdot 0{,}25 \text{ kg} \cdot 82 \text{ K} = 86 \text{ kJ}$$

*Ergebnis:* Die vom Wasser aufgenommene Wärme beträgt 86 kJ.

4.1.2 *Berechnung der vom Wasserkocher abgegebenen Energie:*

Ges.: E in kJ

Geg.: $P = 2\,000 \text{ W} = 2 \text{ kW}$

$t = 75 \text{ s}$

*Lösung:*

$E = P \cdot t$

$= 2 \text{ kW} \cdot 75 \text{ s} = 150 \text{ kWs} = 150 \text{ kJ}$ $(1 \text{ Ws} = 1 \text{ J})$

*Berechnung des Wirkungsgrades:*

Ges.: $\eta$

Geg.: $E_{auf} = 86 \text{ kJ}$

$E_{ab} = 150 \text{ kJ}$

*Lösung:*

$$\eta = \frac{\text{genutzte Energie}}{\text{aufgenommene Energie}}$$

$$\eta = \frac{86 \text{ kJ}}{150 \text{ kJ}} = 0{,}57$$

*Ergebnis:* Der Wirkungsgrad beträgt 57 %.

4.2.1 Aus dem Diagramm: 85 °C

4.2.2 Aus dem Diagramm: 12 min

4.2.3 Beispiel: Wird ein Metalllöffel in das Teeglas gestellt, so kann dieser Löffel Wärme aufnehmen und über den Teil des Löffels, der aus dem Glas herausragt an die Umgebung abgeben.
Oder: Durch Pusten über die Teeoberfläche wird der Wärmeaustausch mit der Umgebung beschleunigt.
Oder: Wird mit einem Löffel der Tee gerührt, so wird innerhalb des Teeglases für eine Mischung der bereits abgekühlten Schicht an der Oberfläche und der darunter liegenden, wärmeren Schicht gesorgt.

4.3.1 Mit Zunahme der Höhe nimmt auch die Temperatur zu. Die (mittleren) Abstände zwischen den Teilchen werden mit Zunahme der Temperatur größer. Die Dichte der warmen Luft nimmt deshalb ab. Auf die warme Luft wirkt eine Auftriebskraft nach oben.

4.3.2 Aufbau eines Thermometers
Im Folgenden werden beide Thermometertypen beschrieben; Sie müssen das lediglich für *eines* der beiden tun.

**Flüssigkeitsthermometer**

*Aufbau:* siehe. Abbildung rechts.
Als Thermometerflüssigkeit wird z. B. Alkohol verwendet.

*Funktionsweise:* Bei einem Flüssigkeitsthermometer wird die Volumenänderung von Flüssigkeiten bei Temperaturänderung genutzt. Erhöht sich die Temperatur, steigt die Flüssigkeit im Anzeigeröhrchen nach oben. Sinkt die Temperatur, verringert sich das Volumen der Flüssigkeit und die Höhe der Flüssigkeitssäule nimmt ab.

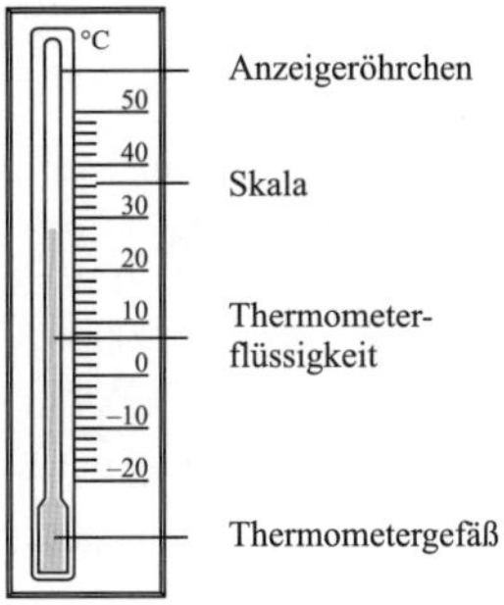


**Bimetallthermometer**

*Aufbau:* siehe Abbildung rechts.
Ein Bimetallstreifen besteht aus zwei unterschiedlichen Metallen, die an ihrer Längsseite fest miteinander verbunden sind.

*Funktionsweise:* Die beiden Metalle dehnen sich bei Temperaturerhöhung unterschiedlich stark aus. Der Bimetallstreifen wird deshalb gekrümmt. Ein mit dem Streifen verbundener Zeiger ermöglicht das Ablesen der Temperatur auf einer Skala.

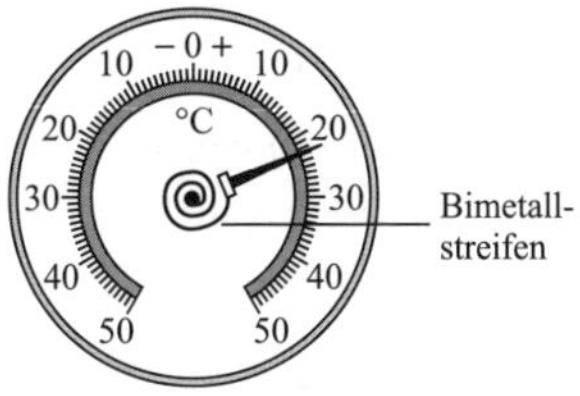


4.4.1 In der Nähe des offenen Kühlschrankes wird sich die Temperatur im Zimmer verringern. Zwischen der kalten Luft im Kühlschrank und der Luft im Zimmer findet ein Wärmeaustausch statt. Für das Schmelzen des Eises ist Wärme erforderlich. Dieser Schmelzvorgang führt ebenso zum Absinken der Temperatur. Die Temperaturänderung ist unter anderem abhängig von der Größe des Kühlschrankes, der Masse des Eises und der Raumgröße.

4.4.2 Die Zimmertemperatur wird steigen. Es wird ständig in den Raum Energie zugeführt.

5.1.1 1 – Zylinder; 2 – Kolben; 3 – Einlassventil; 4 – Zündkerze; 5 – Auslassventil; 6 – Pleuelstange

5.1.2 Energieumwandlungen: Die chemische Energie des Benzin-Luft-Gemisches wird beim Verbrennen in thermische Energie umgewandelt. Diese Energie wird zu einem Teil in mechanische Energie (kinetische Energie) des Kolbens umgewandelt.

5.1.3 Der Wirkungsgrad ist das Verhältnis von nutzbarer zu zugeführter Energie. Beim Ottomotor können nur ca. 25 % der zugeführten Energie in nutzbare (mechanische) Energie umgewandelt werden. Die restliche Energie wird in Wärme umgewandelt.

5.1.4 Die Energieversorgung der Elektromotoren erfolgt durch Bleiakkumulatoren, die nach einer gewissen Zeit aufgeladen werden müssen. Die Reichweite von Elektrofahrzeugen ist deshalb relativ gering.

5.1.5 Die spezifische Wärmekapazität von Wasser ist sehr groß. Wasser kann deshalb besonders viel Wärme aufnehmen, die beim Verbrennungsprozess im Motor auftritt.

5.2.1 *Berechnung:*
Ges.: Betriebskosten für 30 Tage

Geg.: $P_{el} = 2\,000\ \text{W}$
$t = 0{,}5\ \text{h} \cdot 30$
$1\ \text{kWh} \mathrel{\hat{=}} 0{,}25\ €$

*Lösung:*
Berechnung der elektrischen Arbeit:

$$\begin{aligned} W_{el} &= P_{el} \cdot t \\ &= 2\,000\ \text{W} \cdot 0{,}5\ \text{h} \cdot 30 \\ &= 30\,000\ \text{Wh} \\ &= 30\ \text{kWh} \end{aligned}$$

Berechnung der Kosten: $30\ \text{kWh} \cdot 0{,}25\ \frac{€}{\text{kWh}} = 7{,}50\ €$

*Ergebnis*: Die monatlichen Kosten für den Staubsauger betragen 7,50 €.

5.2.2 In allen elektrischen Geräten, die über eine Heizung verfügen, wird elektrische in thermische Energie umgewandelt, z. B. Wasserkocher, Fön, Elektroherd.

5.2.3 Z. B. Energiesparlampen, Ceran-Kochfelder

5.3.1 *Berechnung:*
Ges.: $E_{th}$ in kJ

Geg.: $P_{th} = 1\,000\ \text{kJ} \cdot \text{h}^{-1}$ (1 Kollektor)
$t = 6\ \text{h}$
Anzahl der Kollektoren: 5

*Lösung:*
Berechnung der thermischen Energie, die ein Kollektor abgeben kann:

$$\begin{aligned} E_{th} &= P_{th} \cdot t \\ &= 1\,000\ \text{kJ} \cdot \text{h}^{-1} \cdot 6\ \text{h} \\ &= 6\,000\ \text{kJ} \end{aligned}$$

Berechnung der thermischen Energie, die 5 Kollektoren abgeben können:

$6\,000\ \text{kJ} \cdot 5 = 30\,000\ \text{kJ}$

*Ergebnis*: 5 Kollektoren können in 6 Stunden 30 000 kJ thermische Energie an das Wasser abgeben.

5.3.2 *Berechnung und Vergleich:*
Ges.: Q in kJ

Geg.: $m = 200\ \text{kg}$
$\Delta T = 30\ \text{K}$
$c = 4{,}19\ \text{kJ} \cdot \text{kg}^{-1} \cdot \text{K}^{-1}$

*Lösung:*

$$\begin{aligned} Q &= c \cdot m \cdot \Delta T \\ &= 4{,}19\ \text{kJ} \cdot \text{kg}^{-1} \cdot \text{K}^{-1} \cdot 200\ \text{kg} \cdot 30\ \text{K} \\ &= 25\,000\ \text{kJ} \end{aligned}$$

*Ergebnis*: Die für das Erwärmen des Wassers erforderliche Energie kann durch die Sonnenkollektoren geliefert werden.

5.3.3 Die Energiegewinnung durch Sonnenkollektoren verursacht keine Umweltschäden, wie sie beispielsweise bei der Gewinnung und Verbrennung fossiler Brennstoffe entstehen.

5.4.1 Beispiel aus der Vergangenheit: Wasserrad – Die Naturkraft Wasser wurde genutzt, um die Arbeit des Menschen zu erleichtern. Über Wasserräder wurden Maschinen, wie Hammerwerke oder Walzwerke, angetrieben. Die mechanische Energie des Wassers konnte so zum Verrichten mechanischer Arbeit genutzt werden.
Beispiel aus der Gegenwart: Zur Nutzung alternativer Energiequellen werden kleine Wasserkraftwerke an Flussläufen errichtet. Die mechanische Energie des Wassers wird zum Antreiben von Turbinen und den mit diesen verbundenen Generatoren genutzt.

5.4.2 Begründung: Das Ansteigen des Pegels eines Flusses führt zur Erhöhung seiner potenziellen Energie. Die Zunahme der Strömungsgeschwindigkeit bewirkt eine Erhöhung der kinetischen Energie.

6.1.1 Vorteil: z. B. umweltfreundliche Art der Energiegewinnung.
Nachteil: z. B. die jährliche Sonnenscheindauer ist zu gering.

6.1.2 *Berechnung:*
Ges.: P in W — Geg.: $U = 50\ \text{V}$, $I = 6\ \text{A}$

*Lösung:*

$$P = U \cdot I = 50\ \text{V} \cdot 6\ \text{A} = 300\ \text{W} \qquad (1\ \text{V} \cdot 1\ \text{A} = 1\ \text{W})$$

*Ergebnis:* Die elektrische Leistung des Solarmoduls beträgt 300 W.

6.1.3 *Berechnung:*
Ges.: $\eta$ — Geg.: $P_{ab} = 300\ \text{W}$, $P_{auf} = 2\,500\ \text{W}$

*Lösung:*

$$\eta = \frac{P_{ab}}{P_{auf}} = \frac{300\ \text{W}}{2\,500\ \text{W}} = 0{,}12$$

*Ergebnis:* Die Anlage hat einen Wirkungsgrad von 12 %.

6.1.4 Energieumwandlungen: $E_{elektr} \Rightarrow E_{mech}$ und $E_{elektr} \Rightarrow E_{therm}$

6.1.5 Z. B.: Der Einsatz von Energiesparlampen führt zur Einsparung elektrischer Energie gegenüber der Verwendung von normalen Glühlampen bei gleicher Leuchtwirkung.

6.2.1 *Berechnung:*
Ges.: $\beta$ — Geg.: $\alpha = 45°$, $c_{Luft} = 300\,000\ \frac{\text{km}}{\text{s}}$, $c_{solar} = 200\,000\ \frac{\text{km}}{\text{s}}$

*Lösung:*

$$\frac{\sin\alpha}{\sin\beta} = \frac{c_{Luft}}{c_{solar}}$$

$$\sin\beta = \frac{\sin\alpha \cdot c_{solar}}{c_{Luft}}$$

$$= \frac{\sin 45° \cdot 200000\,\frac{km}{s}}{300000\,\frac{km}{s}} = 0,471$$

$$\beta = 28°$$

*Ergebnis:* Der Brechungswinkel beträgt 28°.

6.2.2

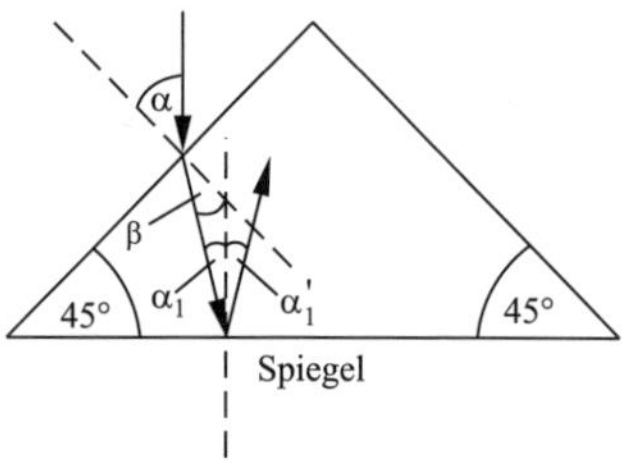


$\alpha$, $\alpha_1$ – Einfallswinkel
$\beta$ – Brechungswinkel
$\alpha_1'$ – Reflexionswinkel

6.3.1 *Ermittlung:*

Für die lose Rolle gilt: $F_z = \frac{1}{2} F_{Hub}$.

Daraus folgt für die benötigte Zugkraft: $F_z = 250$ N.

6.3.2 Arbeit kann nicht gespart werden.
Begründung: Die goldene Regel der Mechanik lautet: Was man an Kraft spart, muss man an Weg zusetzen. Die Arbeit ergibt sich aus dem Produkt von Kraft und Weg. Dieses Produkt ist konstant.

6.3.3 Z. B. könnte ein Flaschenzug Verwendung finden.

7.1.1 *Berechnung:*

Ges.: t in s

Geg.: $s = 300$ m

$v = 18\,\frac{km}{h} = 5\,\frac{m}{s}$

*Lösung:*

$$s = v \cdot t$$

$$t = \frac{s}{v} = \frac{300\text{ m}}{5\,\frac{m}{s}} = 60\text{ s}$$

*Ergebnis:* Zum Überqueren der Dammkrone benötigt der Radfahrer 60 s.

7.1.2 *Begründung* mithilfe des Trägheitsgesetzes: Ein Körper behält seinen Zustand der Ruhe oder der geradlinigen gleichförmigen Bewegung bei, solange keine Kraft auf ihn einwirkt.
Die Gepäckstücke bewegen sich mit dem Fahrrad. Beim starken Bremsen wirkt auf das Fahrrad und die Gepäckstücke eine Kraft entgegen der Bewegungsrichtung. Aufgrund der Trägheit behalten die Gepäckstücke ihren bisherigen Bewegungszustand bei und rutschen in Bewegungsrichtung. Das kann zum Herunterfallen der Gepäckstücke führen.

7.2.1 *Berechnung:*

Ges.: Q in GJ

Geg.: $c = 4{,}19\ \text{kJ} \cdot \text{kg}^{-1} \cdot \text{K}^{-1}$
$m = 350\,000\ \text{t} = 3{,}5 \cdot 10^8\ \text{kg}$
$\Delta T = 1\ \text{K}$

*Lösung:*

$$\begin{aligned} Q &= c \cdot m \cdot \Delta T \\ &= 4{,}19\ \text{kJ} \cdot \text{kg}^{-1} \cdot \text{K}^{-1} \cdot 3{,}5 \cdot 10^8\ \text{kg} \cdot 1\ \text{K} \\ &= 1{,}5 \cdot 10^9\ \text{kJ} \\ &= 1{,}5 \cdot 10^3\ \text{GJ} \end{aligned}$$

*Ergebnis:* Die vom Wasser abgegebene Wärme beträgt $1{,}5 \cdot 10^3$ GJ.

7.2.2 Aufgrund der großen Wärmekapazität von Wasser gibt es nicht so große Temperaturschwankungen.

7.2.3 Stauseen sind mit einem gewaltigen Eingriff in die Natur verbunden. In der Folge können sich Lebensräume von Mensch und Tier verändern.

7.3.1 Turbine: Mechanische Energie des Wassers wird in mechanische Energie der Turbine umgewandelt. Sie treibt den Generator an.
Generator: Wandelt mechanische in elektrische Energie um.
Transformator: Erzeugt die für den Transport der elektrischen Energie notwendige Hochspannung.

7.3.2 *Berechnung:*

Ges.: E in kWh

Geg.: $P = 1\,700\ \text{kW}$
$t = 24\ \text{h}$

*Lösung:*

$$\begin{aligned} E &= P \cdot t \\ &= 1\,700\ \text{kW} \cdot 24\ \text{h} \\ &= 40\,800\ \text{kWh} \end{aligned}$$

*Ergebnis:* Das Wasserkraftwerk kann in 24 Stunden eine Energie von 40 800 kWh erzeugen.

7.4.1 Z. B.: Windenergie

7.4.2 Vorteil: z. B.: Bei der Energieerzeugung entstehen keine Abgase.
Nachteil: Energie ist nicht kontinuierlich verfügbar.

8.1.1 1 – Kurbelwelle; 2 – Kolben; 3 – Einlassventil; 4 – Zündkerze; 5 – Auslassventil; 6 – Zylinder; 7 – Pleuelstange

8.1.2

| 1. Takt | 2. Takt | 3. Takt | 4. Takt |
|---|---|---|---|
| Ansaugtakt | Verdichtungstakt | Arbeitstakt | Auspufftakt |
| Das Benzin-Luft-Gemisch wird angesaugt. Der Kolben bewegt sich nach unten. Das Einlassventil ist geöffnet. | Das Benzin-Luft-Gemisch wird verdichtet. Der Kolben bewegt sich nach oben. Die Ventile sind geschlossen. | Das Gemisch wird gezündet und verbrannt. Die Gase dehnen sich aus und am Kolben wird die Arbeit verrichtet. Der Kolben bewegt sich nach unten. Die Ventile sind geschlossen. | Die Verbrennungsgase werden ausgeschoben. Der Kolben bewegt sich nach oben. Das Auslassventil ist geöffnet. |

8.1.3 Die chemische Energie des Benzin-Luft-Gemisches wird beim Verbrennen in thermische Energie umgewandelt. Diese Energie wird zu einem Teil in mechanische Energie (kinetische Energie) des Kolbens umgewandelt.

8.2.1 $1\,\frac{m}{s}$ entspricht $3{,}6\,\frac{km}{h}$. Die Höchstgeschwindigkeit beträgt somit:

$(170 : 3{,}6)\,\frac{m}{s} = 47\,\frac{m}{s}$

8.2.2 *Berechnung:*

Ges.: a in $\frac{m}{s^2}$

Geg.: $\Delta v = 100\,\frac{km}{h} = 27{,}8\,\frac{m}{s}$

$\Delta t = 15{,}5\,s$

*Lösung:*

$$a = \frac{\Delta v}{\Delta t}$$

$$= \frac{27{,}8\,\frac{m}{s}}{15{,}5\,s} = 1{,}8\,\frac{m}{s^2}$$

*Ergebnis:* Das Fahrzeug wird mit $1{,}8\,\frac{m}{s^2}$ beschleunigt.

8.2.3 Newton'sches Grundgesetz: $F = m \cdot a$.
Es wird angenommen, dass die beschleunigende Kraft für das volle und leere Fahrzeug gleich ist. Beschleunigung und Masse sind umgekehrt proportional. Deshalb ist die erreichte Beschleunigung für das leere Fahrzeug größer.

8.3.1 *Aufbau:*

Der Generator besteht aus folgenden wesentlichen Teilen: Stator mit Spulen, Rotor (mit Spulen bzw. Dauermagnet, siehe Skizze), Schleifringe.

*Wirkungsweise:*

Über Schleifringe wird den Rotorspulen Gleichstrom zugeführt. In den Spulen wird ein Magnetfeld aufgebaut. Rotiert der Elektromagnet, wird in den feststehenden Statorspulen eine Wechselspannung induziert. Anstelle des Elektromagneten kann auch ein Dauermagnet eingesetzt werden. (z. B. Fahrraddynamo; siehe Skizze)

Skizze:

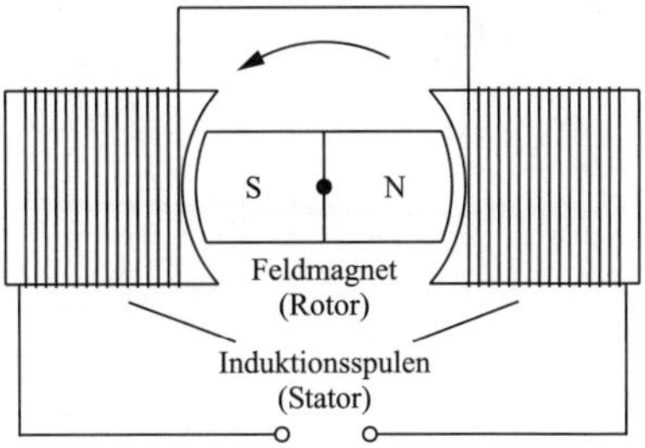


*Erwünschte Energieumwandlung:* mechanische in elektrische Energie

8.3.2 Die spezifische Wärmekapazität von Wasser ist sehr groß. Wasser kann deshalb besonders viel Wärme aufnehmen, die bei der Verbrennung des Kraftstoffes im Motor auftritt.

8.3.3

| | Vorteil | Nachteil |
|---|---|---|
| Erdgas | z. B.: Günstiger Preis im Vergleich zu Benzin und Diesel | z. B.: Kein flächendeckendes Tankstellennetz |
| Wasserstoff | z. B.: Keine umweltschädlichen Abgase | z. B.: geringe Reichweite der Fahrzeuge |

8.3.4 Bei Nässe nimmt die Haftreibung zwischen Reifen und Straße ab. Bei Kurvenfahrten tritt zusätzlich eine nach außen wirkende Kraft auf, die das Fahrzeug von der Fahrbahn weg beschleunigt. Bei geringerer Geschwindigkeit verringert sich der Betrag dieser Kraft.

9.1.1 chemische Energie (Kohle) → thermische Energie (Dampf)
thermische Energie (Dampf) → kinetische Energie (Antrieb der Lokomotive)

9.1.2 *Berechnung:*

Ges.: $\eta$

Geg.: $E_{nutz} = 3{,}6\text{ MJ}$
$E_{zu} = 40\text{ MJ}$

*Lösung:*

$$\eta = \frac{\text{nutzbare Energie}}{\text{zugeführte Energie}}$$

$$= \frac{3{,}6\text{ MJ}}{40\text{ MJ}} = 0{,}09$$

*Ergebnis:* Der Wirkungsgrad beträgt 9 %.

9.1.3 Aggregatzustandsänderung: **Kondensation**

9.1.4 Der Wirkungsgrad ist sehr gering.
Die Umweltbelastung ist vergleichsweise hoch.

9.2.1 v-t-Diagramm

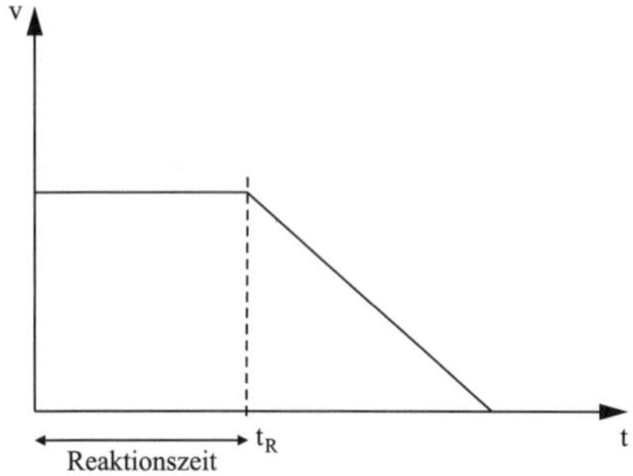


9.2.2 *Berechnung:*

Ges.: Anhalteweg s in m

Geg.: $v = 30\ km \cdot h^{-1} = 8{,}3\ m \cdot s^{-1}$
$a = 1{,}1\ m \cdot s^{-2}$
$t_R = 1{,}0\ s$

*Lösung:*

Berechnung des **Reaktionsweges $s_R$**:

$$s_R = v \cdot t = 8{,}3 \frac{m}{s} \cdot 1\ s = 8{,}3\ m$$

Berechnung des **Bremsweges $s_B$**:

Durch Anwendung des Einsetzungsverfahrens erhält man eine Formel ohne die Zeit t zur Berechnung des Weges.

$$s_B = \frac{a}{2} \cdot t^2 \qquad t = \frac{v}{a} \qquad \Rightarrow \qquad s_B = \frac{v^2}{2a}$$

$$= \frac{\left(8{,}3 \frac{m}{s}\right)^2}{2 \cdot 1{,}1 \frac{m}{s^2}}$$

$$= 31{,}3\ m$$

Berechnung des **Anhalteweges s**:

$$s = s_R + s_B$$
$$= 8{,}3\ m + 31{,}3\ m$$
$$= 39{,}6\ m$$

*Ergebnis:* Die Lok benötigt rund 40 m bis zum Stillstand.

9.2.3 *Berechnung:*

Ges.: F in N

Geg.: $m = 30\ t = 30\,000\ kg$
$a = 1{,}1\ m \cdot s^{-2}$

*Lösung:*

$$F = m \cdot a$$
$$= 30\,000\ kg \cdot 1{,}1\ m \cdot s^{-2} \qquad \left(1\ N = 1 \frac{kg \cdot m}{s^2}\right)$$
$$= 33\ kN$$

*Ergebnis:* Es ist eine Bremskraft von 33 kN erforderlich.

9.2.4 Der Sand soll die Haftreibung zwischen Schiene und Rad erhöhen und damit den Bremsweg verkürzen.

9.3.1 *Berechnung:*

Ges.: $E_{pot}$ in MJ

Geg.: $h = 170\text{ m}$
$m = 30\text{ t} = 30\,000\text{ kg}$
$g = 9{,}81\,\frac{\text{m}}{\text{s}^2}$

*Lösung:*

$$E_{pot} = m \cdot g \cdot h$$
$$= 30\,000\text{ kg} \cdot 9{,}81\,\frac{\text{m}}{\text{s}^2} \cdot 170\text{ m} \qquad \left(1\,\frac{\text{kg}\cdot\text{m}^2}{\text{s}^2} = 1\text{ Nm} = 1\text{ J}\right)$$
$$= 50\text{ MJ}$$

*Ergebnis:* Die potenzielle Energie nimmt um 50 MJ zu.

9.3.2 Die Hubarbeit beträgt 50 MJ.

9.3.3 Während der Fahrt wird auch Beschleunigungsarbeit verrichtet.

10.1.1 Die Zellen sind in Reihe geschaltet.

10.1.2 *Berechnung:*

Ges.: I in A

Geg.: $U = 144\text{ V}$
$P = 10\text{ kW} = 10\,000\text{ W}$

*Lösung:*

Für die elektrische Leistung gilt:

$$P = U \cdot I$$
$$I = \frac{P}{U}$$
$$I = \frac{10\,000\text{ W}}{144\text{ W}} \qquad (1\text{ W} = 1\text{ V} \cdot 1\text{ A})$$
$$I = 69{,}4\text{ A}$$

*Ergebnis:* Die Stromstärke beträgt 69 A.

10.1.3 Aufbau des Gleichstrommotors

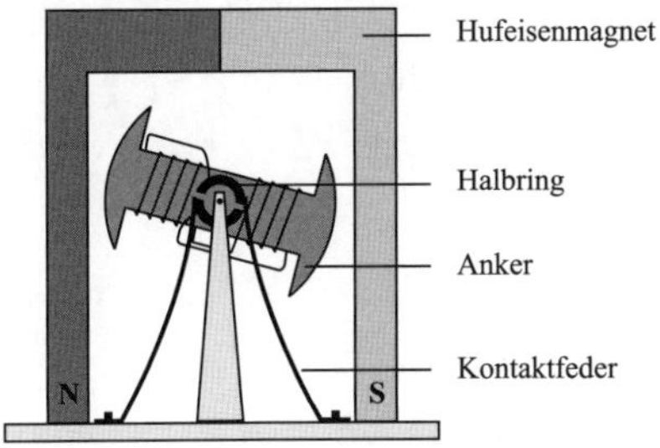


10.1.4 Vorteil z. B.: Es gibt keine umweltschädlichen Abgase.
Nachteil z. B.: Die Reichweite mit Batteriebetrieb ist relativ gering.

10.2.1 *Aufbau:*

Viertakt-Ottomotor

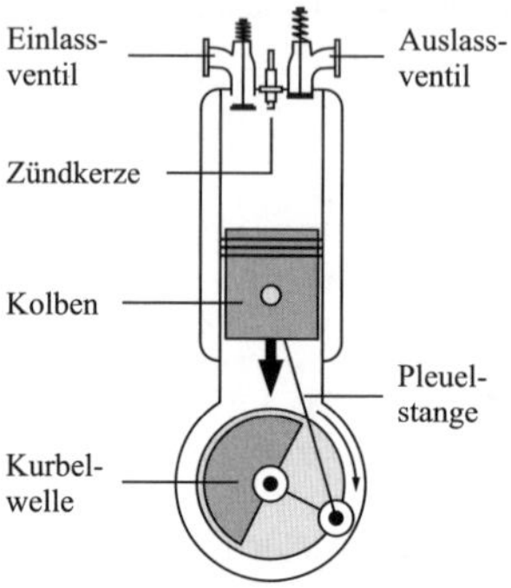


Viertakt-Dieselmotor

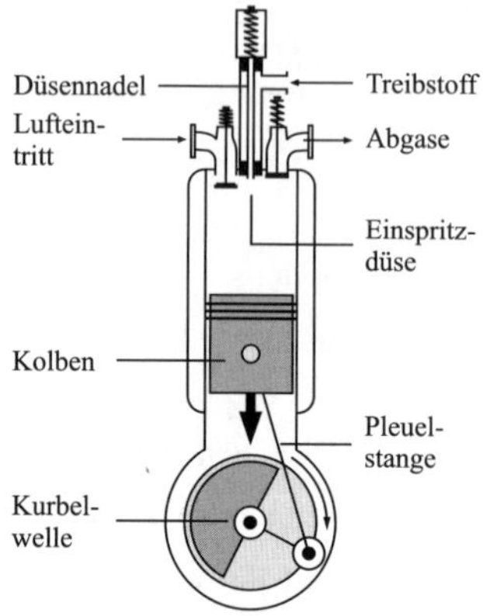


Dieselmotoren müssen aufgrund der hohen Verdichtung der Luft und des damit verbundenen höheren Druckes stabiler gebaut werden. Beim Dieselmotor ist keine Zündkerze vorhanden.

*Wirkungsweise:* Beide Motoren funktionieren nach dem Viertakt-Prinzip. Während beim Ottomotor im 2. Takt ein Benzin-Luft-Gemisch verdichtet wird, kommt es beim Dieselmotor nur zur Verdichtung von Luft. Im 3. Takt wird beim Ottomotor mit einer Zündkerze das verdichtete Benzin-Luft-Gemisch gezündet, beim Dieselmotor wird der Kraftstoff eingespritzt und infolge des hohen Druckes und der hohen Temperatur entzündet er sich selbst.

10.2.2 c) 35 %

Ein Wirkungsgrad von über 100 % ist nicht möglich. 5 % ist ein äußerst geringer Wirkungsgrad, der sehr unwirtschaftlich wäre.

10.3 Die kinetische Energie wird beim herkömmlichen Bremsvorgang in thermische Energie umgewandelt.

10.4.1 *Berechnung der Beschleunigung:*

Ges.: a in $\frac{m}{s^2}$

Geg.: $\Delta v = 120\,\frac{km}{h} = 33{,}3\,\frac{m}{s}$

$\Delta t = 20\,s$

*Lösung:*

$$a = \frac{\Delta v}{\Delta t} = \frac{33{,}3\,\frac{m}{s}}{20\,s} = 1{,}7\,\frac{m}{s^2}$$

*Berechnung des zurückgelegten Weges:*

Ges.: s in m

Geg.: $t = 20\,s$

$a = 1{,}7\,\frac{m}{s^2}$

*Lösung:*

$$s = \frac{a}{2} \cdot t^2$$

$$= \frac{1{,}7 \frac{m}{s^2}}{2} \cdot (20\,s)^2 = 340\,m$$

*Ergebnis:* Während der Beschleunigung werden 340 m zurückgelegt.

10.4.2 Der Pkw legt in einer Stunde 120 km zurück, in einer Minute deshalb den 60. Teil davon, d. h. 2 km.

10.4.3 Diagramm c.

11.1.1 Die Gegengewichte sind über feste Rollen mit der Tafel verbunden. Die Beträge der aufzuwendenden Kräfte ändern sich deshalb nicht. Die Masse der Tafel verteilt sich auf die beiden Gegengewichte. Die Masse eines Gegengewichtes ist deshalb die Hälfte der Masse der Tafel.

11.1.2 *Berechnung:*

Ges.: m in kg

Geg.: $V = 2\,500\,cm^3$

$\rho = 7{,}8\,\frac{g}{cm^3}$

*Lösung:*

$$\rho = \frac{m}{V}$$

$$m = \rho \cdot V$$

$$= 7{,}8\,\frac{g}{cm^3} \cdot 2\,500\,cm^3 = 19\,500\,g = 19{,}5\,kg$$

*Ergebnis:* Die Masse eines Gegengewichtes beträgt 20 kg.

11.2.1 Parallelschaltung

11.2.2 *Berechnung:*

Ges.: Kosten in €

Geg.: $P = 24 \cdot 55\,W = 1\,320\,W$

$t = 0{,}75\,h$

$1\,kWh \mathrel{\hat{=}} 0{,}25\,€$

*Lösung:*

$$W_{el} = P \cdot t$$

$$= 1\,320\,W \cdot 0{,}75\,h$$

$$= 990\,Wh = 0{,}99\,kWh$$

Kosten: $0{,}99\,€ \cdot 0{,}25\,\frac{€}{kWh} = 0{,}25\,€$

*Ergebnis:* Die Kosten betragen 0,25 €.

11.2.3 Der Wirkungsgrad einer Leuchtstofflampe ist größer.

11.3.1 Skizze eines Transformators

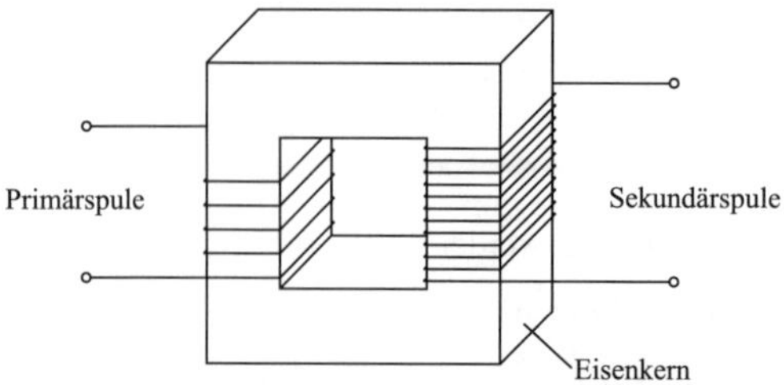


**Aufbau und Wirkungsweise des Transformators**
Ein Transformator besteht aus einem Spulenpaar (Primär- und Sekundärspule), das sich auf einem geschlossenen, geblätterten Eisenkern befindet. An die Primärspule wird eine Wechselspannung angelegt. Das entstehende magnetische Wechselfeld durchdringt die Sekundärspule. Dadurch wird in der Sekundärspule eine Wechselspannung induziert.

11.3.2 Die Windungszahl beträgt 192. (Die Windungszahlen verhalten sich wie die Spannungen.)

11.3.3 Bauelement: Diode Schaltzeichen: 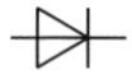

11.4.1 *Berechnung:*

Ges.: Q in kJ

Geg.: $m = 100\ \text{kg}\ (100\ \ell \mathrel{\hat{=}} 100\ \text{kg})$
$\Delta T = (60 - 45)\ \text{K} = 15\ \text{K}$
$c = 4{,}19\ \text{kJ} \cdot \text{kg}^{-1} \cdot \text{K}^{-1}$

*Lösung:*

$$\begin{aligned} Q &= c \cdot m \cdot \Delta T \\ &= 4{,}19\ \text{kJ} \cdot \text{kg}^{-1} \cdot \text{K}^{-1} \cdot 100\ \text{kg} \cdot 15\ \text{K} \\ &= 6\,285\ \text{kJ} \end{aligned}$$

*Ergebnis:* Es wird eine Wärme von 6 300 kJ abgegeben.

11.4.2 Wärmestrahlung: Vom Heizkörper strahlt die Wärme in den Raum ab.
Wärmeleitung: Die Wärme des Wassers wird auf den Heizkörper übertragen.

**Thema: Schülerexperimente**

1.1.1 Schaltplan

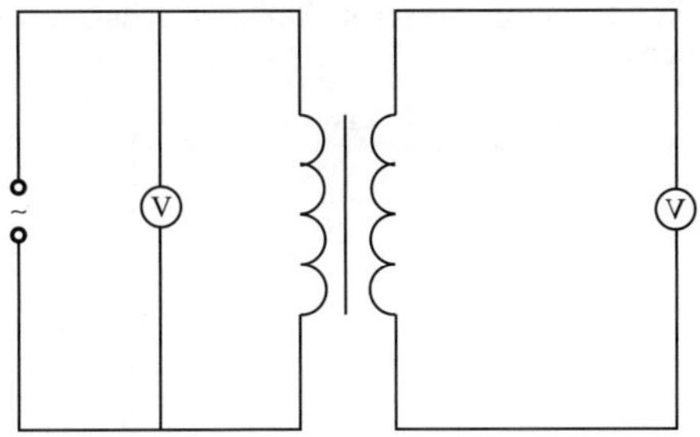

1.1.2 Messwerttabelle:

| $N_1$ | $N_2$ | $U_1$ in V | $U_2$ in V | $\frac{N_1}{N_2}$ | $\frac{U_1}{U_2}$ |
|---|---|---|---|---|---|
| 500 | 1 000 | 3,2 | 6,2 | 0,50 | 0,52 |
| 500 | 1 000 | 4,5 | 8,5 | 0,50 | 0,53 |
| 500 | 1 000 | 5,2 | 10,0 | 0,50 | 0,52 |
| 500 | 1 000 | 5,9 | 11,4 | 0,50 | 0,52 |

1.3.1 Beim Vergleich der Verhältnisse der Windungszahlen und der Verhältnisse der entsprechenden Spannungen ist festzustellen, dass sie annähernd gleich sind, d. h. das Gesetz konnte experimentell bestätigt werden.

1.3.2 Eine Fehlerquelle kann ein nicht exakt geschlossener Eisenkern sein.

2.1.1 Schaltplan

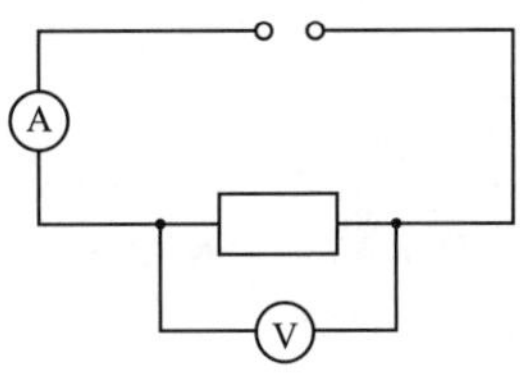

2.1.2 Messwerttabelle:

| Nr. der Messung | U in V | I in A |
|---|---|---|
| 1 | | |
| 2 | | |
| 3 | | |
| 4 | | |
| 5 | | |

2.2 *Durchführung:*
Beachten Sie: Der Spannungsmesser ist parallel zum Bauelement oder zur Spannungsquelle, der Strommesser in Reihe zu schalten. Zunächst ist jeweils der größte Messbereich einzustellen.

2.3.1 Folgende U-I-Kennlinie ist zu erwarten:

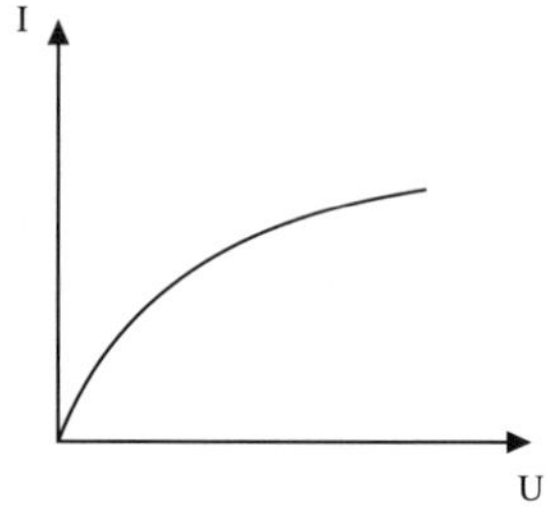


2.3.2 Das ohmsche Gesetz gilt nicht.
Begründung: Nach diesem Gesetz ist die elektrische Stromstärke der elektrischen Spannung proportional. Als Kennlinie müsste sich deshalb eine Gerade ergeben. Spannung und Stromstärke sind bei dem vorliegenden Bauelement deshalb nicht proportional.

2.3.3 Das Bauelement ist eine Glühlampe.

3.1.1 Schaltplan

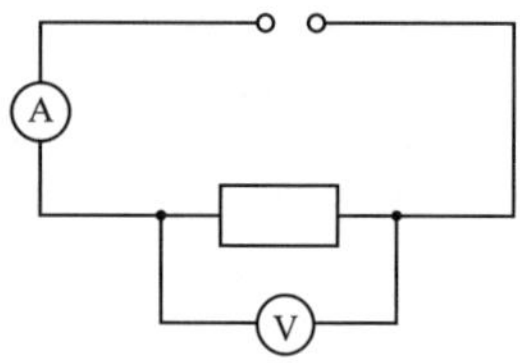


3.1.2 Messwerttabellen:

Widerstand

| Nr. der Messung | U in V | I in A |
|---|---|---|
| 1 | | |
| 2 | | |
| 3 | | |
| 4 | | |

Glühlampe

| Nr. der Messung | U in V | I in A |
|---|---|---|
| 1 | | |
| 2 | | |
| 3 | | |
| 4 | | |

3.2 *Durchführung:*
Beachten Sie: Der Spannungsmesser ist parallel zum Bauelement oder zur Spannungsquelle, der Strommesser in Reihe zu schalten. Zunächst ist jeweils der größte Messbereich einzustellen.

3.3.1 Folgende I-U-Kennlinien sind zu erwarten:

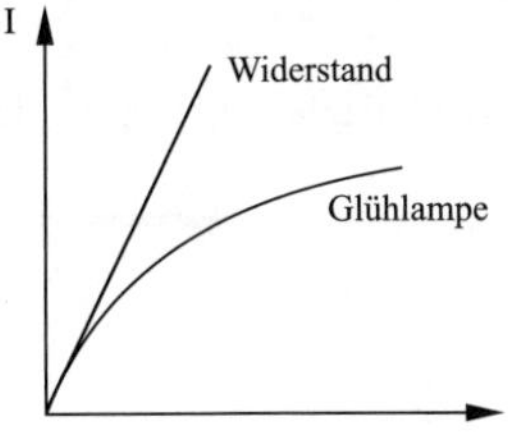


3.3.2 Für den Widerstand gilt das ohmsche Gesetz, weil Stromstärke und Spannung proportional zueinander sind.

3.3.3 Es ist zu erwarten, dass sich die Widerstände unterscheiden. Mit zunehmender Betriebsdauer der Lampe vergrößert sich der Widerstand.
*Begründung:* Bei der Erwärmung des Glühlampendrahtes schwingen die Metallionen stärker. Dadurch stoßen sie häufiger mit den Elektronen zusammen. Die Behinderung der Elektronen nimmt zu, folglich wird der Widerstand größer.

3.3.4 Z. B. Ablesefehler, Messgerätefehler.

4.1.1 Schaltpläne:

a) Reihenschaltung

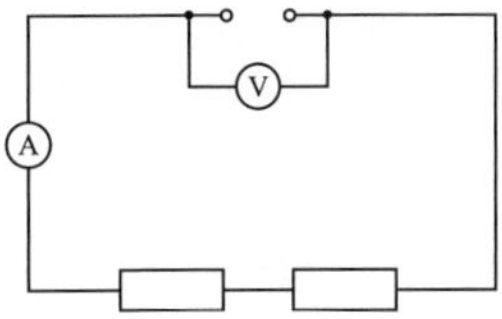


b) Parallelschaltung

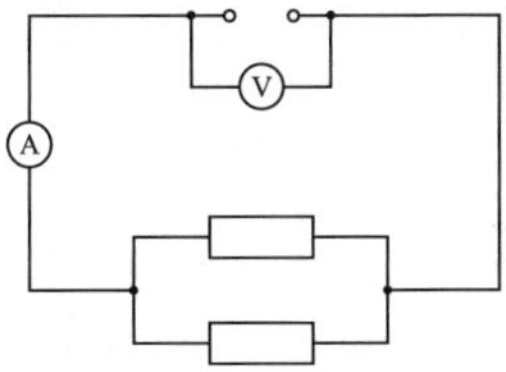


4.1.2 Messwerttabellen:

a) Reihenschaltung

| U in V | 12,8 |
|---|---|
| I in A | 0,13 |

b) Parallelschaltung

| U in V | 9,8 |
|---|---|
| I in A | 0,39 |

4.3.1 Berechnung des Gesamtwiderstandes:

a) Reihenschaltung

$$R_{ges} = \frac{U}{I} = \frac{12{,}8\ \text{V}}{0{,}13\ \text{A}} = 98\ \Omega$$

b) Parallelschaltung

$$R_{ges} = \frac{U}{I} = \frac{9{,}8\ \text{V}}{0{,}39\ \text{A}} = 25\ \Omega$$

Vergleich: Der Gesamtwiderstand bei Parallelschaltung ist kleiner als der bei Reihenschaltung.

4.3.2 Bestimmung der Größe eines Einzelwiderstandes:
Für die Reihenschaltung gilt
$R_{ges} = R_1 + R_2$.
Da beide Widerstände gleich sind, kann der Gesamtwiderstand halbiert werden:
$R_1 = R_2 \approx 50\ \Omega$

5.1.1 Schaltplan:

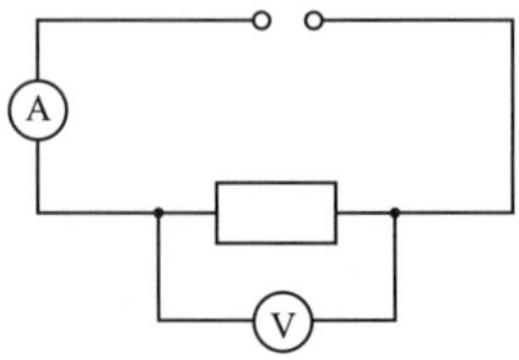


5.1.2 Messwerttabellen:

| Nr. der Messung | ℓ in m | U in V | I in A | R in Ω |
|---|---|---|---|---|
| 1 | 1 | | | |
| 2 | 2 | | | |
| 3 | 3 | | | |
| 4 | 4 | | | |

5.2 *Durchführung:*
Beachten Sie: Der Spannungsmesser ist parallel zum Bauelement oder zur Spannungsquelle, der Strommesser in Reihe zu schalten. Zunächst ist jeweils der größte Messbereich einzustellen.

5.3.1 Folgende Widerstandswerte sind bei Verwendung von Konstantanwiderständen zu erwarten: $R_1 = 7{,}6\ \Omega$; $R_2 = 14{,}5\ \Omega$; $R_3 = 20{,}7\ \Omega$; $R_4 = 29{,}2\ \Omega$

5.3.2 R-ℓ-Diagramm:

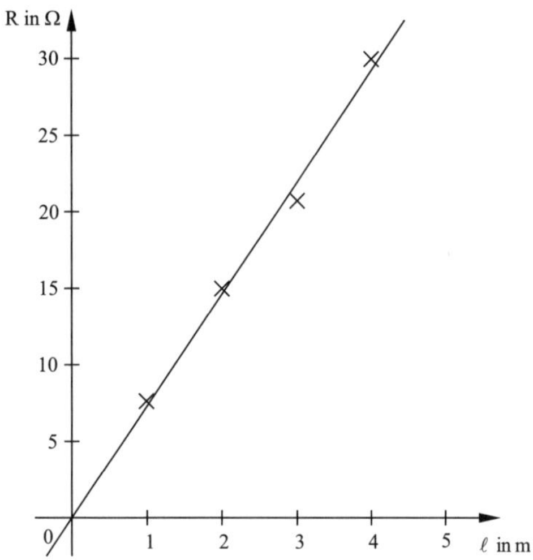

5.3.3 Zusammenhang zwischen R und $\ell$: Verdoppelt sich die Länge des Drahtes, so verdoppelt sich auch der Widerstand, d. h. Widerstand und Drahtlänge sind direkt proportional zueinander.

5.3.4 Fehlerquellen: z. B. Ablesefehler, Messgerätefehler

6.1.2 Messwerttabellen:

| t in s | 0 | 30 | 60 | 90 | 120 | 150 | 180 | 210 | 240 | 270 | 300 |
|---|---|---|---|---|---|---|---|---|---|---|---|
| $\vartheta$ in °C | 21 | 24 | 29 | 34 | 38 | 43 | 48 | 53 | 58 | 62 | 66 |

6.3.1 Diagramm:

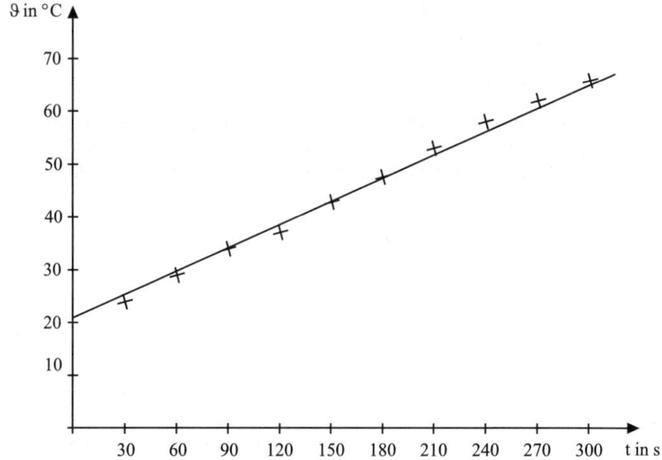


6.3.2 Zusammenhang: Temperaturänderung und Zeitänderung sind direkt proportional zueinander.
Oder: Die Temperatur steigt gleichmäßig an.

6.4.1 *Berechnung:*

Ges.: $Q_{ab}$ in kJ

Geg.: $t = 5\ \text{min} = 300\ \text{s}$
$P_{th} = 150\ \text{W}$

*Lösung:*

$$Q_{ab} = P_{th} \cdot t$$
$$= 150\ \text{W} \cdot 300\ \text{s}$$
$$= 45\,000\ \text{Ws} \qquad (1\ \text{Ws} = 1\ \text{J})$$
$$= 45\ \text{kJ}$$

*Ergebnis*: Die Heizplatte gibt in 5 Minuten eine Energie von 45 kJ ab.

6.4.2 *Berechnung:*

Ges.: $Q_{auf}$ in kJ

Geg.: $c = 4{,}19\ \text{kJ} \cdot \text{kg}^{-1} \cdot \text{K}^{-1}$
$m = 0{,}1\ \text{kg}$
$\Delta T = (66 - 21)\ \text{K}$
$= 45\ \text{K}$

*Lösung:*

$$Q_{auf} = c \cdot m \cdot \Delta T$$
$$= 4{,}19\ kJ \cdot kg^{-1} \cdot K^{-1} \cdot 0{,}1\ kg \cdot 45\ K$$
$$= 19\ kJ$$

*Ergebnis*: Vom Wasser wird eine Energie von 19 kJ aufgenommen.

6.4.3 *Berechnung:*

Ges.: $\eta$

Geg.: $Q_{ab} = 45\ kJ$
$Q_{auf} = 19\ kJ$

*Lösung:*

$$\eta = \frac{Q_{auf}}{Q_{ab}} = \frac{19\ kJ}{45\ kJ} = 0{,}42$$

*Ergebnis*: Der Wirkungsgrad beträgt 42 %.

6.4.4 Die von der Heizplatte abgegebene Energie kann nicht vollständig dem Wasser zugeführt werden. Es erfolgt eine Energieabgabe an die Umgebung. Bei der Rechnung bleibt die Energieaufnahme des Glasgefäßes unberücksichtigt. Das Gefäß selbst gibt ebenfalls Energie an die Umgebung ab.

6.4.5 Z. B.: Verwendung eines Gefäßes, dessen Durchmesser mit dem der Heizplatte übereinstimmt.

6.5 Aggregatzustandsänderungen

6.5.1 Die Tropfenbildung am Gefäßrand wird als Kondensation bezeichnet. Dem Wasser wird Wärme zugeführt. Beim Erreichen der Siedetemperatur beginnt das Wasser zu verdampfen. Der Wasserdampf schlägt sich an der Gefäßwand nieder. An der Gefäßwand kühlt der Dampf ab. Die Temperatur sinkt unter den Siedepunkt bzw. erreicht den Kondensationspunkt, und es bildet sich wieder Wasser.

6.5.2 Die Temperatur steigt bis zum Erreichen der Siedetemperatur. Die weitere Wärmezufuhr führt zu keiner Temperaturerhöhung. Das Wasser verdampft.
Die zugeführte Wärme wird zum Verdampfen des Wassers benötigt. Die Geschwindigkeit der Teilchen in der Flüssigkeit erhöht sich so stark, dass sie die Flüssigkeit verlassen können.

7.1.1 Gleichung: $Q = c \cdot m \cdot \Delta T$
Größen: Q – Wärme; c – spezifische Wärmekapazität; m – Masse;
$\Delta T$ – Temperaturänderung

7.2 *Durchführung:*
Kaltes Wasser: $\vartheta_k = 18\ °C$
Heißes Wasser: $\vartheta_h = 70\ °C$
Mischungstemperatur: $\vartheta_m = 40\ °C$

7.3.1 Berechnung der vom heißen Wasser abgegebenen Wärme:

Ges.: $Q_{ab}$ in kJ

Geg.: $m = 100\ g = 0{,}1\ kg$
$\Delta T = 30\ K$
$c = 4{,}19\ \frac{kJ}{kg \cdot K}$

*Lösung:*

$$Q_{ab} = c \cdot m \cdot \Delta T = 4{,}19\ \frac{kJ}{kg \cdot K} \cdot 0{,}1\ kg \cdot 30\ K = 13\ kJ$$

7.3.2 Berechnung der vom kalten Wasser aufgenommenen Wärme:

Ges.: $Q_{auf}$ in kJ

Geg.: $m = 100\ g = 0{,}1\ kg$

$\Delta T = 22\ K$

$c = 4{,}19\ \frac{kJ}{kg \cdot K}$

*Lösung:*

$$Q_{auf} = c \cdot m \cdot \Delta T = 4{,}19\ \frac{kJ}{kg \cdot K} \cdot 0{,}1\ kg \cdot 22\ K = 9{,}2\ kJ$$

7.3.3 Vergleich: $Q_{auf} < Q_{ab}$

Nicht die gesamte vom heißen Wasser abgegebene Wärme wird dem kalten Wasser zugeführt. Das Gefäß wird ebenfalls erwärmt und an die Umgebung wird auch Wärme abgegeben.

8.1.1

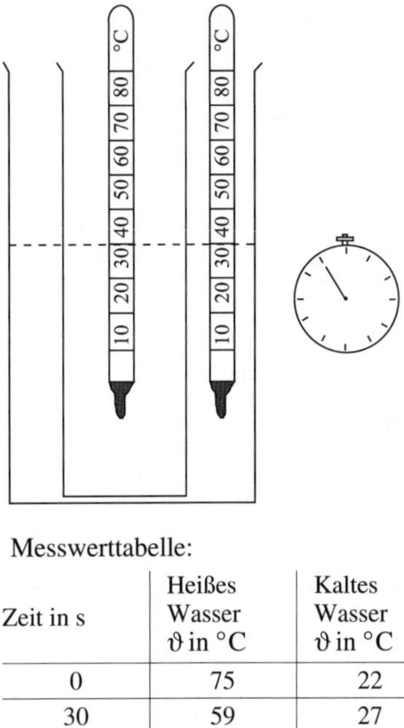


8.1.2 Messwerttabelle:

| Zeit in s | Heißes Wasser $\vartheta$ in °C | Kaltes Wasser $\vartheta$ in °C |
|---|---|---|
| 0 | 75 | 22 |
| 30 | 59 | 27 |
| 60 | 52 | 33 |
| 90 | 48 | 35 |
| 120 | 45 | 38 |
| 150 | 44 | 40 |
| 180 | 43 | 40 |
| 210 | 43 | 41 |
| 240 | 42 | 41 |
| 270 | 41 | 41 |
| 300 | 41 | 41 |

8.3.1 Temperatur-Zeit-Diagramm

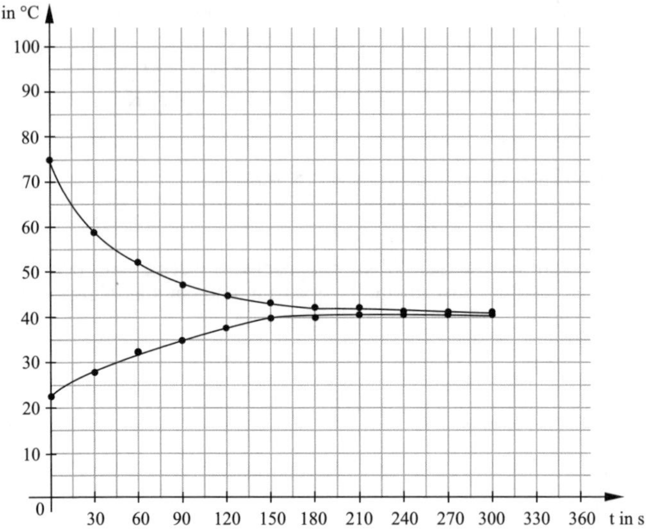


8.3.2 Die Temperatur des heißen Wassers nimmt zunächst stark ab und nähert sich dann langsam der gemeinsamen Temperatur. Die Temperatur des kalten Wassers nimmt zunächst stark zu und nähert sich dann ebenfalls der gemeinsamen Temperatur.

8.3.3 Z. B. Ablesefehler, Wasser wird nicht gerührt

8.4.1 *Berechnung:* Vom kalten Wasser aufgenommene Wärme

Ges.: Q in kJ

Geg.: $c = 4{,}19 \frac{kJ}{kg \cdot K}$

$m = 50\ g = 0{,}05\ kg$

$\Delta T = 19\ K$

*Lösung:*

$$Q = c \cdot m \cdot \Delta T = 4{,}19 \frac{kJ}{kg \cdot K} \cdot 0{,}05\ kg \cdot 19\ K = 4\ kJ$$

*Ergebnis:* Die vom kalten Wasser aufgenommene Wärme beträgt 4 kJ.

*Berechnung:* Vom heißen Wasser abgegebene Wärme

Ges.: Q in kJ

Geg.: $c = 4{,}19 \frac{kJ}{kg \cdot K}$

$m = 50\ g = 0{,}05\ kg$

$\Delta T = 34\ K$

*Lösung:*

$$Q = c \cdot m \cdot \Delta T = 4{,}19 \frac{kJ}{kg \cdot K} \cdot 0{,}05\ kg \cdot 34\ K = 7\ kJ$$

*Ergebnis:* Die vom heißen Wasser abgegebene Wärme beträgt 7 kJ.

*Vergleich:* Die vom heißen Wasser abgegebene Wärme ist größer als die vom kalten Wasser aufgenommene Wärme.

8.4.2 Bei der Berechnung ist die vom Gefäß des kalten Wassers aufgenommene Wärme unberücksichtigt geblieben. Außerdem wurde auch an die Umgebung Wärme abgegeben.

8.4.3 Beide Bechergläser können in ein Isoliergefäß gestellt werden, um die Wärmeabgabe an die Umgebung zu verringern.

9.1 Messwerttabelle:

| | 100-mℓ-Becherglas | 250-mℓ-Becherglas |
|---|---|---|
| Anfangstemperatur $\vartheta_A$ | 23 °C | 23 °C |
| Endtemperatur $\vartheta_E$ | 48 °C | 55 °C |

9.3.1 Berechnung der von der Heizplatte abgegebenen Wärme

Ges.: $Q_{ab}$ in kJ

Geg.: $t = 3\ \text{min} = 180\ \text{s}$
$P_{th} = 150\ \text{W}$

*Lösung:*

$$Q_{ab} = P_{th} \cdot t = 150\ \text{W} \cdot 180\ \text{s} = 27\,000\ \text{Ws} = 27\ \text{kJ}$$

*Ergebnis:* Die Heizplatte gibt in 3 Minuten eine Energie von 27 kJ ab.

Berechnung der vom Wasser aufgenommenen Wärme im 100-ml-Becherglas

Ges.: $Q_{auf}$ in kJ

Geg.: $c = 4{,}19\ \text{kJ} \cdot \text{kg}^{-1} \cdot \text{K}^{-1}$
$m = 0{,}1\ \text{kg}$
$\Delta T = (48 - 23)\ \text{K} = 25\ \text{K}$

*Lösung:*

$$Q_{auf} = c \cdot m \cdot \Delta T = 4{,}19\ \text{kJ} \cdot \text{kg}^{-1} \cdot \text{K}^{-1} \cdot 0{,}1\ \text{kg} \cdot 25\ \text{K} = 10{,}48\ \text{kJ}$$

*Ergebnis:* Vom Wasser im 100-ml-Becherglas wird eine Energie von 10 kJ aufgenommen.

Berechnung der vom Wasser aufgenommenen Wärme im 250-ml-Becherglas:

Ges.: $Q_{auf}$ in kJ

Geg.: $c = 4{,}19\ \text{kJ} \cdot \text{kg}^{-1} \cdot \text{K}^{-1}$
$m = 0{,}1\ \text{kg}$
$\Delta T = (55 - 23)\ \text{K} = 32\ \text{K}$

*Lösung:*

$$Q_{auf} = c \cdot m \cdot \Delta T = 4{,}19\ \text{kJ} \cdot \text{kg}^{-1} \cdot \text{K}^{-1} \cdot 0{,}1\ \text{kg} \cdot 32\ \text{K} = 13{,}41\ \text{kJ}$$

*Ergebnis:* Vom Wasser im 250-ml-Becherglas wird eine Energie von 13 kJ aufgenommen.

9.3.2 Berechnung der Wirkungsgrade

100-mℓ-Becherglas

Ges.: $\eta$ Geg.: $Q_{ab} = 27\ kJ$, $Q_{auf} = 10\ kJ$

*Lösung:*

$$\eta = \frac{Q_{auf}}{Q_{ab}}$$

$$\eta = \frac{10\ kJ}{27\ kJ}$$

$$= 0,37$$

250-mℓ-Becherglas

Ges.: $\eta$ Geg.: $Q_{ab} = 27\ kJ$, $Q_{auf} = 13\ kJ$

*Lösung:*

$$\eta = \frac{Q_{auf}}{Q_{ab}}$$

$$\eta = \frac{13\ kJ}{27\ kJ}$$

$$= 0,48$$

*Ergebnis:* Der Wirkungsgrad beträgt beim 100-ml-Becherglas 37 %, beim 250-ml-Becherglas 48 %

9.3.3 Bei dem größeren Gefäß wurde ein höherer Wirkungsgrad erzielt.

9.3.4 Beispiele:
- Die Platte wurde beim 1. Teilversuch nicht ausreichend vorgeheizt.
- Die Wassermenge wurde ungenau bestimmt.

9.3.5 Beispiel: Durch den Einsatz von Energiesparlampen wird ein besserer Wirkungsgrad erreicht, d. h. die Wärmeverluste bei solchen Lampen sind geringer.

10.1.1 Skizze:

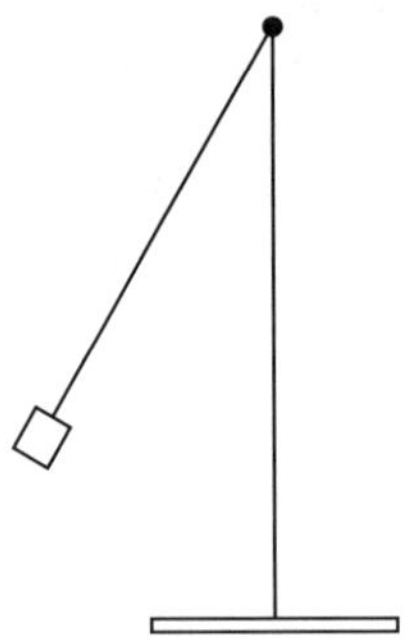

10.1.2 Messwerttabelle:

| ℓ in cm | t in s | T in s | f in Hz |
|---|---|---|---|
| 20 | 10,0 | 1,00 | 1,00 |
| 80 | 18,2 | 1,82 | 0,55 |

10.3.1 $\frac{1,82\ s}{1\ s} = 1,82$

Bei Vervierfachung der Pendellänge ergibt sich für die Periodendauer das 1,8-fache.

10.3.2 *Berechnung* der Periodendauer:

Ges.: $T_1, T_2$

Geg.: $\ell_1 = 20\,\text{cm} = 0{,}2\,\text{m}$
$\ell_2 = 80\,\text{cm} = 0{,}8\,\text{m}$
$g = 9{,}81\,\dfrac{\text{m}}{\text{s}^2}$

*Lösung:*

$$T = 2\pi \cdot \sqrt{\frac{l}{g}}$$

$$T_1 = 2\pi \cdot \sqrt{\frac{0{,}2\,\text{m}}{9{,}81\,\text{m} \cdot \text{s}^{-2}}} = 0{,}90\,\text{s}$$

$$T_2 = 2\pi \cdot \sqrt{\frac{0{,}8\,\text{m}}{9{,}81\,\text{m} \cdot \text{s}^{-2}}} = 1{,}8\,\text{s}$$

10.3.3 Die Abweichung zwischen den berechneten und experimentell ermittelten Werten ist möglicherweise auf Ungenauigkeiten bei der Zeit- und Längenmessung zurückzuführen.

10.3.4 Die Frequenz wird halbiert.

11.1.1 Skizze:

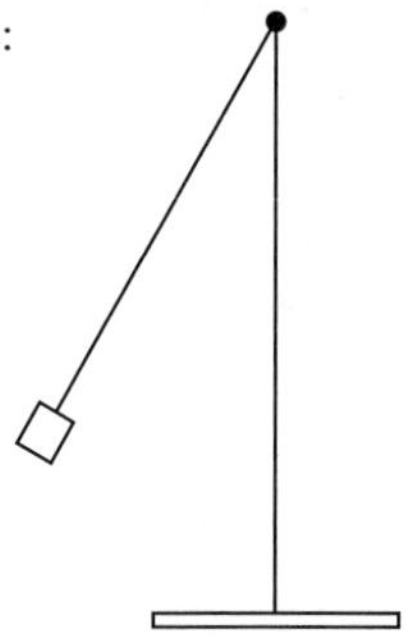

11.1.2 Messwerttabelle:

| $\ell$ in s | t in s | T in s |
|---|---|---|
| 20 | 9,0 | 0,90 |
| 40 | 12,0 | 1,20 |
| 60 | 15,0 | 1,50 |
| 80 | 18,2 | 1,82 |

11.3.1 Diagramm

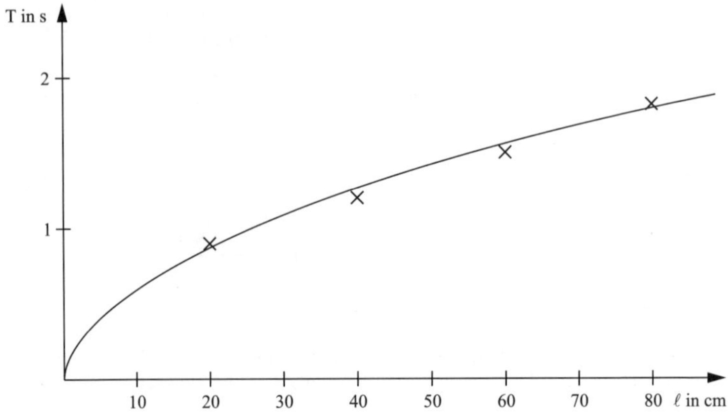


11.3.2 Die beiden Größen sind **nicht proportional**.
*Begründung:* Im Diagramm müsste sich eine Gerade durch den Ursprung ergeben. Dagegen gilt hier $T \sim \sqrt{\ell}$.

11.3.3 *Berechnung:* **Schwingungsdauer**

Ges.: T in s

Geg.: $\ell = 80\,\text{cm} = 0{,}8\,\text{m}$

$g = 9{,}81 \frac{\text{m}}{\text{s}^2}$

*Lösung:*

$$T = 2\pi \cdot \sqrt{\frac{\ell}{g}}$$

$$T = 2\pi \cdot \sqrt{\frac{0{,}8\,\text{m}}{9{,}81\,\frac{\text{m}}{\text{s}^2}}}$$

$$= 1{,}8\,\text{s}$$

11.3.4 Die berechnete und die experimentell bestimmte Periodendauer weichen geringfügig voneinander ab.

11.3.5 Der Auslenkungswinkel des Pendels wurde nur nach Augenmaß gewählt.

11.3.6 Eine größere Fallbeschleunigung hat eine geringere Periodendauer zur Folge.

**Thema: Demonstrationsexperimente**

1.1 Beobachtung Experiment 1: Körper 1 sinkt in der Flüssigkeit.
Beobachtung Experiment 2: Körper 2 schwimmt in der Flüssigkeit.

1.2 Taucht ein Körper in eine Flüssigkeit ein, so wirkt auf ihn eine Auftriebskraft, die der Gewichtskraft des Körpers entgegenwirkt.

Experiment 1:
Erklärung: Die Gewichtskraft von Körper 1 ist größer als die Auftriebskraft.

Experiment 2:
Erklärung: Die Auftriebskraft ist gleich der Gewichtskraft des Körpers 2. Der Körper ragt so weit aus der Flüssigkeit, dass beide Kräfte gleich sind.

1.3 Körper 1 soll in der Flüssigkeit schweben.
Die Dichte der Flüssigkeit muss erhöht werden. Das kann bei Wasser z. B. durch Zugabe von Kochsalz erfolgen, bis der Körper schwebt.

2.1 *Beobachtung:* Beim Aufprall des Wagens auf das Hindernis bewegt sich der darauf befindliche Körper in Richtung der Bewegung des Wagens nach vorn und rutscht herunter.

2.2 Erklärung mithilfe des Trägheitsgesetzes: Körper und Wagen bewegen sich mit zunehmender Geschwindigkeit auf das Hindernis zu. Beim plötzlichen Anhalten am Hindernis wirkt auf den Wagen eine Kraft, die entgegen der Bewegungsrichtung gerichtet ist. Der auf dem Wagen liegende Körper versucht aufgrund seiner Trägheit den ursprünglichen Bewegungszustand beizubehalten, denn auf ihn wirkt keine Kraft. Deshalb bewegt er sich weiter in Bewegungsrichtung und rutscht herunter.

2.3 Werden Personen z. B. mit einem Pkw befördert, so sind unbedingt die Sicherheitsgurte anzulegen. Bei einem frontalen Aufprall können so die sich nach vorn bewegenden Körper festgehalten werden.

3.1 *Beobachtung:* Wagen B fährt nach dem Anhalten von Wagen A auf den Wagen A auf.

3.2 Erklärung mithilfe des Trägheitsgesetzes: Ein Körper behält seinen Zustand der Ruhe oder der geradlinig gleichförmigen Bewegung bei, solange keine Kraft auf ihn einwirkt. Wagen B behält seinen Bewegungszustand bis zum Aufprall bei.

3.3 Es darf keinesfalls ein Abschleppseil verwendet werden. Eine Abschleppstange ist unbedingt erforderlich, um ein Auffahren zu vermeiden.

4.1 *Beobachtung:* Auf der einen Seite der Wippe befindet sich ein Körper in der Mitte. Die Wippe ist nach dieser Seite geneigt. Vom Lehrer wird auf der anderen Seite der Wippe ein Körper an das Ende des Wippearmes gelegt. Die Wippe befindet sich nun im Gleichgewicht.

4.2 Skizze: Maßstab (z. B.): 1 N ≙ 2 cm

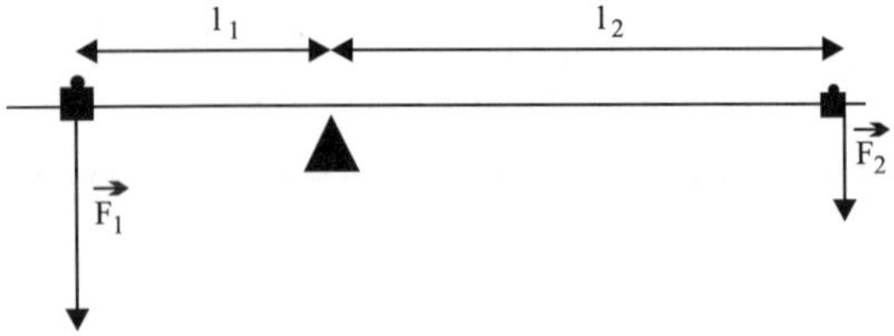


4.3 Nein, ein Gleichgewicht kann so nicht hergestellt werden.
Begründung: Nach dem Hebelgesetz gilt für das Gleichgewicht, dass die Produkte aus Kraft und Länge des zugehörigen Hebelarms auf beiden Seiten gleich groß sind. Befindet sich nun das größere Gewicht am äußeren Ende der Wippe, müsste auf der anderen Seite ein kleineres Gewicht einen größeren Abstand vom Drehpunkt haben. Das ist im vorliegenden Fall nicht möglich.

5.1 *Beobachtung:* Der Stab befindet sich zunächst im Gleichgewicht. Im gleichen Abstand vom Drehpunkt hängen jeweils vier gleich große Hakenkörper.
Danach werden auf einer Seite zwei Hakenkörper im doppelten Abstand vom Drehpunkt befestigt. Auf der anderen Seite wird nichts verändert. Der Stab befindet sich wieder im Gleichgewicht.

5.2 *Zeichnung (Endzustand):* Maßstab: 1 cm ≙ 1 N; 50 g ≙ 0,5 N

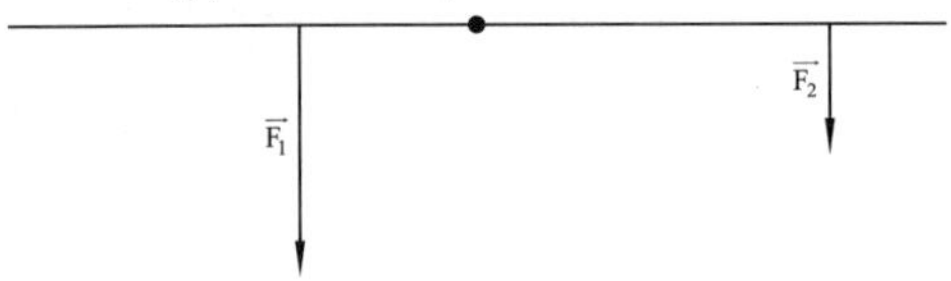


5.3 Für den Hebel im Gleichgewicht gilt: Die Produkte aus Kraft und Länge des zugehörigen Hebelarms sind auf beiden Seiten gleich groß.

Oder:

Die wirkenden Kräfte sind zu den Längen der Hebelarme umgekehrt proportional.

**Beispiel Fahrradbremse:** Am kürzeren Hebelarm ist das Bremsseil befestigt. Mit dem längeren Hebelarm wird gebremst. Mit einer kleineren Kraft am längeren Hebelarm wird eine größere Kraftwirkung am kürzeren Hebelarm erzielt.

6.1 Beobachtung: Das Pendel mit der kürzeren Pendellänge hat die geringere Periodendauer.

6.2 *Vergleich:*
Das Pendel mit der kürzeren Pendellänge hat die größere Frequenz.
*Begründung:* Für den Zusammenhang zwischen Frequenz und Periodendauer gilt:

$f = \frac{1}{T}$, d. h. große Periodendauer ⇒ kleine Frequenz oder

kleine Periodendauer ⇒ große Frequenz

Im Experiment konnte beobachtet werden, dass das Pendel mit der kürzeren Pendellänge die geringere Periodendauer hat, also besitzt es die größere Frequenz.

6.3 Für 10 Schwingungen werden 15 s benötigt $\Rightarrow$ T = 1,5 s.
y-t-Diagramm:

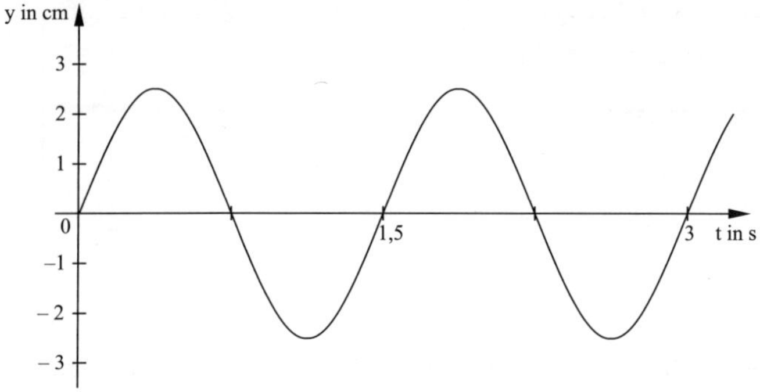


7.1 *Beobachtungen:*
I Der Stromkreis wird geschlossen und die Lampe leuchtet.
II Die Polarität wird geändert, der Stromkreis geschlossen und die Lampe leuchtet nicht.

7.2 Das unbekannte Bauelement ist eine Diode.
*Mögliche Begründung:* Der elektrische Widerstand eines Kondensators und eines Widerstandes ändert sich durch das Umpolen nicht, d. h. die Lampe würde ihre Helligkeit nicht ändern. Bei der Diode gibt es eine Durchlass- und eine Sperrrichtung.

7.3

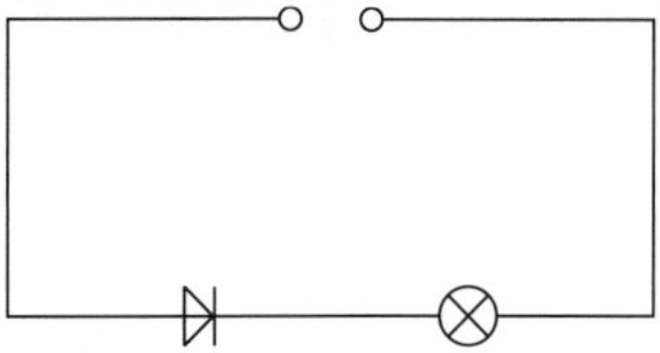

8.1 *Beobachtung:*
Schaltung A: Beide Glühlampen leuchten mit gleicher Helligkeit.
Schaltung B: Beide Glühlampen leuchten mit gleicher Helligkeit. Im Vergleich zu Schaltung A leuchten die Lampen heller.

8.2 Schaltung A: Reihenschaltung
Schaltung B: Parallelschaltung

*Begründung:* Bei der Reihenschaltung teilt sich die anliegende Spannung auf die beiden Glühlampen auf. Es gilt: $U_{ges} = U_1 + U_2$.

8.3 **Schalpläne**

Schaltung A: Reihenschaltung

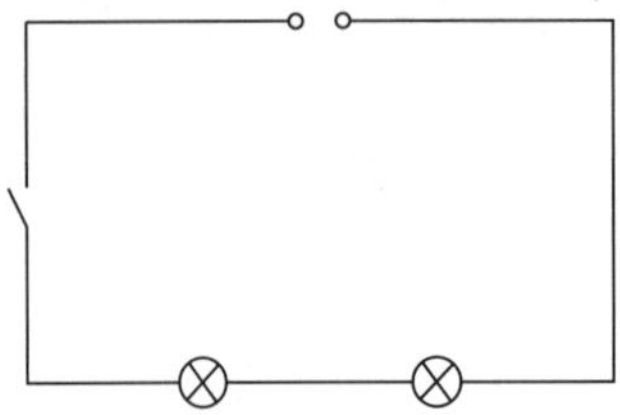

Schaltung B: Parallelschaltung

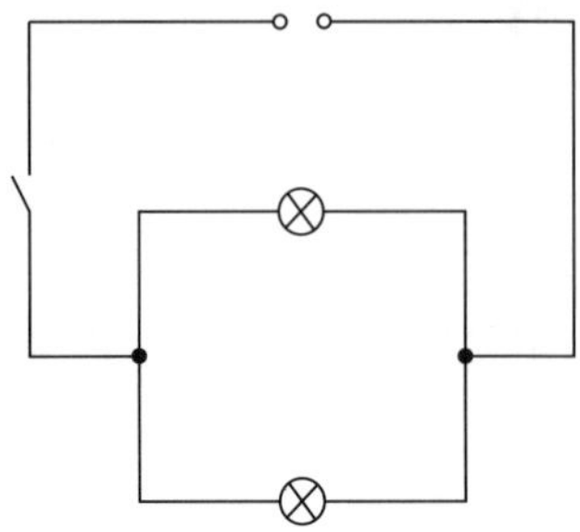

8.4 Im Haushalt sind die einzelnen Stromkreise in Parallelschaltung ausgeführt.

9.1 Beobachtung Experiment 1: $L_1$ leuchtet, $L_2$ leuchtet nur kurz auf.
Beobachtung Experiment 2: $L_1$ und $L_2$ leuchten.

9.2 Experiment 1: Gleichspannung
*Begründung:* $L_2$ ist an den Sekundärkreis eines Transformators angeschlossen. Ein Transformator funktioniert nur mit Wechselspannung. Beim Einschaltvorgang wird kurzzeitig eine Spannung induziert, bis das Magnetfeld aufgebaut ist.

Experiment 2: Wechselspannung
*Begründung:* Beim Anlegen einer Wechselspannung entsteht in der Primärspule ein magnetisches Wechselfeld. Dieses Feld durchdringt die Sekundärspule. Deshalb wird in dieser eine Spannung induziert und die Lampe leuchtet.

## Realschulabschluss 2009 Physik (Sachsen)
## Pflichtaufgaben

### Aufgabe 1: Elektrische Stromkreise BE

Vom Lehrer wird Ihnen ein Experiment vorgeführt. Dabei werden jeweils zwei Glühlampen einmal in Reihe und einmal parallel geschaltet. Alle vier Glühlampen sind gleich und beide Stromkreise werden mit der gleichen Spannungsquelle betrieben.

1.1 Vergleichen Sie die Heiligkeit der Glühlampen in den gekennzeichneten Stromkreisen.
Notieren Sie Ihre Beobachtung. 1

1.2 Entscheiden Sie, in welchem Stromkreis Reihenschaltung vorliegt.
Begründen Sie Ihre Entscheidung. 2

1.3 Zeichnen Sie einen Schaltplan für die Parallelschaltung. 1

1.4 Nennen Sie zwei Gründe für die Verwendung von Parallelschaltungen im Haushalt. 2

### Aufgabe 2: Bewegungen

Auf dem EuroSpeedway Lausitz werden beim Start eines Rennwagens der Formel 3 folgende Messwerte aufgenommen:

| t in s | 0 | 0,5 | 1 | 1,5 | 2 |
|---|---|---|---|---|---|
| s in m | 0 | 1,2 | 4,6 | 10,4 | 18,5 |

2.1 Zeichnen Sie für diese Bewegung ein s(t)-Diagramm. 3

2.2 Um welche Bewegungsart handelt es sich? Begründen Sie. 2

### Aufgabe 3: Wärme

Bei einem Schülerexperiment zur Untersuchung von Aggregatzustandsänderungen wurde einem Körper gleichmäßig Wärme zugeführt und folgendes Diagramm aufgezeichnet:

3.1 Geben Sie an, um welche Vorgänge es sich in den Abschnitten A, B und C handelt. 3

3.2 Welcher Stoff wurde von den Schülern untersucht? 1

3.3 Berechnen Sie die im Abschnitt B aufgenommene Wärme für 500 g dieses Stoffes. 3

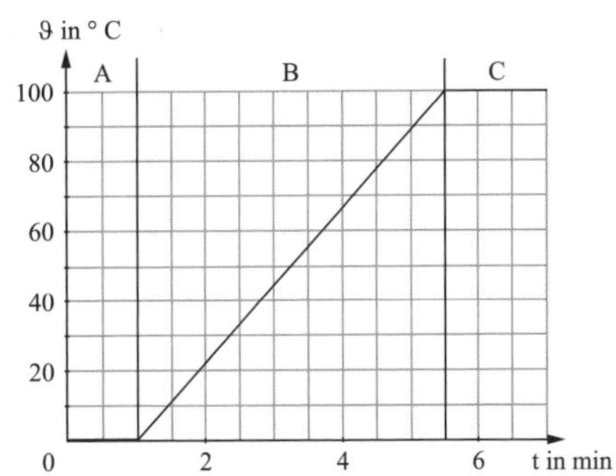

**Aufgabe 4: Druck und seine Wirkung**

4.1 Übernehmen Sie die folgenden Sätze zum Auflagedruck auf Ihr Arbeitsblatt und vervollständigen Sie diese.

- Je größer die wirkende Kraft ist, umso _____ ist der Druck bei gleicher Fläche.
- Wird bei gleicher Kraft die Fläche verkleinert, dann _____ sich der Druck. 2

4.2 Erläutern Sie die Wirkungsweise einer hydraulischen Anlage anhand der nebenstehenden Skizze. Nennen Sie eine Anwendung. 4

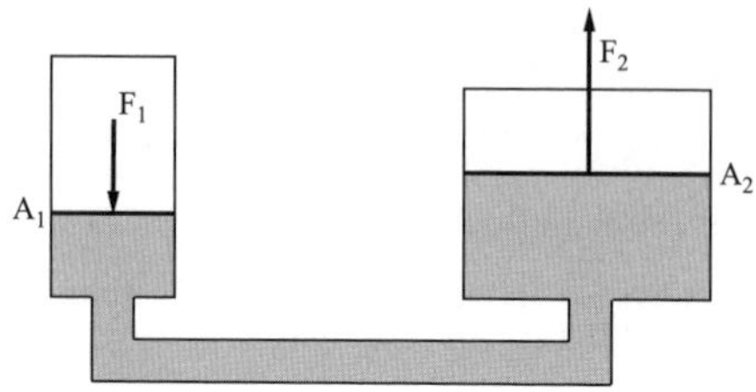


4.3 Ein Brett wird waagerecht unter Wasser getaucht.
Ändert sich die Auftriebskraft, wenn es senkrecht unter Wasser getaucht wird? Begründen Sie. 1

## Tipps und Hinweise zu den Pflichtaufgaben

### Tipps zu Aufgabe 1

*Teilaufgabe 1.1*

- Überlegen Sie, welche Eigenschaften Stromkreise in Reihen- und Parallelschaltung haben.

### Tipps zu Aufgabe 2

*Teilaufgabe 2.1 und 2.2*

- Beschriften Sie die Achsen im Diagramm.
- Welcher Zusammenhang zwischen Weg und Zeit ist im Diagramm zu erkennen?

### Tipps zu Aufgabe 3

*Teilaufgabe 3.1*

- Welche Aggregatzustandsänderungen kennen Sie?

*Teilaufgabe 3.2*

- Bei welchen Temperaturen finden die Aggregatzustandsänderungen statt? Für welchen Stoff sind sie typisch?

*Teilaufgabe 3.3*

- Die Formel zur Berechnung der Wärme finden Sie in der Formelsammlung.
- Lesen Sie die Temperaturdifferenz aus dem Diagramm ab.
- Entnehmen Sie der Formelsammlung die spezifische Wärmekapazität für den untersuchten Stoff.
- Setzen Sie unbedingt auch die Einheiten der Größen mit in die Formel ein und machen Sie die Einheitenprobe.

### Tipps zu Aufgabe 4

*Teilaufgabe 4.1*

- Welche Zusammenhänge bestehen zwischen den Größen Druck, Kraft, Fläche?

*Teilaufgabe 4.2*

- Welche Größenverhältnisse von Kräften und Flächen können Sie aus dem Bild entnehmen?
- Beschreiben Sie schrittweise, was bei der Ausübung einer Kraft $F_1$ in der Anlage geschieht.
- Argumentieren Sie mit den Zusammenhängen zwischen den Größen Druck, Kraft und Fläche.

*Teilaufgabe 4.3*

- Wovon hängt die Auftriebskraft ab?

# Lösungen zu den Pflichtaufgaben

## Aufgabe 1

1.1 *Beobachtung:*
Die Helligkeiten der zwei Lampen im Stromkreis sind jeweils gleich. In einem Stromkreis leuchten die Lampen aber heller als im anderen.

1.2 Im Stromkreis mit den nicht so hell leuchtenden Lampen liegt Reihenschaltung vor.
*Begründung:*
Die Gesamtspannung teilt sich auf beide Lampen auf.

1.3

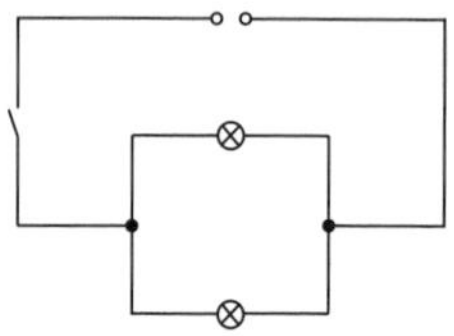

1.4 Würde bei einer Reihenschaltung der Stromkreis unterbrochen, dann kann kein Gerät mehr funktionieren.
Bei einer Reihenschaltung teilt sich die Gesamtspannung auf alle Verbraucher auf. Die Geräte könnten deshalb nicht mit der gewünschten Leistung betrieben werden.

## Aufgabe 2

2.1 Weg-Zeit-Diagramm

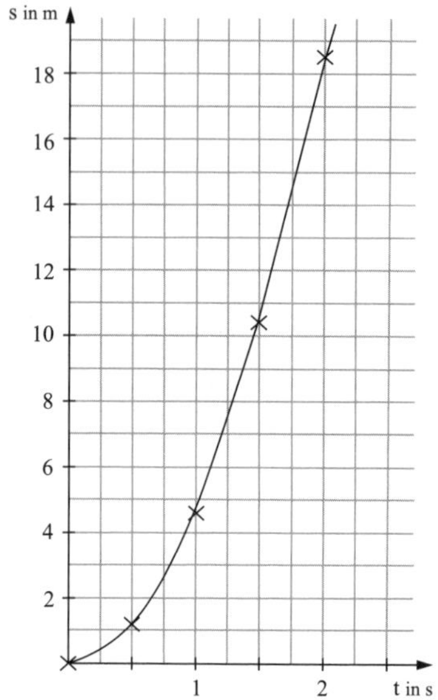

2.2 Es liegt eine gleichmäßig beschleunigte Bewegung vor.
*Begründung:*
Im Diagramm ergibt sich ein Parabelast, d. h. $s \sim t^2$.

**Aufgabe 3**

3.1 A: Schmelzen B: Erwärmen C: Verdampfen

3.2 Wasser

3.3 *Berechnung:*

Ges.: $Q_{auf}$ in kJ

Geg.: $c = 4{,}19 \text{ kJ} \cdot \text{kg}^{-1} \cdot \text{K}^{-1}$
$m = 500 \text{ g} = 0{,}5 \text{ kg}$
$\Delta T = (100 - 0)\text{K} = 100 \text{ K}$

*Lösung:*

$$\begin{aligned} Q_{auf} &= c \cdot m \cdot \Delta T \\ &= 4{,}19 \text{ kJ} \cdot \text{kg}^{-1} \cdot \text{K}^{-1} \cdot 0{,}5 \text{ kg} \cdot 100 \text{ K} \\ &= 209{,}5 \text{ kJ} \end{aligned}$$

*Ergebnis:* Im Abschnitt B wird von dem Stoff eine Wärme von 210 kJ aufgenommen.

**Aufgabe 4**

4.1 – Je größer die wirkende Kraft ist, umso **größer** ist der Druck bei gleicher Fläche.
– Wird bei gleicher Kraft die Fläche verkleinert, dann **vergrößert** sich der Druck.

4.2 Am Pumpenkolben wird eine Kraft $F_1$ ausgeübt. Der entstehende Druck wird durch die Flüssigkeit auf den Arbeitskolben übertragen, der eine größere Fläche hat. Der Druck ist in der hydraulischen Anlage überall gleich, deshalb wirkt am Arbeitskolben eine größere Kraft.

*Anwendung*: z. B. Hydraulische Presse

4.3 Die Auftriebskraft ändert sich nicht.

*Begründung*:
Die Auftriebskraft hat den gleichen Betrag wie die Gewichtskraft des vom Brett verdrängten Wassers. Das Brett verdrängt in jeder Lage das gleiche Wasservolumen.

**Realschulabschluss 2009 Physik (Sachsen)**
**Wahlaufgaben**

**Von den folgenden Aufgaben 5, 6 und 7 haben Sie nur eine zu lösen.**

**Aufgabe 5: Kraft und ihre Wirkungen** BE

5.1 Schülerexperiment

*Aufgabe:*
Bestätigen Sie die Goldene Regel der Mechanik an einer geneigten Ebene.
*Hinweis:* Verändern Sie die Neigung der geneigten Ebene und lassen Sie die Höhe unverändert.

*Vorbereitung:*
1. Formulieren Sie die Goldene Regel der Mechanik in Worten.
2. Skizzieren Sie die Versuchsanordnung. Tragen Sie wirkende Kräfte ein.
3. Bereiten Sie eine Messwerttabelle für 4 Messungen vor. 4

*Durchführung:*
1. Führen Sie die Messungen durch und protokollieren Sie Ihre Messergebnisse.
2. Berechnen Sie die mechanischen Arbeiten. 6

*Auswertung:*
1. Werten Sie das Experiment entsprechend der Aufgabenstellung aus.
2. Geben Sie eine mögliche Fehlerquelle an. 2

5.2 Ein Quad mit der Masse 170 kg wird mithilfe einer Auffahrrampe auf einen Transporter gefahren. Der Fahrer hat die Masse 70 kg. Die Ladefläche ist 70 cm hoch. Die Auffahrrampe ist 2,10 m lang und bis 290 kg belastbar.

5.2.1 Ermitteln Sie die vom Quad-Motor mindestens aufzuwendende Kraft beim Fahren auf die Ladefläche.
Begründen Sie, dass die tatsächlich aufzuwendende Kraft größer ist. 4

5.2.2 Mit der Auffahrrampe soll ein größerer Höhenunterschied überwunden werden.
Geben Sie zwei mögliche Auswirkungen an. 2

5.3 Entscheiden Sie bei den folgenden Aussagen über eine Schubkarre, ob sie richtig oder falsch sind.

a) Eine Schubkarre kann als einseitiger Hebel angesehen werden.
b) Je näher die Last am Drehpunkt (Radachse) liegt, desto geringer ist der Kraftaufwand beim Anheben.
c) Je weiter man in Richtung Griffende anfasst, desto größer ist der Kraftaufwand beim Anheben. 3

5.3 Die Abbildung zeigt eine Spannvorrichtung der Oberleitung bei einer Eisenbahn.
Welche kraftumformenden Einrichtungen erkennen Sie?
Geben Sie jeweils deren Funktion an.

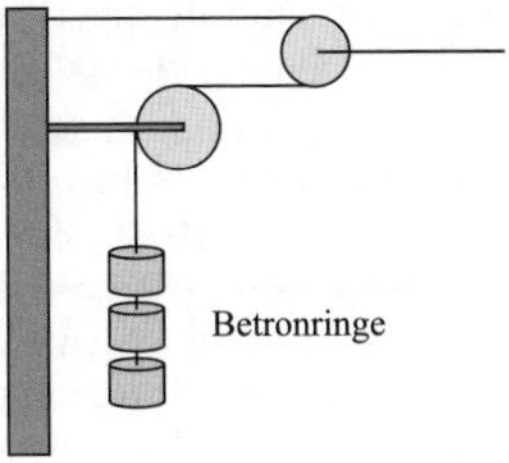


4

## Aufgabe 6: Informationsübertragung

6.1 Ultraschall-Distanzmessgeräte dienen der Abstandsmessung. Man zielt dazu mit dem Gerät senkrecht auf eine feste Fläche am Ende der Messstrecke. Nach kurzer Zeit wird der Abstand angezeigt.

6.1.1 Nennen Sie eine Eigenschaft von Ultraschallwellen, die dabei genutzt wird. Begründen Sie, weshalb bei schrägem Anvisieren eine Fehlermeldung angezeigt wird. 2

6.1.2 Die gesendete Schallwelle erreicht das Messgerät nach 0,05 Sekunden. Berechnen Sie den Abstand, den das Gerät anzeigen müsste. 3

6.2 Töne lassen sich in elektrische Signale verwandeln und mit dem Oszilloskop grafisch darstellen.

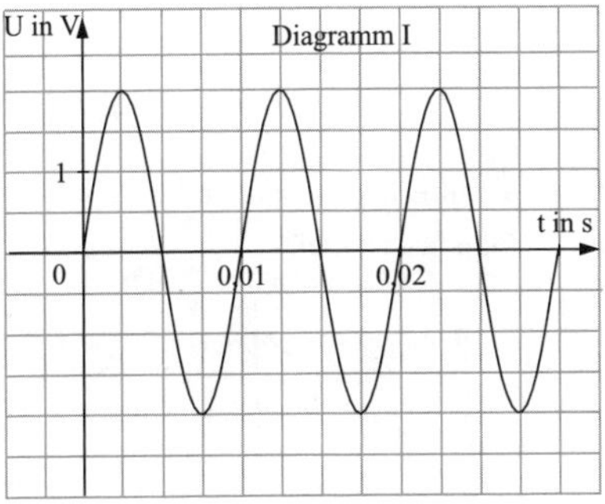


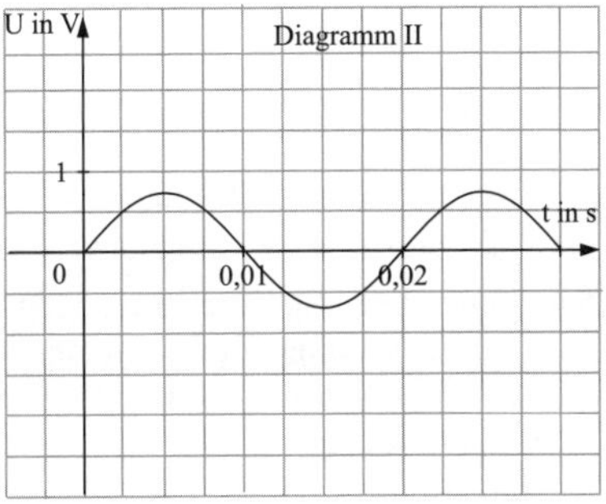


6.2.1 Ermitteln Sie die Periodendauer und die Frequenz des Tons aus dem Diagramm II. 3

6.2.2 Vergleichen Sie die in den Diagrammen I und II dargestellten Töne hinsichtlich der Eigenschaften Lautstärke und Tonhöhe. 2

6.3 Lauter Schall kann zu Gesundheitsschäden führen.
Beschreiben Sie eine solche Situation.
Geben Sie zwei Lärmschutzmaßnahmen an. 3

6.4 Kevin hat zu seinem Geburtstag ein Handy mit Radiofunktion geschenkt bekommen. Er hört oft seinen Lieblingssender auf der Frequenz 100,2 MHz.

6.4.1 Begründen Sie mithilfe einer Eigenschaft Hertz'scher Wellen, weshalb Kevin auch in der Wohnung mit seinem Handy telefonieren und Radio hören kann. 1

6.4.2 Bei seinem Urgroßvater findet Kevin ein altes Radio mit dem Wellenlängenbereich von 2 000 m bis 14 m.
Begründen Sie rechnerisch, dass Kevin seinen Lieblingssender mit diesem Radio nicht hören kann. 3

6.4.3 Kommunikationssatelliten empfangen und senden mithilfe Hertz' scher Wellen Telefonate und Fernsehprogramme.
Geben Sie einen Grund an, weshalb Schallwellen dafür ungeeignet sind. 1

6.5

*Immer weniger Telefongespräche und Fernsehsendungen werden heute mit Kupferkabeln übertragen. An deren Stelle sind Stränge aus reinstem Glas oder manchmal auch aus Kunststoff getreten, einige von ihnen zehnmal feiner als ein menschliches Haar. Das Glas ist so rein, dass man durch einen 20 km dicken Block wie durch eine Fensterscheiben blicken könnte. Glasfaserkabel, welche die Daten durch Totalreflexion von Licht übertragen, können mehr Informationen übermitteln als Kupferkabel.*
*Sie benötigen nur ein Zehntel des Platzes der Kupferkabel und sind preiswerter als diese.*
*Glasfaserkabel kann man als die Datenautobahnen der Informationstechnologie betrachten. Jede einzelne Glasfaser kann bis zu 10 Millionen Telefongespräche gleichzeitig übertragen. Dazu werden riesige Mengen digitaler Daten in Lichtimpulse umgewandelt. Töne, Bilder und Computerdaten können alle mit demselben Kabel übertragen werden. Da die Signale kaum Energie verlieren, benötigt man auch weniger Signalverstärker als bei Kupferkabeln.*

6.5.1 Geben Sie zwei Vorteile der Verwendung von Glasfaserkabeln gegenüber Kupferkabeln an. 2

6.5.2 Nennen Sie zwei Bedingungen, unter denen Totalreflexion stattfindet. 2

6.5.3 Skizzieren Sie den Strahlenverlauf in einem Glasfaserkabel. 1

6.5.4 Entscheiden Sie durch Rechnung, ob der Lichtstrahl in der Abbildung total reflektiert wird. Die Lichtgeschwindigkeit im Glas beträgt 197 000 $\frac{km}{s}$. 3

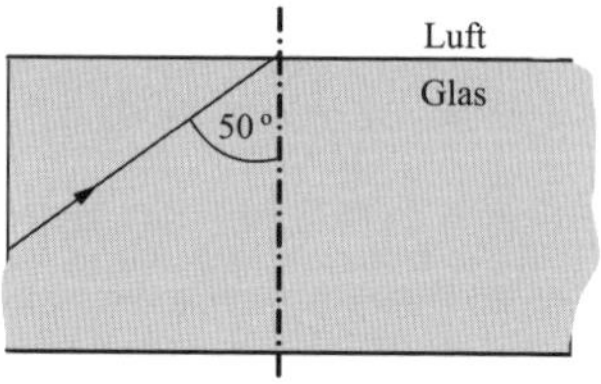


## Aufgabe 7: Eine Reise in das Universum

Seit Jahrhunderten träumen Menschen von Reisen zu anderen Himmelskörpern.

7.1 Der Mond fasziniert die Menschen durch seine Größe und seine wechselnde Gestalt.

7.1.1 Skizzieren Sie das Bild eines zunehmenden Mondes. 1

7.1.2 Am 09. 05. 2009 konnten Sie bei klarem Himmel einen Vollmond beobachten. In welcher Phase befindet sich der Mond zwei Woche später? 1

7.1.3 Geben Sie an, welche zwei Aussagen wahr sind.
a) Die Mondphasen entstehen durch den Schatten der Erde, der auf den Mond fällt.
b) Bei einer Mondfinsternis steht die Erde zwischen Sonne und Mond.
c) Eine Sonnenfinsternis kann nur bei Neumond stattfinden.
d) Galilei hat die Rückseite des Mondes als erster kartografisch erfasst. 2

7.2 In einem Roman von Jules Verne sollten im Jahr 1865 drei Menschen mit einer 275 m langen „Kanone“ in 0,05 s auf die Geschwindigkeit $11\,\frac{\text{km}}{\text{s}}$ beschleunigt werden, um zum Mond zu gelangen.

7.2.1 Geben Sie die Geschwindigkeit in $\frac{\text{km}}{\text{h}}$ an. 1

7.2.2 Berechnen Sie die Beschleunigung.
Beurteilen Sie Ihr Ergebnis im Vergleich mit der Belastungsgrenze beim Astronautentraining, die bei $120\,\frac{\text{m}}{\text{s}^2}$ liegt. 4

7.3 Im Jahr 1969 brachte eine Saturn-V-Rakete Menschen zum Mond. Sie hatte eine Startmasse von 2 900 t, davon 2 700 t Treib- und Sauerstoff.
Die Beschleunigung beim Start betrug $13\,\frac{\text{m}}{\text{s}^2}$.

7.3.1 Geben Sie zwei Energieumwandlungen im Raketentriebwerk an. 2

7.3.2 Berechnen Sie die Schubkraft der Rakete beim Start.

7.3.3 Das Bild zeigt das Geschwindigkeit-Zeit-Diagramm nach dem Start.
Beschreiben Sie die Bewegung der Rakete. 3

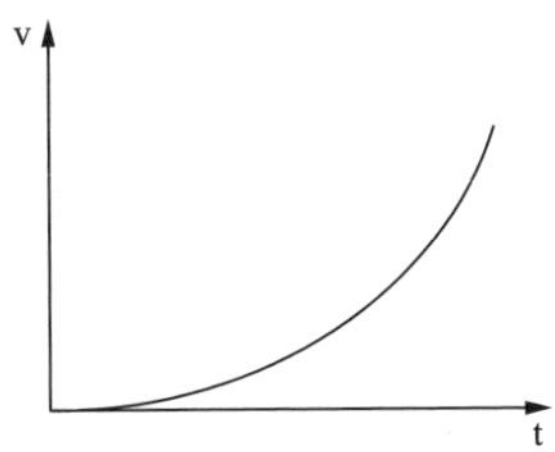


7.4 Die Raumsonde „Cassini“ startete im Oktober 1997 zum Saturn und umkreist diesen seit Juni 2004.

7.4.1 Ordnen sie den Saturn bezüglich seines Durchmessers und seiner Entfernung von der Sonne in die Planeten unseres Sonnensystems ein. 2

7.4.2 Beschreiben Sie die Bewegung des Saturns bei seinem Umlauf um die Sonne.
Gehen sie dabei auf Bahnform und Bahngeschwindigkeit ein. 2

7.4.3 Der Planet Saturn ist am 13. 05. 2009 um 23:00 Uhr in der Nähe des Sterns Regulus am Himmel zu sehen. Regulus ist ein Stern im Sternbild Löwe.
Ermitteln Sie Azimut und Höhe des Regulus zu dieser Zeit. 2

7.4.4 Beim Start der Raumsonde befanden sich 32 kg Plutonium zur Energieversorgung an Bord.
Erläutern Sie ein Sicherheitsrisiko. 2

7.5 Eine Reise zum Nachbarstern unserer Sonne, dem 4,2 Lichtjahre entfernten Proxima Centauri, ist zurzeit nicht realisierbar.

7.5.1 Geben Sie die Entfernung in Kilometer an. 1

7.5.2 Ein Funksignal wird zum Proxima Centauri gesendet.
Wann wäre frühestens mit einer Antwort zu rechnen? 2

## Tipps und Hinweise zu den Wahlaufgaben

### Tipps zu Aufgabe 5

*Teilaufgabe 5.1*

- Welche Größen müssen gemessen werden, um die Goldene Regel zu bestätigen?
- Welche Größen werden durch die Veränderung der Neigung beeinflusst?
- Welche Ergebnisse sind zu erwarten?

*Teilaufgabe 5.2.1 und 5.2.2*

- Veranschaulichen Sie den Sachverhalt mithilfe einer Skizze.
- In welchem Verhältnis stehen Höhe und Länge der geneigten Ebene?
- Welchen Einfluss hat das Verhältnis von Höhe und Länge auf das Verhältnis der wirkenden Kräfte?

*Teilaufgabe 5.3*

- Denken Sie an das Hebelgesetz.

### Tipps zu Aufgabe 6

*Teilaufgabe 6.1.1*

- Überlegen Sie zunächst, welche Eigenschaften Schallwellen haben und entscheiden Sie dann, welche Eigenschaft für das Messgerät genutzt wird.

*Teilaufgaben 6.1.2*

- Die Formel zur Berechnung der Länge/des Abstandes finden Sie in der Formelsammlung.
- Beachten Sie die Gültigkeitsbedingungen.

*Teilaufgabe 6.2.1*

- Was verstehen Sie unter „Periode"?
- Im Diagramm ist mehr als eine Periode gezeichnet.
- Welcher Zusammenhang besteht zwischen Periodendauer und Frequenz?

*Teilaufgabe 6.2.2*

- Ordnen Sie der Lautstärke und der Tonhöhe die entsprechenden physikalischen Größen im Diagramm zu.

*Teilaufgabe 6.4.1*

- Überlegen Sie zunächst, welche Eigenschaften Hertz'sche Wellen haben und entscheiden dann, welche Eigenschaft für den Sachverhalt in Frage kommt.

*Teilaufgabe 6.4.2*

- Suchen Sie die Gleichung zur Berechnung der Ausbreitungsgeschwindigkeit Hertz'scher Wellen in der Formelsammlung.
- Vergessen Sie nicht, nach dem Berechnen zu begründen.

*Teilaufgabe 6.4.3*

- Überlegen Sie, welche Voraussetzungen notwendig sind, damit sich Schallwellen ausbreiten können.

*Teilaufgabe 6.5.1*

- Entnehmen Sie die Vorteile dem Text.

*Teilaufgabe 6.5.3*

- Achten Sie in der Skizze auf Einfalls- und Reflexionswinkel.

*Teilaufgabe 6.5.4*

- Suchen Sie das Brechungsgesetz in der Formelsammlung.
- Überlegen Sie, welches Maß der Brechungswinkel bei Totalreflexion annimmt.
- Die Lichtgeschwindigkeit in Luft entnehmen Sie der Formelsammlung.

**Tipps zu Aufgabe 7**

*Teilaufgabe 7.1.1 bis 7.1.3*

- Zur Lösung dieser Aufgaben finden Sie Hinweise in der Formelsammlung.

*Teilaufgabe 7.2.1*

- Überlegen Sie, der wievielte Teil einer Stunde eine Sekunde ist.

*Teilaufgabe 7.2.2*

- Die Formel zur Berechnung der Beschleunigung finden Sie in der Formelsammlung.

*Teilaufgabe 7.3.2*

- Die Formel zur Berechnung der Schubkraft finden Sie in der Formelsammlung.
- Achten Sie auf passende Einheiten.

*Teilaufgabe 7.3.3*

- Welchen Zusammenhang zwischen Geschwindigkeit und Zeit erkennen Sie im Diagramm?
- Welchen Einfluss hat die Beschleunigung auf den Kurvenverlauf?

*Teilaufgabe 7.4.2*

- Denken Sie an die Kepler'schen Gesetze.

*Teilaufgabe 7.4.3*

- Ermitteln Sie die Daten mithilfe der drehbaren Sternkarte.

*Teilaufgabe 7.5.1*

- Die Umrechnung finden Sie in der Formelsammlung.

*Teilaufgabe 7.5.2*

- Denken Sie daran, dass das Signal den doppelten Weg zurücklegen muss.
- Geben Sie das Ergebnis in einer sinnvollen Einheit an.

## Lösungen zu den Wahlaufgaben

### Aufgabe 5

5.1 Schülerexperiment

*Vorbereitung:*
Goldene Regel der Mechanik: Was man an Kraft spart, muss man an Weg zusetzen.

*Skizze der Versuchsanordnung:*

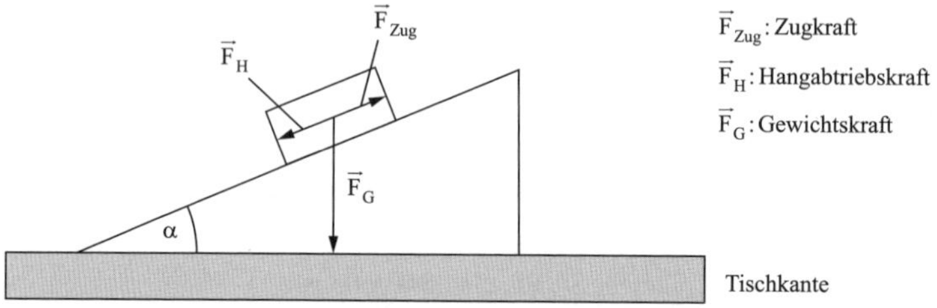


Messwertetabelle: (Beispiele für mögliche Messwerte)

| Nr. der Messung | $\ell$ in cm | $F_{Zug}$ in N | $W_{zug}$ in Ncm |
|---|---|---|---|
| 1 | 50 | 0,3 | 15 |
| 2 | 40 | 0,4 | 16 |
| 3 | 30 | 0,5 | 15 |
| 4 | 20 | 0,7 | 14 |

*Auswertung:*
Die Goldene Regel der Mechanik konnte bestätigt werden. Nimmt die Zugkraft ab, so verlängert sich der Weg. Die mechanischen Arbeiten sind annähernd gleich.

Mögliche Fehlerquelle: Der Federkraftmesser stand nicht exakt auf Null oder fehlerhafte Längenmessung.

5.2.1 Die Gewichtskraft des Quad mit Fahrer beträgt 2 400 N (m = 240 kg).
Die Auffahrrampe ist dreimal so lang, wie die Höhe der Ladefläche.

⇒ Die mindestens vom Motor aufzuwendende Kraft beträgt nur $\frac{1}{3}$ der Gewichtskraft also 800 N.

Bei dieser Rechnung ist die Reibung nicht berücksichtigt. Deshalb ist die tatsächlich aufzuwendende Kraft größer.

5.2.2 Der Neigungswinkel vergrößert sich. Die aufzuwendende Kraft wird größer.
Dadurch steigt die Belastung der Rampe.

5.3 a) richtig b) richtig c) falsch

5.4 feste Rolle: Änderung der Kraftrichtung
lose Rolle: Halbierung der zum Spannen der Oberleitung notwendigen Kraft.

**Aufgabe 6**

6.1.1 Eigenschaft: Reflexion
Der Abstand muss senkrecht gemessen werden. Wird schräg anvisiert, kommt das Signal nicht zum Gerät zurück.

6.1.2 *Berechnung:*

Ges.: s in m — Geg.: $v = 343\ \text{m} \cdot \text{s}^{-1}$, $t = 0{,}05\ \text{s}$

*Lösung:*

$$s = v \cdot t$$
$$= 343\ \text{m} \cdot \text{s}^{-1} \cdot 0{,}05\ \text{s}$$
$$= 17{,}15\ \text{m}$$

Die Schallwelle legt in der Zeit von 0,05 s den doppelten Weg zurück. Deshalb ist der Abstand nur halb so groß.

*Ergebnis:* Der Abstand beträgt 8,6 m.

6.2.1 Periodendauer aus Diagramm II abgelesen: 0,02 s

Berechnung der Frequenz aus der abgelesenen Periodendauer:

$$f = \frac{1}{T} \qquad (1\ \text{s}^{-1} = 1\ \text{Hz})$$
$$f = \frac{1}{0{,}02\ \text{s}} = 50\ \text{s}^{-1}$$

Die Frequenz beträgt 50 Hz.

6.2.2 Die Amplitude ist ein Maß für die Lautstärke. Der Ton in Diagramm I ist deshalb lauter. Die Frequenz beschreibt die Tonhöhe. Die Frequenz ist in Diagramm I größer, deshalb ist der Ton höher.

6.3 Das Arbeiten an lauten Maschinen kann zu Gesundheitsschäden führen. An diesen Maschinen arbeitende Personen müssen deshalb Gehörschutz tragen. Die Verwendung von schallschluckenden Materialien in Maschinenräumen verringert ebenso die Lärmbelastung.

6.4.1 Hertz'sche Wellen sind durchdringungsfähig. Handy- und Radioempfang sind deshalb auch in Gebäuden möglich.

6.4.2 Mithilfe der Gleichung für die Ausbreitungsgeschwindigkeit einer Welle $c = \lambda \cdot f$ kann zur Frequenz des Lieblingssenders die zugehörige Wellenlänge ausgerechnet werden:

$$\lambda = \frac{c}{f} = \frac{3 \cdot 10^8\ \text{m} \cdot \text{s}^{-1}}{100{,}2 \cdot 10^6\ \text{s}^{-1}} \qquad (1\ \text{s}^{-1} = 1\ \text{Hz})$$
$$\lambda = 3\ \text{m}$$

Diese Wellenlänge ist außerhalb des Wellenlängenbereichs des alten Radios. Der Lieblingssender kann deshalb nicht gehört werden.

6.4.3 Schall ist im Vakuum nicht ausbreitungsfähig. Die Satelliten sind im Weltall stationiert, wo Vakuum vorherrscht.

6.5.1 Zwei Vorteile sind: Es können mehr Informationen übermittelt werden und sie haben einen geringeren Platzbedarf.

6.5.2 *Bedingungen:*
- Das Licht muss von einem optisch dichteren in ein optisch dünneres Medium übergehen.
- Der Einfallswinkel muss größer sein als ein bestimmter Grenzwinkel.

6.5.3

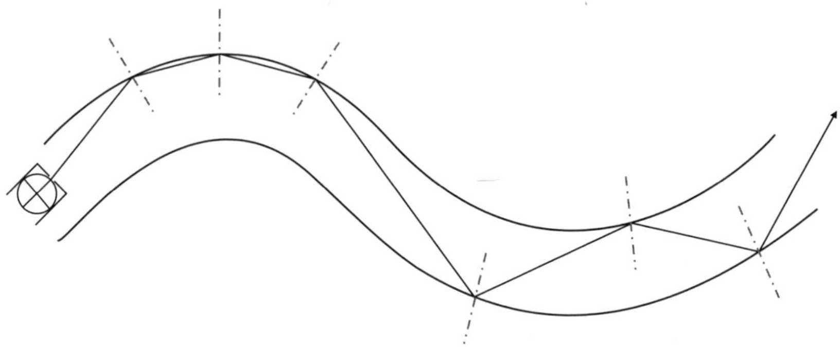

6.5.4 *Berechnung:*

Ges.: $\alpha_{Grenz}$

Geg.: $c_{Luft} = 299\,711\,\frac{km}{s}$

$c_{Glas} = 197\,000\,\frac{km}{s}$

$\beta = 90°$

*Lösung:*

$$\frac{\sin\alpha}{\sin\beta} = \frac{c_{Glas}}{c_{Luft}}$$

$$\sin\alpha = \frac{c_{Glas} \cdot \sin\beta}{c_{Luft}}$$

$$= \frac{197\,000\,\frac{km}{s} \cdot \sin 90°}{299\,711\,\frac{km}{s}}$$

$$= 0{,}657$$

$$\alpha_{Grenz} = 41°$$

*Ergebnis:*
Der angegebene Einfallswinkel liegt über dem Grenzwinkel. Es wird also Totalreflexion eintreten.

**Aufgabe 7**

7.1.1

7.1.2 Zwei Wochen später ist Neumond.

7.1.3 wahr sind b) und c)

7.2.1 $11\,\frac{\text{km}}{\text{s}} = 11\frac{\text{km}}{\frac{1}{3\,600}\,\text{h}} = 39\,600\,\frac{\text{km}}{\text{h}}$

7.2.2 *Berechnung:*

Ges.: a in $\frac{\text{m}}{\text{s}^2}$

Geg.: $\Delta v = 11\,\frac{\text{km}}{\text{s}} = 11\,000\,\frac{\text{m}}{\text{s}}$

$\Delta t = 0{,}05\ \text{s}$

*Lösung:*

$$a = \frac{\Delta v}{\Delta t}$$

$$= \frac{11\,000\,\frac{\text{m}}{\text{s}}}{0{,}05\ \text{s}}$$

$$= 220\,000\,\frac{\text{m}}{\text{s}^2}$$

*Ergebnis:*
Die Beschleunigung liegt weit über der Belastungsgrenze. Ein Mensch würde sie nicht aushalten.

7.3.1 Energieumwandlungen: $E_{chem} \Rightarrow E_{therm}$ und $E_{therm} \Rightarrow E_{kin}$

7.3.2 *Berechnung:*

Ges.: F in N

Geg.: $m = 2\,900\ \text{t} = 2{,}9 \cdot 10^6\ \text{kg}$

$a = 13\,\frac{\text{m}}{\text{s}^2}$

*Lösung:*

$$F = m \cdot a$$

$$= 2{,}9 \cdot 10^6 \text{ kg} \cdot 13 \frac{m}{s^2} \qquad \left(1 \frac{kg \cdot m}{s^2} = 1\text{ N}\right)$$

$$= 37{,}7 \cdot 10^6 \text{ N}$$

$$= 37{,}7 \text{ MN}$$

*Ergebnis:*
Es wirkt eine Schubkraft von rund 38 MN.

7.3.3 Die Geschwindigkeit der Rakete nimmt mit der Zeit zu. Die Rakete wird nicht gleichmäßig beschleunigt. Die Beschleunigung nimmt zu und deshalb wird die Geschwindigkeit nicht linear größer.

7.4.1 Der Saturn ist der zweitgrößte der Planeten des Sonnensystems. Bzgl. der Entfernung von der Sonne steht er an sechster Stelle.

7.4.2 Der Saturn bewegt sich auf einer eliptischen Bahn um die Sonne. Der Planet bewegt sich in Sonnennähe schneller als in Sonnenferne.

7.4.3 Azimut: 80° Höhe: 25°

7.4.4 Durch Explosion oder Verglühen in der Erdatmosphäre der Rakete könnte das Plutonium freigesetzt werden und zu einer radioaktiven Verseuchung führen. Feinste Staubpartikel könnten von Menschen eingeatmet werden und das Krebsrisiko erhöhen.

7.5.1

$$1\text{ Lj} = 9{,}46 \cdot 10^{15} \text{ m}$$

$$4{,}2\text{ Lj} = 4{,}2 \cdot 9{,}46 \cdot 10^{15} \text{ m}$$

$$= 3{,}97 \cdot 10^{16} \text{ m}$$

$$= 3{,}97 \cdot 10^{13} \text{ km}$$

Die Entfernung beträgt rund $4 \cdot 10^{13}$ km.

7.5.2 *Berechnung:*

Ges.: t in s

Geg.: $v = 3 \cdot 10^5 \frac{km}{s}$

$s = 4 \cdot 10^{13}$ km

*Lösung:*

$$t = \frac{s}{v}$$

$$= \frac{4 \cdot 10^{13} \text{ km}}{3 \cdot 10^5 \frac{km}{s}}$$

$$= 1{,}3 \cdot 10^8 \text{ s}$$

*Ergebnis:*
Wegen der doppelten Laufzeit würde sich eine Zeit von $2{,}6 \cdot 10^8$ s ergeben.
Das entspricht ungefähr 8,2 Jahren.

## Realschulabschluss 2010 Physik (Sachsen)
## Pflichtaufgaben

### Aufgabe 1: Elektrizitätslehre BE

Vom Lehrer wird Ihnen ein Experiment vorgeführt. Es sind eine Gleichspannungsquelle, ein unbekanntes Bauelement in einer Blackbox und eine Glühlampe in Reihe geschaltet.

1.1 Beobachten Sie jeweils die Glühlampe.
Notieren Sie Ihre Beobachtung. 1

1.2 Welches Bauelement befindet sich in der Blackbox?
Begründen Sie. 2

1.3 Zeichnen Sie einen Schaltplan der Experimentieranordnung mit dem von Ihnen erkannten Bauelement. 2

1.4 Geben Sie eine Anwendung des von Ihnen erkannten Bauelements an. 1

### Aufgabe 2: Optik

Ein Lichtstrahl tritt unter einem Einfallswinkel von 40° in ein mit Wasser gefülltes Gefäß ein. Auf dem Gefäßboden liegt ein Spiegel parallel zur Wasseroberfläche.

2.1 Berechnen Sie den Brechungswinkel beim Übergang des Lichts von Luft in Wasser. 3

2.2 Zeichnen Sie auf Ihr Arbeitsblatt den vollständigen Strahlenverlauf bis das Licht das Wasser wieder verlassen hat. 1

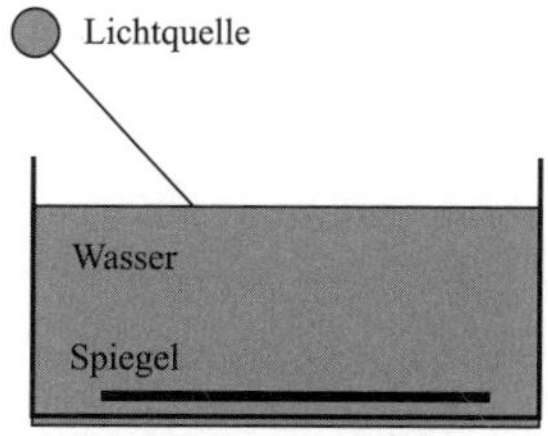

Abbildung nicht maßstäblich

### Aufgabe 3: Astronomie

In der Zeichnung sind die Koordinaten eines Sterns am 20. Februar um 01:15 Uhr mithilfe des Horizontsystems abgebildet.

3.1 Benennen Sie die Koordinaten. 2

3.2 Bestimmen Sie den Stern und das zugehörige Sternbild. 2

3.3 Ermitteln Sie Auf- und Untergangszeit des von Ihnen bestimmten Sterns. 2

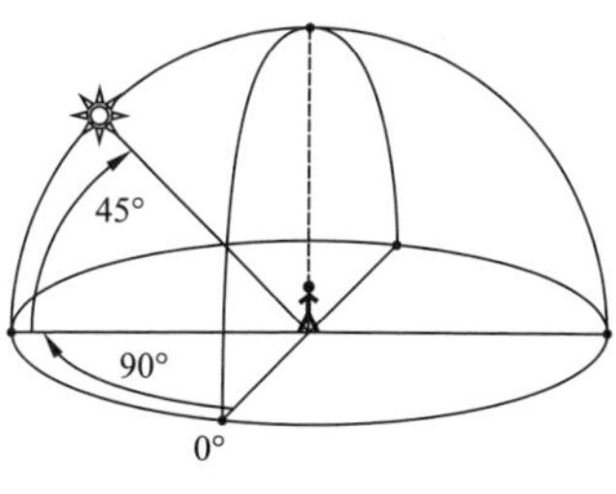

## Aufgabe 4: Mechanik

Das Diagramm zeigt den Bewegungsablauf eines Radfahrers.

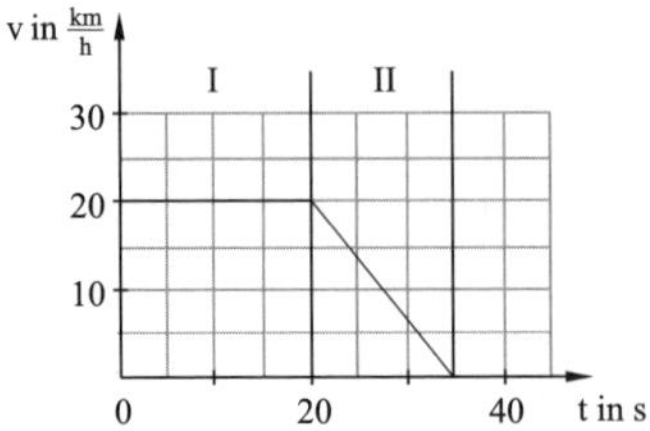


4.1 Bestimmen Sie jeweils die Bewegungsart in den Abschnitten I und II. 2

4.2 Ermitteln Sie den Weg, den der Radfahrer im Abschnitt I zurücklegt. 3

4.3 Berechnen Sie die Bremsbeschleunigung im Abschnitt II. 2

## Tipps und Hinweise zu den Pflichtaufgaben

### Tipps zu Aufgabe 1

- Überlegen Sie, welche Bauelemente im Gleichstromkreis den Strom nur in eine Richtung durchlassen.

### Tipps zu Aufgabe 2

*Teilaufgabe 2.1*

- Sie finden das Brechungsgesetz in der Formelsammlung.

*Teilaufgabe 2.2*

- Übernehmen Sie das Bild und achten Sie auf den vorgegebenen Einfallswinkel.
- Verwenden Sie den berechneten Brechungswinkel beim Zeichnen.
- Überlegen Sie, welcher Vorgang am Spiegel abläuft und welches Gesetz gilt.
- Die Winkel sind immer vom Lot aus zu zeichnen.

### Tipps zu Aufgabe 3

*Teilaufgabe 3.2*

- Drehen Sie die Scheiben der Sternkarte so lange, bis angegebene Uhrzeit und Datum übereinstimmen.
- Suchen Sie den Stern und das Sternbild mit den angegebenen Koordinaten.

*Teilaufgabe 3.3*

- Drehen Sie die Scheiben der Sternkarte so, dass der Stern Kastor im Osten gerade sichtbar wird. Lesen Sie die zugehörige Zeit am 20. Februar ab.
- Drehen Sie die Sternkarte weiter, bis der Stern gerade noch im Westen sichtbar ist und lesen Sie wieder die zugehörige Zeit ab.

### Tipps zu Aufgabe 4

*Teilaufgabe 4.1*

- Welche Zusammenhänge sind im Diagramm dargestellt?

*Teilaufgabe 4.2 und 4.3*

- Lesen Sie die benötigten Werte aus dem Diagramm ab. Rechnen Sie $\frac{\text{km}}{\text{h}}$ in $\frac{\text{m}}{\text{s}}$ um.
- Suchen Sie die entsprechenden Formeln in der Formelsammlung.

## Lösungen zu den Pflichtaufgaben

### Aufgabe 1

1.1 *Beobachtung:*

I Der Stromkreis wird geschlossen und die Lampe leuchtet nicht.

II Die Pole an der Spannungsquelle werden getauscht, der Stromkreis geschlossen und die Lampe leuchtet.

1.2 Das unbekannte Bauelement ist eine Diode.
*Begründung:*
Die Diode hat eine Durchlass- und eine Sperrrichtung. Bei der Verwendung einer Gleichspannungsquelle wird also nur in einer Richtung der Strom durchgelassen und die Lampe kann leuchten.

1.3

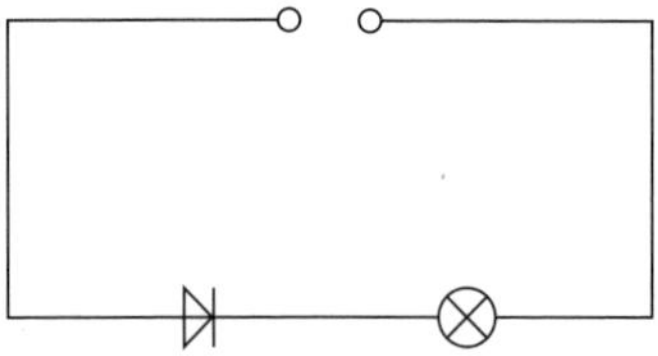

1.4 *Eine mögliche Anwendung:*
Die Diode wird zur Gleichrichtung von Strom eingesetzt.

### Aufgabe 2

2.1 *Berechnung:*

Ges.: $\beta$

Geg.: $\alpha = 40°$

$c_{Luft} = 300\,000\,\frac{km}{s}$

$c_{Wasser} = 224\,000\,\frac{km}{s}$

*Lösung:*

$$\frac{\sin\alpha}{\sin\beta} = \frac{c_{Luft}}{c_{Wassert}}$$

$$\sin\beta = \frac{\sin\alpha \cdot c_{Wasser}}{c_{Luft}}$$

$$= \frac{\sin 40° \cdot 224\,000\,\frac{km}{s}}{300\,000\,\frac{km}{s}}$$

$$= 0{,}48$$

$$\beta = 28{,}6° \approx 29°$$

*Ergebnis:* Der Brechungswinkel beträgt 29°.

2.2

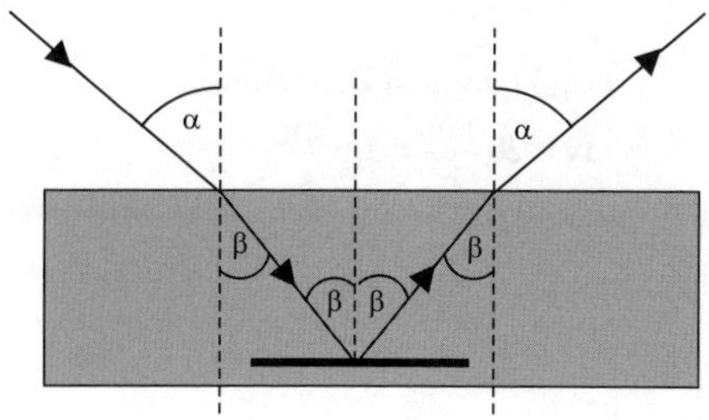


**Aufgabe 3**

3.1 Azimut: 90° Höhe: 45°

3.2 Stern Kastor im Sternbild Zwillinge

3.3 Aufgangszeit: 12:15 Uhr Untergangszeit: 7:00 Uhr

**Aufgabe 4**

4.1 Abschnitt I: Die Geschwindigkeit ist konstant, deshalb ist es eine gleichförmige Bewegung.
Abschnitt II: Die Geschwindigkeit nimmt gleichmäßig ab, deshalb ist es eine gleichmäßig verzögerte (negativ beschleunigte) Bewegung.

4.2 *Berechnung:*
Ges: s in m

Geg: (aus dem Diagramm)

$t = 20\,s$

$v = 20\,\frac{km}{h} = 5{,}6\,\frac{m}{s}$

*Lösung:*

$s = v \cdot t$

$= 5{,}6\,\frac{m}{s} \cdot 20\,s$

$= 112\,m$

*Ergebnis:* Mit konstanter Geschwindigkeit werden 112 m zurückgelegt.

4.3 *Berechnung:*

Ges.: a in $\frac{m}{s^2}$

Geg.: (aus dem Diagramm)

$\Delta v = 20\,\frac{km}{h} = 5{,}6\,\frac{m}{s}$

$\Delta t = 15\,s$

*Lösung:*

$$a = \frac{\Delta v}{\Delta t}$$

$$= \frac{5{,}6\,\frac{m}{s}}{15\,s}$$

$$= 0{,}37\,\frac{m}{s^2}$$

*Ergebnis*: Das Fahrrad wird mit $0{,}4\,\frac{m}{s^2}$ abgebremst.

## Realschulabschluss 2010 Physik (Sachsen)
## Wahlaufgaben

**Von den folgenden Aufgaben 5, 6 und 7 haben Sie nur eine zu lösen.**

**Aufgabe 5: Wärme und Wärmekraftmaschinen** BE

5.1 Schülerexperiment

*Aufgabe:*
Untersuchen Sie den Temperaturverlauf beim Abkühlen von 100 g heißem Wasser in einem Zeitraum von 5 min.

*Vorbereitung:*
1. Die Temperatur ist in Abständen von 30 s zu messen.
2. Bereiten Sie eine entsprechende Messwerttabelle vor. 1

*Durchführung:*
1. Fordern Sie die vom Lehrer bereitgestellten Geräte und das heiße Wasser an.
2. Führen Sie die Messungen durch und notieren Sie die Messwerte. 2

*Auswertung:*
1. Stellen Sie die Temperatur des Wassers in Abhängigkeit von der Zeit in einem Diagramm dar. 3
2. Formulieren Sie in Worten den Zusammenhang zwischen den beiden Größen. 1

5.2 Beim Schülerexperiment findet eine Wärmeabgabe statt.

5.2.1 Bestimmen Sie die Temperaturdifferenz zwischen Anfangs- und Endtemperatur. 1

5.2.2 Berechnen Sie die Wärme, die das Wasser während des Experiments abgegeben hat. 3

5.2.3 Nennen Sie zwei Körper, die die vom Wasser abgegebene Wärme aufgenommen haben. 2

5.2.4 In Ihrem Experiment verwendeten Sie einen Messbecher aus Glas.
Jeder Glasbläser lernt während seiner Ausbildung folgende Regeln:
- Man kann wenige Zentimeter von einer geschmolzenen Stelle entfernt das Glas berühren.
- Man darf über einen längeren Zeitraum die wieder erstarrte Glasstelle nicht berühren.

Begründen Sie eine Regel aus physikalischer Sicht. 2

5.3 Thermosgefäße sorgen dafür, dass Heißgetränke lange warm bleiben.

5.3.1 Beschreiben Sie den Aufbau eines solchen Gefäßes. 2

5.3.2 Erläutern Sie, wie dabei die Wärmeübertragung an die Umgebung vermindert wird. 3

5.4 Der meistgenutzte Antrieb für Personenkraftwagen in Deutschland ist der Viertakt-Ottomotor.

5.4.1 Benennen Sie vier der in der Skizze gekennzeichneten Teile des Motors. 2

5.4.2 Beschreiben Sie die Vorgänge im dargestellten Takt. 3

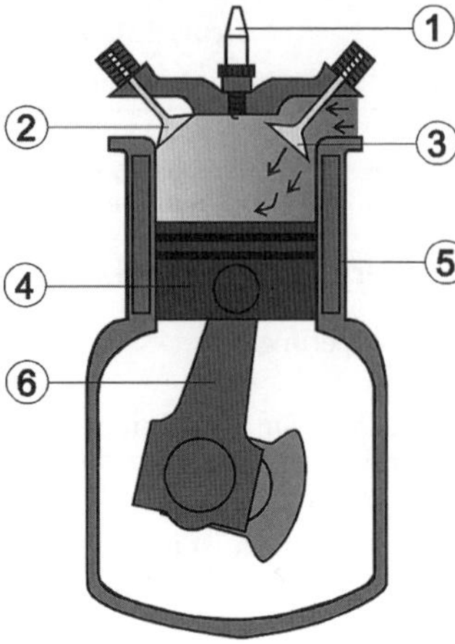


**Aufgabe 6: Elektrizitätslehre**

6.1 Bei einem Experiment wurde für ein elektrisches Bauelement die folgende Messwerttabelle erstellt. Die Spannung am Bauelement war konstant 10 V.

| $\vartheta$ in °C | 20 | 25 | 30 | 40 | 50 | 55 |
|---|---|---|---|---|---|---|
| I in mA | 65 | 100 | 155 | 280 | 520 | 660 |

6.1.1 Zeichnen Sie ein zugehöriges I($\vartheta$)-Diagramm. 3

6.1.2 Beschreiben Sie den Einfluss der Temperatur auf die elektrische Stromstärke und den elektrischen Widerstand des Bauelements. 2

6.1.3 Berechnen Sie den elektrischen Widerstand des Bauelements bei zwei verschiedenen Temperaturen. 3

6.1.4 Um welches Bauelement könnte es sich handeln? 1

6.2 Nach einem EU-Beschluss sollen herkömmliche Glühlampen schrittweise durch Energiesparlampen ersetzt werden. Eine 20-W-Energiesparlampe erzeugt die gleiche Helligkeit wie eine 100-W-Glühlampe.

6.2.1 Berechnen Sie die jährliche Einsparung an Energiekosten für eine solche Lampe. Gehen Sie von 750 Betriebsstunden im Jahr und 0,22 € pro Kilowattstunde aus. 3

6.2.2 Der Wirkungsgrad der 100-W-Glühlampe beträgt 5 %. Entscheiden Sie, ob der Wirkungsgrad einer 20-W-Energiesparlampe

a) 1 %,
b) 25 %,
c) 50 %
d) 100 %

beträgt. 1

6.2.3 Eine Form moderner Lichtquellen sind Leuchtdioden (LED).
Nennen Sie zwei Vorteile gegenüber anderen Lampen. 2

6.3 Mithilfe eines Generators soll eine Gleichspannung erzeugt werden.

6.3.1 Beschreiben Sie den prinzipiellen Aufbau eines solchen Generators. 3

6.3.2 Erläutern Sie seine Wirkungsweise. 3

6.4 Der nebenstehende Schaltplan zeigt ein einfaches Ladegerät, mit dem ein Nickel-Metallhybrid-Akkumulator am Netz geladen werden kann.
Nennen Sie zwei der dargestellten Bauteile und erläutern Sie jeweils deren Funktion. 4

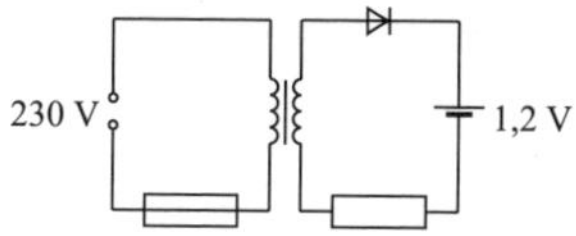


**Aufgabe 7: Energie, Umwelt, Mensch**

In den Hochalpen Österreichs lassen sich zahlreiche physikalische Kenntnisse anwenden.

7.1 Die Kapruner Hochgebirgsstauseen im Nationalpark Hohe Tauern erreichen Besucher mit Bus und Aufzug. Die Fahrt im größten offenen Schrägaufzug Europas beginnt in 1209 m Höhe.
Einer Informationstafel sind folgende Angaben zum Aufzug zu entnehmen:

| | |
|---|---|
| Talstation: | 1 209 m |
| Bergstation: | 1 640 m |
| Streckenlänge: | 820 m |
| Fahrgeschwindigkeit: | 3 m/s |
| Maximale Nutzlast: | 65 t |

7.1.1 Um welche kraftumformende Einrichtung handelt es sich hier? 1
Fertigen Sie eine Skizze an, in der Sie Höhenunterschied und Streckenlänge angeben. 3

7.1.2 Am 03. 07. 1970 war im Hamburger Abendblatt über diesen Aufzug zu lesen:
„… Dort gleitet ein Treppenwagen steil nach oben. Binnen 9 Minuten werden 140 Fahrgäste 431 Meter höhergezogen. …“
Überprüfen Sie mit den Größen aus der Informationstafel, ob die Textangabe zur Fahrzeit noch aktuell ist. 3

7.1.3 Berechnen Sie die Hubarbeit bei maximaler Nutzlast. 3
Begründen Sie, warum die tatsächlich zu verrichtende Arbeit größer ist. 1

7.2 Die Kapruner Stauseen mit ihren Staumauern speichern Niederschlags- und Gletscherwasser. In zwei Wasserkraftwerken wird elektrische Energie erzeugt. Das herunter strömende Wasser treibt Turbinen mit der Gesamtleistung 332 800 kW an.

7.2.1 Beschreiben Sie die Energieumwandlung und die Energieübertragung im Wasserkraftwerk mithilfe der Aggregate Turbine, Generator und Transformator. 3

7.2.2 Geben Sie die elektrische Energie an, die in einer Stunde von den Kraftwerken erzeugt werden kann. 1

7.2.3 Beurteilen Sie die Nutzung von Wasserkraftwerken zur Energiegewinnung. 2

7.3 Mithilfe von Solarzellen wird in einer 60 m$^2$ großen Photovoltaik-Anlage auf der Krone der Mooser-Talsperre elektrischer Strom gewonnen.

7.3.1 Geben Sie die in den Solarzellen gewünschte Energieumwandlung an. 1

7.3.2 Der Wirkungsgrad der Anlage beträgt 6 %.
Erläutern Sie diese Angabe. 2

7.3.3 Geben Sie einen Vorteil und einen Nachteil dieser Art der Energiegewinnung an. 2

7.4 Eine Besucherin (85 kg) und ihr Partner (95 kg) wandern in fünf Stunden von der Mooser-Staumauer zu einer 762 m höher gelegenen Skihütte.

7.4.1 Nennen Sie eine Art der mechanischen Arbeit, die während der Wanderung verrichtet wird. 1

7.4.2 Vergleichen Sie die durchschnittlichen mechanischen Leistungen der beiden Personen. 1
Erklären Sie den Unterschied. 2

---

## Tipps und Hinweise zu den Wahlaufgaben

### Tipps zu Aufgabe 5

*Teilaufgabe 5.1*

- Welches Ergebnis ist zu erwarten?

*Teilaufgabe 5.2.2*

- Die Formel zur Berechnung der Wärme finden Sie in der Formelsammlung.
- Wandeln Sie die Einheiten der gegebenen Größen in zueinander passende Einheiten um.
- Setzen Sie in die Formel Maßzahl und Maßeinheit ein. Machen Sie die Einheitenprobe.

*Teilaufgabe 5.2.4*

- Welche Eigenschaft hat Glas bezüglich der Wärmeleitfähigkeit?

*Teilaufgabe 5.3.2*

- Gehen Sie vom Aufbau aus und überlegen Sie, welchen Einfluss dieser Aufbau auf die Wärmeleitfähigkeit hat.

*Teilaufgabe 5.4.2*

- Welcher Vorgang wird durch die Pfeile in der Skizze angedeutet?
- Unterscheiden Sie bei Ihrer Erläuterung zwischen Ursache und Wirkung.

**Tipps zu Aufgabe 6**

*Teilaufgabe 6.1.1*

- Wählen Sie eine geeignete Achseneinteilung.

*Teilaufgaben 6.1.2*

- Wie verändert sich die Stromstärke mit steigender Temperatur?
- Welcher Zusammenhang besteht zwischen Stromstärke und Widerstand?

*Teilaufgaben 6.1.3*

- Die Formel zur Berechnung des Widerstandes finden Sie in der Formelsammlung.
- Wählen Sie zwei beliebige Temperaturen aus und berechnen Sie den zugehörigen Widerstand.
- Die Spannung bleibt konstant.

*Teilaufgabe 6.2.1*

- Berechnen Sie zunächst die eingesparte Energie.

*Teilaufgabe 6.3.2*

- Überlegen Sie, welche Funktion die einzelnen Bauteile haben.

**Tipps zu Aufgabe 7**

*Teilaufgabe 7.1.2*

- Berechnen Sie die Zeit, die der Aufzug laut Informationstafel benötigt.
- Vergleichen Sie das Ergebnis mit der im Zeitungsartikel angegebenen Zeit.

*Teilaufgabe 7.1.3*

- Die Formel zur Berechnung der Hubarbeit finden Sie in der Formelsammlung.
- Welche unerwünschte Erscheinung tritt bei allen Bewegungsvorgängen auf?

*Teilaufgabe 7.2.1*

- Geben Sie für jedes Aggregat die zugeführte und abgegebene Energieart an.

*Teilaufgabe 7.3.2*

- Was gibt der Wirkungsgrad an?

*Teilaufgabe 7.4.2*

- Von welchen physikalischen Größen hängt die mechanische Leistung ab?

## Lösungen zu den Wahlaufgaben

### Aufgabe 5

5.1 Schülerexperiment

*Durchführung:*

Messwertetabelle: (Beispiele für mögliche Messwerte)

| t in s | 0 | 30 | 60 | 90 | 120 | 150 | 180 | 210 | 240 | 270 | 300 |
|---|---|---|---|---|---|---|---|---|---|---|---|
| $\vartheta$ in °C | 78,0 | 76,0 | 74,0 | 72,5 | 71,0 | 69,5 | 68,0 | 66,5 | 65,0 | 64,0 | 63,0 |

*Auswertung:*

1. Temperatur-Zeit-Diagramm

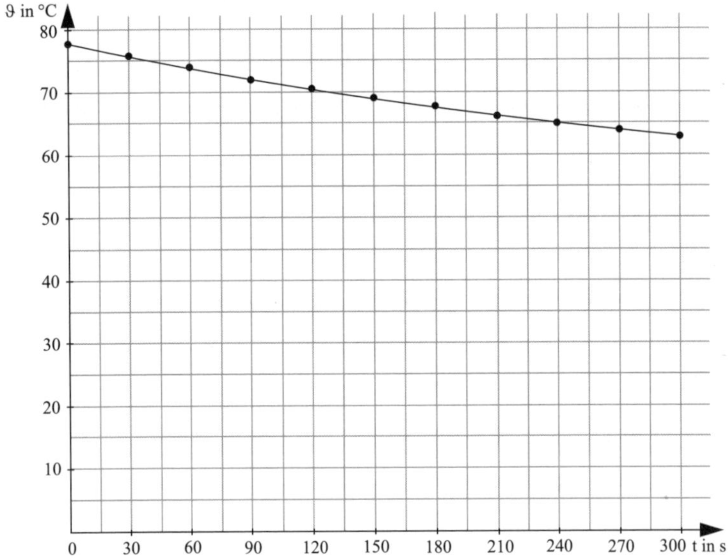


2. Mit zunehmender Zeit nimmt die Temperatur ab. Die Abnahme der Temperatur verlangsamt sich.

5.2.1 Temperaturdifferenz $\Delta T = 15\ K$

5.2.2 *Berechnung:*

Ges.: $Q_{ab}$ in kJ

Geg.: $c = 4{,}19\ kJ \cdot kg^{-1} \cdot K^{-1}$
$m = 100\ g = 0{,}1\ kg$
$\Delta T = 15\ K$

*Lösung:*

$$Q_{ab} = c \cdot m \cdot \Delta T$$
$$= 4{,}19\ kJ \cdot kg^{-1} \cdot K^{-1} \cdot 0{,}1\ kg \cdot 15K$$
$$= 6{,}285\ kJ$$

*Ergebnis:* Vom Wasser wird eine Energie von 6 kJ abgegeben.

5.2.3 Becherglas, Umgebung

5.2.4 Regel: *„Man kann wenige Zentimeter von einer geschmolzenen Stelle entfernt das Glas berühren."*
Begründung: Glas ist ein sehr schlechter Wärmeleiter. Die Wärme kann also von der geschmolzenen Stelle nicht „wegtransportiert" werden.
Für Regel 2 gilt die Begründung ebenso.

5.3.1 Im Inneren eines Thermosgefäßes befindet sich ein doppelwandiges Glasgefäß. Zwischen dessen inneren und äußeren Glaswand befindet sich ein Vakuum. Die sichtbaren Glaswände sind verspiegelt. Die äußere Hülle besteht meist aus einem Plastik- oder Metallbehälter mit Verschluss.

5.3.2 Die Verspiegelung des Innenraums des Thermosgefäßes führt zu einer Reflexion der Wärmestrahlung in den Innenraum. Das Vakuum zwischen innerer und äußerer Glaswand vermindert die Wärmeleitung. Die äußere Hülle und der Verschluss sorgen für eine weitere Minderung der Wärmeübertragung.

5.4.1 **1** Zündkerze; **2** Auslassventil; **3** Einlassventil; **4** Kolben; **5** Zylinder; **6** Pleuelstange

5.4.2 Im Bild ist das Einlassventil geöffnet. Der Kolben bewegt sich nach unten. Im Zylinder entsteht ein Unterdruck, das Kraftstoff-Luft-Gemisch wird angesaugt. Das ist der 1. Takt, der auch als Ansaugtakt bezeichnet wird.

## Aufgabe 6

6.1.1 Stromstärke-Temperatur-Diagramm

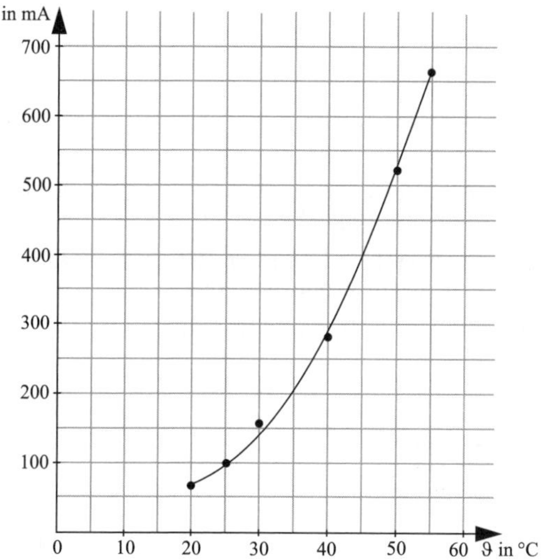


6.1.2 Mit steigender Temperatur nimmt die Stromstärke zu und der Widerstand ab.

6.1.3 *Berechnung:*

Ges.: $R_1$ in $\Omega$ Geg.: $U = 10\ V$

$R_2$ in $\Omega$ $I_1 = 100\ mA = 0{,}1\ A$

$I_2 = 660\ mA = 0{,}66\ A$

*Lösung:*

$$R = \frac{U}{I}$$

$$R_1 = \frac{10\ V}{0{,}1\ A} = 100\ \Omega \qquad R_2 = \frac{10\ V}{0{,}66\ A} = 15{,}2\ \Omega$$

*Ergebnis:* Der Widerstand beträgt bei 25 °C 100 Ω und bei 55 °C 15,2 Ω.

6.1.4 Halbleiterbauelemente haben die Eigenschaft, dass mit zunehmender Temperatur der Widerstand abnimmt.

6.2.1 *Berechnung:*

Ges.: Kosten in € Geg.: $P = 80\ W$

$t = 750\ h$

$1\ kW \mathrel{\hat{=}} 0{,}22\ €$

*Lösung:*

$$W_{el} = P \cdot t = 80\ W \cdot 750\ h = 60\,000\ Wh = 60\ kWh$$

Kosten: 60 kWh · 0,22 €/kWh = 13,20 €

*Ergebnis:* Die gesparten Kosten betragen 13,20 €

6.2.2 Ergebnis b
25 %. Für die gleiche Helligkeit benötigt die Energiesparlampe nur ein Fünftel der Energie, also ist der Wirkungsgrad 5-mal so groß.

6.2.3 Leuchtdioden benötigen weniger Energie bei gleicher Helligkeit (bezogen auf herkömmliche Lichtquellen). Die Wärmeentwicklung ist geringer.

6.3.1 Der Generator besteht aus folgenden wesentlichen Teilen: Stator mit Spulen, Rotor mit Spulen, Schleifringe.

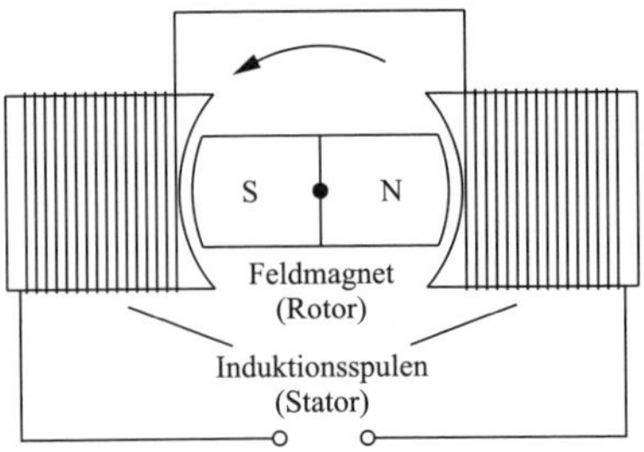

6.3.2 *Wirkungsweise:*
Über die Schleifringe wird den Rotorspulen Gleichstrom zugeführt. In den Spulen wird ein Magnetfeld aufgebaut. Rotiert der Elektromagnet wird in den feststehenden Statorspulen eine Wechselspannung induziert. Anstelle des Elektromagneten kann auch ein Dauermagnet eingesetzt werden. Da der Generator eine Gleichspannung erzeugen soll, ist eine anschließende Gleichrichtung des Wechselstromes erforderlich.

6.4 Diode: Der Wechselstrom wird gleichgerichtet, d. h. nur in einer Richtung durchgelassen.
Transformator: Die Netzspannung wird auf die Ladespannung transformiert.
Sicherung: Bei Überschreitung einer bestimmten Stromstärke wird der Stromkreis unterbrochen.

**Aufgabe 7**

7.1.1 Geneigte Ebene
Skizze:

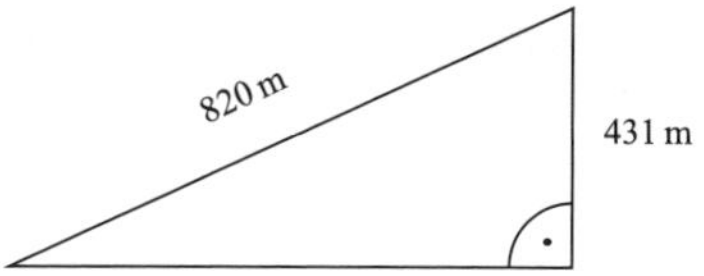


7.1.2 *Berechnung:*
Ges.: t in min

Geg.: $s = 820\,\text{m}$

$v = 3\,\frac{\text{m}}{\text{s}}$

*Lösung:*

$$s = v \cdot t$$

$$t = \frac{s}{v} = \frac{820\,\text{m}}{3\,\frac{\text{m}}{\text{s}}} = 273\,\text{s} = 4{,}6\,\text{min}$$

*Ergebnis:* Die Fahrzeit hat sich inzwischen ca. auf die Hälfte verkürzt. Sie ist also nicht mehr aktuell.

7.1.3 *Berechnung:*
Ges.: $W_{Hub}$ in J

Geg.: $h = 431\,\text{m}$

$m = 65\,\text{t} = 65\,000\,\text{kg}$

*Lösung:*

$$W_{Hub} = m \cdot g \cdot h$$

$$= 65\,000\,\text{kg} \cdot 9{,}81\,\frac{\text{m}}{\text{s}^2} \cdot 431\,\text{m} \qquad \left(1\frac{\text{kg} \cdot \text{m}^2}{\text{s}^2} = 1\,\text{N} \cdot \text{m} = 1\,\text{J}\right)$$

$$= 275\,000\,000\,\text{J}$$

$$= 275\,\text{MJ}$$

*Ergebnis:* Die Hubarbeit beträgt 275 MJ. Die tatsächliche Hubarbeit ist größer, weil zusätzlich Reibungsarbeit zu verrichten ist.

7.2.1

| Aggregate | Energieumwandlungen | Energieübertragung |
|---|---|---|
| Turbine | mechanische Energie des Wassers in mechanische Energie der Turbine | vom fallenden Wasser auf die Turbine |
| Generator | mechanische Energie der Turbine in elektrische Energie | von der Turbine auf den Generator |
| Transformator | elektrische Energie des Primärkreises in elektrische Energie des Sekundär-kreises | vom Generator auf den Primär-kreis des Transformators. |

7.2.2 Elektrische Energie in einer Stunde: 332 800 kW · 1 h = 332 800 kWh = 332,8 MWh

7.2.3 Diese Art der Energiegewinnung ist sehr umweltfreundlich. Wasserkraft zählt zu den erneuerbaren Energien. Zum Bau dieser Anlagen werden allerdings sehr große Flächen benötigt, d. h. ein erheblicher Eingriff in die Natur findet statt.

7.3.1 Lichtenergie wird in elektrische Energie umgewandelt.

7.3.2 Der Wirkungsgrad gibt das Verhältnis von aufgenommener zu nutzbarer Energie an. Nur 6 % der Gesamtenergie können genutzt werden.

7.3.3 Vorteil: Die Energiegewinnung erfolgt ohne Belastung der Umwelt.
Nachteil: Die Energiegewinnung ist von der Sonneneinstrahlung abhängig.

7.4.1 Es wird zum Beispiel Hubarbeit verrichtet.

7.4.2 Die durchschnittliche Leistung des Partners ist höher.

*Erklärung:*
Die Leistung gibt an, wie schnell eine mechanische Arbeit verrichtet wird.
Die Zeit und die zu überwindende Höhe sind für beide gleich. Der Partner hat aber eine Masse von 10 kg mehr zu bewältigen. Er hat also in der gleichen Zeit eine größere Arbeit zu verrichten.

## Realschulabschluss 2011 Physik (Sachsen)
## Pflichtaufgaben

### Aufgabe 1: Schwingungen BE

Vom Lehrer wird Ihnen ein Experiment vorgeführt.
Einem drehbar gelagerten Stativstab wird einmalig Energie zugeführt.

1.1 Beobachten Sie die Amplitude des schwingenden Stabes. (Betrachten Sie dabei das untere Ende des Stabes.) Notieren Sie Ihr Beobachtungsergebnis. 1

1.2 Entscheiden Sie, welche Schwingungsart vorliegt. 1

1.3 Skizzieren Sie ein zugehöriges y(t)-Diagramm für mindestens drei Perioden. 3

1.4 Geben Sie eine auftretende Energieumwandlung an. 1

### Aufgabe 2: Kernphysik

Radioaktive Elemente zerfallen unter Abgabe radioaktiver Strahlung.

2.1 Nennen Sie eine Art radioaktiver Teilchenstrahlung.
Welche Teilchen sind Bestandteil der von Ihnen genannten Strahlung? 2

2.2 Nennen Sie eine Nachweismöglichkeit für radioaktive Strahlung. 1

2.3 Bestimmen Sie aus dem Diagramm die Halbwertszeit von Cäsium.
Was bedeutet diese Angabe? 2

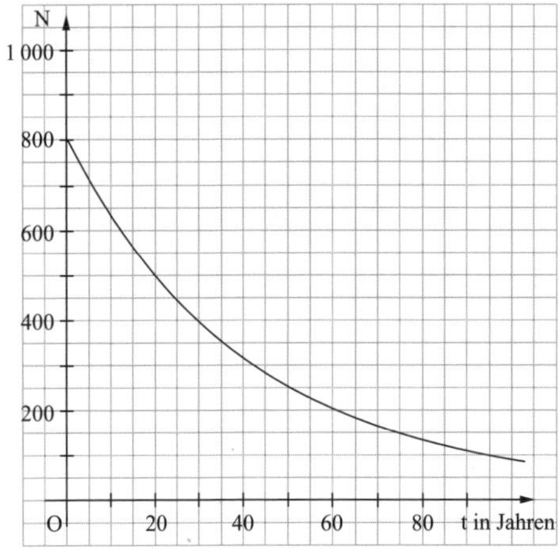


N Anzahl der Atomkerne des radioaktiven Stoffes

t Zeit

## Aufgabe 3: Astronomie

3.1 Bestimmen Sie mithilfe der drehbaren Sternkarte Azimut und Höhe des Sterns Wega (Sternbild Leier) am 20. August um 24:00 Uhr. 2

3.2 Die Abbildung zeigt vereinfacht die Erde auf ihrer Umlaufbahn um die Sonne.
An welcher der angegebenen Positionen ist die Geschwindigkeit der Erde am größten? 1
Begründen Sie mithilfe eines physikalischen Gesetzes. 2

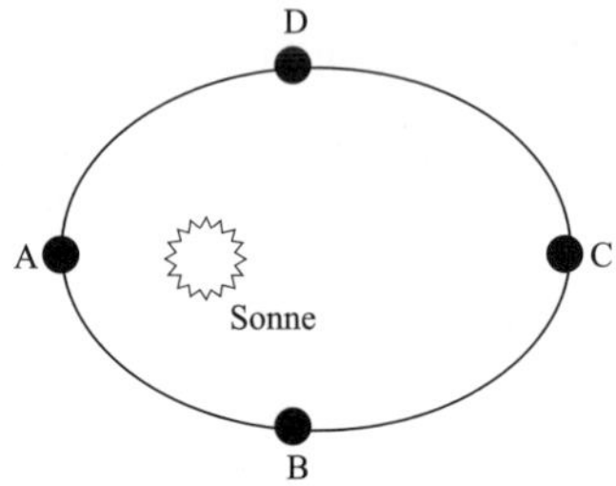


3.3 Die Erde legt in einem Jahr etwa 940 Millionen Kilometer zurück.
Berechnen Sie die mittlere Geschwindigkeit der Erde in $\frac{km}{h}$. 2

## Aufgabe 4: Optik

Eine Kerzenflamme wird mithilfe einer Sammellinse auf einem Schirm abgebildet.
Die Flamme ist 1,7 cm hoch und 5,0 cm von der Linse entfernt.
Die Brennweite der Sammellinse beträgt 3,0 cm.

4.1 Ermitteln Sie durch Zeichnung das Bild der Kerzenflamme. 4

4.2 Geben Sie Bildgröße und Bildweite an. 2

4.3 Nennen Sie eine Anwendung von Sammellinsen. 1

## Tipps und Hinweise zu den Pflichtaufgaben

### Tipps zu Aufgabe 1

*Teilaufgabe 1.3*

- Beschriften Sie die Achsen im Diagramm.
- Wie wird eine Periode der Schwingung dargestellt?
- Welche Größe ändert sich, welche Größe bleibt konstant?

### Tipps zu Aufgabe 2

*Teilaufgabe 2.1*

- Welche Arten radioaktiver Strahlung sind Ihnen bekannt?
- Welche davon sind Teilchenstrahlungen?

*Teilaufgabe 2.3*

- Betrachten Sie die Abnahme der Anzahl der Atomkerne und die zugehörige Zeit.
- Lesen Sie das Maximum der Anzahl der Atomkerne aus dem Schaubild ab.
- Berechnen Sie die Hälfte des Maximums der Atomkerne ($\frac{1}{2}\,N_{max}$) und lesen Sie ab, bei welcher Zeit $\frac{1}{2}\,N_{max}$ erreicht ist.

### Tipps zu Aufgabe 3

*Teilaufgabe 3.1*

- Drehen Sie die Scheiben der Sternkarte so lange, bis angegebene Uhrzeit und Datum übereinstimmen.
- Suchen Sie den Stern und das Sternbild mit den angegebenen Koordinaten.

*Teilaufgabe 3.2*

- Überlegen Sie, warum sich auf der Umlaufbahn die Geschwindigkeit der Erde ändert.

*Teilaufgabe 3.3*

- Achten Sie auf passende Einheiten.

### Tipps zu Aufgabe 4

*Teilaufgabe 4.1*

- Zeichnen Sie maßstabsgetreu. Die Größen sind so angegeben, dass Sie alles in Originalgröße zeichnen können.
- Zeichnen Sie die optische Achse, die Linse in der Hauptebene, die Brennpunkte und den Gegenstand.
- Welche Strahlen werden zur Bildkonstruktion benötigt?

*Teilaufgabe 4.2*

- Messen Sie die benötigten Werte in Ihrer Zeichnung.

## Lösungen zu den Pflichtaufgaben

### Aufgabe 1

1.1 *Beobachtung:*
Die Amplitude des schwingenden Stabes nimmt stark ab.

1.2 Es liegt eine gedämpfte Schwingung vor.

1.3

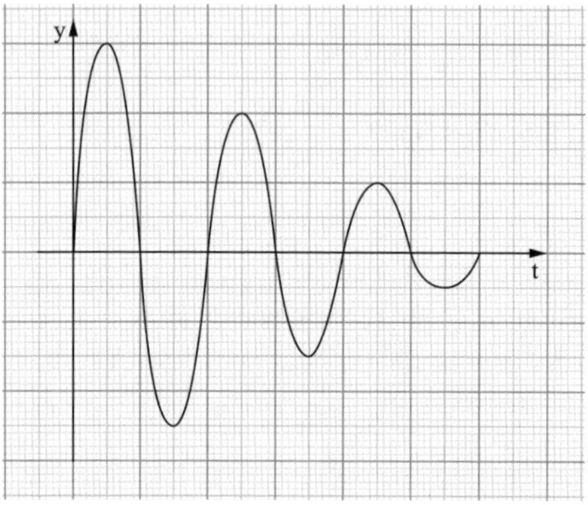


1.4 Mechanische Energie wird in thermische Energie umgewandelt.
*Alternativ:*
Potenzielle Energie wird in kinetische Energie umgewandelt und umgekehrt.

### Aufgabe 2

2.1 Radioaktive Teilchenstrahlung ist z. B. $\alpha$-Strahlung.
Die $\alpha$-Strahlung besteht aus Heliumkernen.
*Alternativ:*
Radioaktive Teilchenstrahlung ist z. B. $\beta$-Strahlung.
Die $\beta$-Strahlung besteht aus Elektronen.

2.2 Geiger-Müller-Zählrohr
*Alternativ:*
Dosimeter, Nebelkammer

2.3 Halbwertszeit: 30 Jahre
In dieser Zeit zerfällt die Menge des vorhandenen radioaktiven Stoffs auf die Hälfte.

**Aufgabe 3**

3.1 Azimut: 90° Höhe: 55°

3.2 Position A
Nach dem Gravitationsgesetz ziehen sich alle Körper gegenseitig an. Die Gravitationskräfte sind umso größer, je größer die Massen der Körper und je geringer ihr Abstand ist. In Position A ist der Abstand der Erde von der Sonne am geringsten. Folglich ist hier die Geschwindigkeit der Erde am größten.

*Alternativ:*
Nach dem 3. Kepler'schen Gesetz benötigen die Planeten umso länger für einen Umlauf, je größer die Halbachse ihrer Bahn ist. In Sonnenferne bewegen sie sich also mit geringerer Geschwindigkeit.

3.3 *Berechnung:*

Ges.: v in $\frac{km}{h}$ Geg.: $s = 940 \cdot 10^6$ km
$t = 1$ Jahr $= 8\,760$ h

*Lösung:*

$$v = \frac{s}{t}$$

$$= \frac{940 \cdot 10^6 \text{ km}}{8\,760 \text{ h}}$$

$$= 107\,306 \frac{\text{km}}{\text{h}}$$

*Ergebnis:*
Die mittlere Geschwindigkeit beträgt ungefähr 107 000 $\frac{km}{h}$.

**Aufgabe 4**

4.1

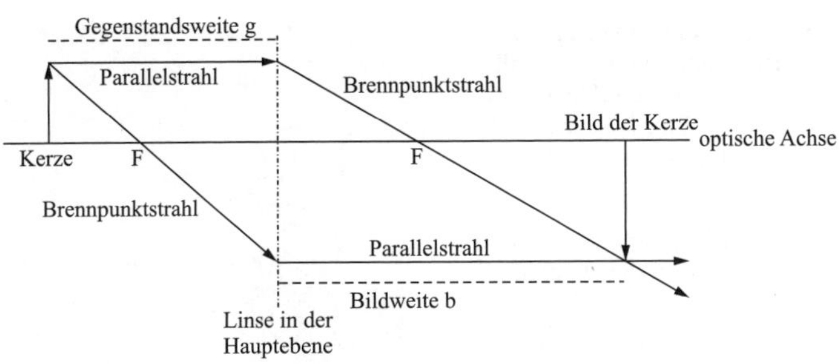


4.2 Bildgröße: 2,3 cm Bildweite: 7,4 cm
Beide Werte wurden aus der Zeichnung ermittelt.

4.3 Linsenfernrohr
*Alternativ:*
Lupe

**Von den folgenden Aufgaben 5, 6 und 7 haben Sie nur eine zu lösen.**

## Aufgabe 5: Elektromagnetische Induktion

BE

5.1 Schülerexperiment

*Aufgabe:*
Untersuchen Sie am unbelasteten Transformator die Gültigkeit des Gesetzes

$$\frac{U_1}{U_2} = \frac{N_1}{N_2}.$$

*Vorbereitung:*
1. Beschreiben Sie den Aufbau und erklären Sie die Wirkungsweise eines Transformators. 5
2. Zeichnen Sie einen entsprechenden Schaltplan. 2
3. Fordern Sie die vom Lehrer bereitgestellten Geräte an.
4. Bereiten Sie eine Messwerttabelle für vier Messungen vor. 1

*Durchführung:*
1. Bauen Sie die Schaltung nach Ihrem Schaltplan auf.
2. Lassen Sie die Schaltung vom Lehrer überprüfen.
3. Führen Sie die Messungen durch und notieren Sie die Messwerte. Verwenden Sie als maximale Spannung 6 V. 5

*Auswertung:*
1. Werten Sie die Messreihe entsprechend der Aufgabenstellung aus. 2
2. Geben Sie eine mögliche Fehlerquelle an. 1

5.2 Ein Transformator hat einen Wirkungsgrad von 98 %.
Erläutern Sie diese Aussage. 2

5.3 Durch in der Straßendecke verlegte Induktionsschleifen kann der Verkehr überwacht und gesteuert werden. Dazu wird die Veränderung des Magnetfeldes einer stromdurchflossenen Leiterschleife registriert.

5.3.1 Begründen Sie physikalisch die Notwendigkeit des Hinweises an der Ampel. 2

5.3.2 Kann ein Fußgänger die mittels einer Induktionsschleife gesteuerte Ampel beeinflussen? Begründen Sie. 2

5.3.3 Überlegen Sie sich ein einfaches Verfahren zur Geschwindigkeitsmessung mithilfe von Induktionsschleifen und beschreiben Sie es. 3

## Aufgabe 6: Wärme und Energie

Ein altes Haus soll saniert werden. Die Energieeinsparverordnung verlangt von allen Bauherren, Wärmedämmung anzubringen und energiesparende Anlagentechnik einzubauen.

6.1 Begründen Sie den Sinn einer solchen Verordnung aus privater und gesamtgesellschaftlicher Sicht. 2

6.2 Erläutern Sie eine Maßnahme zur Wärmedämmung am Haus. 2

6.3 Bei einer Wärmebildaufnahme werden mithilfe infraroten Lichts verschiedene Temperaturen durch unterschiedliche Farben dargestellt.

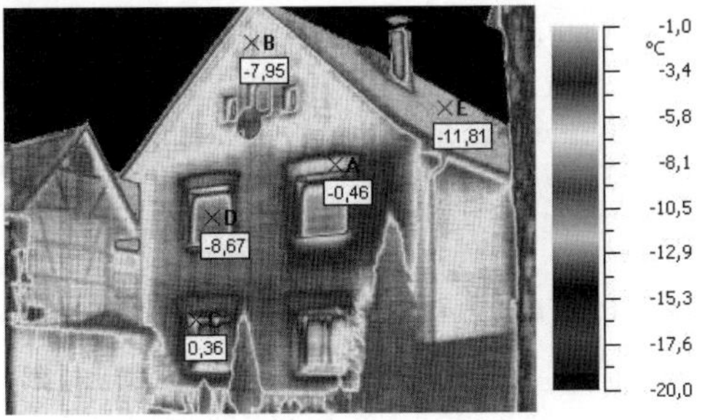


6.3.1 Was kann mit einer solchen Aufnahme festgestellt werden? 1

6.3.2 Nennen Sie zwei Unterschiede von infrarotem und rotem Licht. 2

6.4 Die alte Heizung wird durch eine Gas-Brennwertheizung ersetzt.

6.4.1 Nennen Sie die auftretende Energieumwandlung in einer Gas-Heizung. 1

6.4.2 Im Prospekt der Brennwertheizung steht die Angabe: „Wirkungsgrad 110 %“. Beurteilen Sie diese Angabe. 2

6.5 Die neue Heizung wird durch eine Solaranlage unterstützt. Für den Wärmetransport werden im Heizkreislauf Wasser und in der Solaranlage ein Gemisch aus Wasser und einem Zusatzstoff verwendet. Zur Wärmespeicherung dient ein Pufferspeicher mit 1 000 Liter Wasser, das durch die Solaranlage von 20 °C auf 80 °C erwärmt wird.

6.5.1 Begründen Sie, dass Wasser im Heizkreislauf sehr gut, aber in der Solaranlage nur mit Zusatz als Durchlaufflüssigkeit geeignet ist. 2

6.5.2 Berechnen Sie die dem Wasser zugeführte Wärme. 3
Geben Sie das Ergebnis auch in Kilowattstunden an. 1

6.5.3 Für die Ausdehnung von Flüssigkeiten bei Erwärmung gilt folgende Beziehung:

$\Delta V = \gamma \cdot V_0 \cdot \Delta T$

| | |
|---|---|
| $\Delta V$ | Volumenänderung |
| $\gamma$ | Volumenausdehnungskoeffizient |
| $V_0$ | Ausgangsvolumen |
| $\Delta T$ | Temperaturänderung |

Berechnen Sie die Volumenänderung des Wassers ($\gamma = 0{,}0002\,\frac{1}{K}$), die durch ein Ausdehnungsgefäß ausgeglichen werden muss. 2

6.6 Auf einer weiteren Dachfläche wird eine Fotovoltaikanlage montiert. Diese besteht aus einer Vielzahl von Solarzellen.

6.6.1 Erläutern Sie einen Nachteil des Einsatzes von Solarzellen zur Energieumwandlung. 2

6.6.2 Solarzellen bestehen aus Halbleitermaterialien.
Nennen Sie ein Halbleitermaterial. 1

6.6.3 Geben Sie die in einer Solarzelle auftretende Energieumwandlung an. 1

6.6.4 Im Physikunterricht soll mit einem Experiment die Abhängigkeit des Energieertrages einer Solarzelle von der Beleuchtungsstärke untersucht werden.
Beschreiben Sie Aufbau, Durchführung und Ergebnis eines solchen Versuches. 3

## Aufgabe 7: Eine Physik-Exkursion in die historische Altstadt von Görlitz

7.1 Auf der Autofahrt nach Görlitz wird in 2 Minuten und 20 Sekunden der 3,3 km lange Tunnel durch die Königshainer Berge mit annähernd konstanter Geschwindigkeit durchfahren. Die zulässige Höchstgeschwindigkeit beträgt $80\,\frac{\text{km}}{\text{h}}$.

7.1.1 Entscheiden Sie mithilfe einer Berechnung, ob bei der Tunneldurchfahrt die Höchstgeschwindigkeit überschritten wurde. 3

7.1.2 Nach Durchfahrt des Tunnels wird ein Stau sichtbar. Beim plötzlichen Abbremsen des Fahrzeuges werden die Fahrzeuginsassen in ihre Sicherheitsgurte gedrückt.
Erklären Sie diesen Vorgang mithilfe eines physikalischen Gesetzes. 2

7.2 Am Rathausturm befindet sich eine Mondphasenuhr.
Der große Zeiger gibt am äußeren Ring die Tageszeit und der kleine Zeiger am mittleren Ring die Mondphase an.

7.2.1 Am Tag der Aufnahme war abnehmender Mond.
Skizzieren Sie die Stellung von Sonne, Mond und Erde an diesem Tag. 1
In wie vielen Wochen kann die gleiche Mondphase wieder beobachtet werden? 1

7.2.2 Beschreiben Sie die Entstehung einer Mondfinsternis. 2
Gehen Sie dabei auch auf die Mond-phase ein. 1

7.2.3 Zwischen Erde und Mond wirken Kräfte.
Nennen Sie zwei Wirkungen dieser Kräfte. 2

7.3 An zahlreichen Gebäuden der Altstadt sind Sonnenuhren zu finden.

7.3.1 Schüler bauen an einem sonnigen Tag eine einfache Sonnenuhr nach. Sie verwenden einen Besenstiel, kleine Steine und eine Uhr.
Beschreiben Sie ein mögliches Vorgehen der Schüler. 2

7.3.2 Nennen Sie einen Nachteil von Sonnenuhren. 1

7.4 Das spätgotische Portal des Hauses Untermarkt 22 erhielt den Namen „Flüsterbogen“.

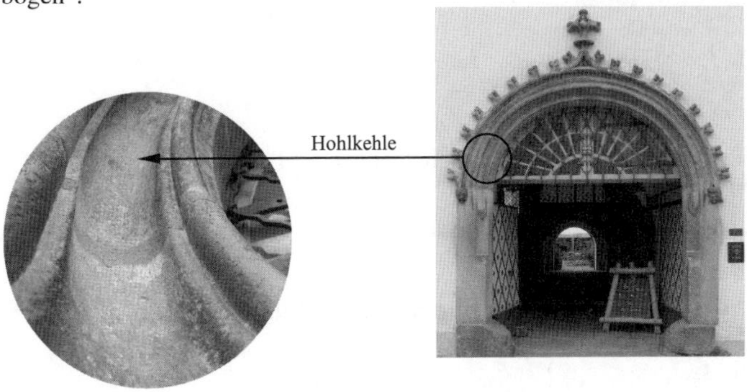


Die auf der einen Seite in die Hohlkehle geflüsterten Worte sind auf der anderen Seite gut zu verstehen.
Erläutern Sie diese Besonderheit mithilfe der entsprechenden Eigenschaft von Schallwellen. 2

7.5 In der Pfarrkirche St. Peter und Paul befindet sich eine Orgel mit über 6 000 Pfeifen. Die längste Orgelpfeife ist 7,82 m lang.

7.5.1 Die Grundfrequenz einer Pfeife ist durch deren Länge gegeben.
Vereinfacht gilt:

$$f = \frac{v}{2 \cdot \ell}$$

f Frequenz der erzeugten Schallwelle
v Schallgeschwindigkeit in Luft
$\ell$ Länge der Pfeife

Berechnen Sie Frequenz und Periodendauer für die längste Pfeife. 4
Wie verändert sich die Frequenz bei einer kürzeren Pfeife? Begründen Sie. 2

7.5.2 In einem y(t)-Diagramm sind zwei Töne A und B veranschaulicht.

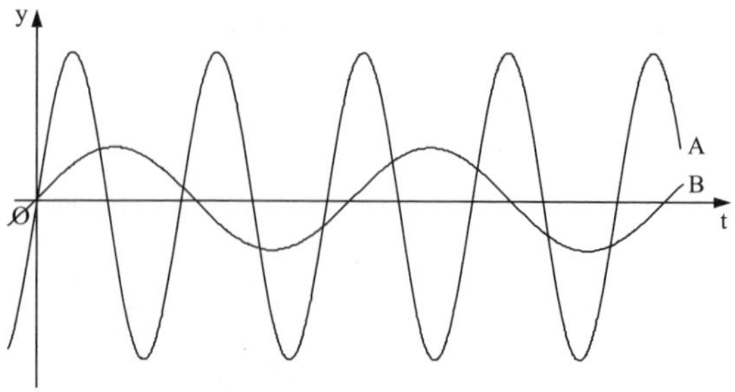


Vergleichen Sie Lautstärke und Tonhöhe der beiden Töne.
Begründen Sie jeweils. 2

---

## Tipps und Hinweise zu den Wahlaufgaben

### Tipps zu Aufgabe 5

*Teilaufgabe 5.1*

- Fertigen Sie eine Skizze an und benennen Sie die Teile des Transformators.
- Was passiert im Transformator nach Anlegen einer Spannung?
- Überlegen Sie dabei mit, welcher Spannungsart ein Transformator betrieben wird?
- Denken Sie im Schaltplan daran, die Messgeräte einzuzeichnen.
- Welche Größen können beim Transformator verändert werden?
- Welches Ergebnis ist jeweils zu erwarten?

*Teilaufgabe 5.2*

- Überlegen Sie bzw. schauen Sie in der Formelsammlung nach, wie der Wirkungsgrad definiert ist.

*Teilaufgabe 5.3*

- Denken Sie an die Voraussetzungen für einen Induktionsvorgang.

### Tipps zu Aufgabe 6

*Teilaufgabe 6.3.1*

- Bedenken Sie, dass die Bilder typischerweise im Winter gemacht werden, wenn es außen kalt ist und das Haus geheizt ist.
- Was bedeuten die Temperaturangaben an den verschiedenen Messpunkten des Hauses? Was sagen hohe und niedrige Temperaturen aus?

*Teilaufgaben 6.3.2*

- Denken Sie an das Lichtspektrum.
- Worin unterscheiden sich unterschiedliche Lichtfarben?

*Teilaufgabe 6.4.2*

- Was gibt der Wirkungsgrad an? Schlagen Sie die Formel für den Wirkungsgrad nach.

*Teilaufgabe 6.5.1*

- Bedenken Sie die unterschiedlichen Einsatzbedingungen bzw. -orte für eine Heizung und eine Solaranlage.

*Teilaufgabe 6.5.2*

- Die Formel zur Berechnung von Wärme finden Sie in der Formelsammlung.
- Achten Sie auf die Einheiten.
- Welche Masse haben 1 000 ℓ Wasser?

*Teilaufgabe 6.5.3*

- Setzen Sie die Werte in die gegebene Formel ein.
- Kontrollieren Sie die Einheiten.

*Teilaufgabe 6.6.1*

- Wann können Sie mit der Solaranlage keine Energie umwandeln?

**Tipps zu Aufgabe 7**

*Teilaufgabe 7.1.1*

- Die Formel zur Berechnung der Geschwindigkeit finden Sie in der Formelsammlung.
- Beachten Sie, dass Sie nur Größen mit der gleichen Einheit vergleichen können.

*Teilaufgabe 7.2.1*

- Geben Sie in Ihrer Skizze auch die Bewegungsrichtung des Mondes an.

*Teilaufgabe 7.2.2*

- Anhand Ihrer Skizze aus Teilaufgaben 7.2.1 können Sie sich überlegen, wie und wann eine Mondfinsternis auftreten kann.
- Welcher Körper kann in welcher Stellung einen Schatten auf den Mond werfen, wenn die Sonne den Mond anstrahlt?

*Teilaufgabe 7.5.1*

- Setzen Sie die gegebenen Größen in die Formel ein. Den Wert für die Schallgeschwindigkeit können Sie der Formelsammlung entnehmen.
- Überlegen Sie, wie sich in der Formel der Wert für die Frequenz verändert, wenn Sie eine kürzere Länge einsetzen.

*Teilaufgabe 7.5.2*

- Welche Größen können dem Diagramm entnommen werden.
- Woran erkennt man Lautstärke und Tonhöhe?

# Lösungen zu den Wahlaufgaben

## Aufgabe 5

5.1 Schülerexperiment

*Vorbereitung:*

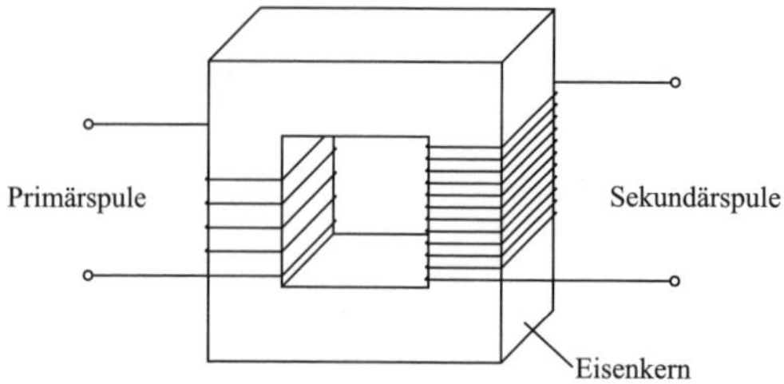


Aufbau und Wirkungsweise des Transformators:
Ein Transformator besteht aus einem Spulenpaar (Primär- und Sekundärspule), das sich auf einem geschlossenen Eisenkern befindet. An die Primärspule wird eine Wechselspannung angelegt. Das entstehende magnetische Wechselfeld durchdringt die Sekundärspule. Dadurch wird in der Sekundärspule eine Wechselspannung induziert.

Schaltplan:

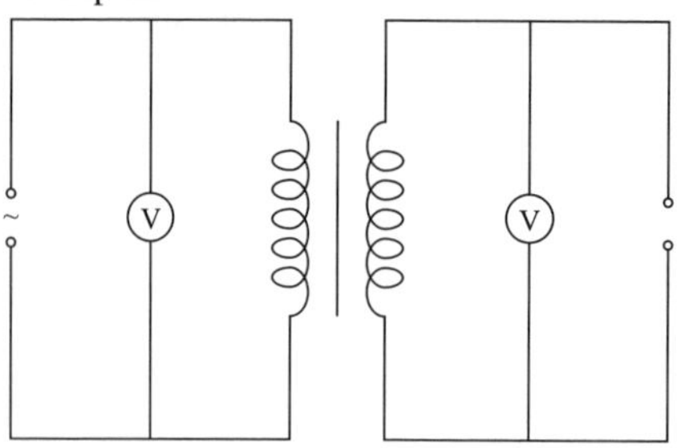


Messwerttabelle:

| $N_1$ | $N_2$ | $U_1$ in V | $U_2$ in V | $\frac{N_1}{N_2}$ | $\frac{U_1}{U_2}$ |
|---|---|---|---|---|---|
| 250 | 750 | 6,1 | 17,5 | 0,3 | 0,35 |
| 500 | 1 000 | 6,1 | 12,0 | 0,5 | 0,51 |
| 750 | 250 | 6,2 | 2,0 | 3,0 | 3,1 |
| 1 000 | 500 | 6,2 | 2,8 | 2,0 | 2,2 |

*Alternativ:*
Es kann auch die Spannung verändert werden.

*Auswertung:*

- Beim Vergleich der Verhältnisse der Windungszahlen und der Verhältnisse der entsprechenden Spannungen wird festgestellt, dass sie annähernd gleich sind, d. h. das Gesetz konnte experimentell bestätigt werden.
- Eine Fehlerquelle kann ein nicht exakt geschlossener Eisenkern sein.

5.2 Der Wirkungsgrad gibt an, welcher Teil der aufgewandten Energie in nutzbare Energie umgewandelt wird. Der Wirkungsgrad ist mit 98 % sehr hoch, denn nur 2 % der Energie gehen verloren.

5.3.1 Die Ampel kann erst umschalten, wenn eine Induktionsspannung in der Leiterschleife erzeugt wird. Fährt ein Fahrzeug über die Schleife, dann ist die Voraussetzung für eine Induktionsspannung erfüllt – die Änderung des Magnetfeldes der Induktionsschleife.

5.3.2 Ein Fußgänger kann in der Regel die notwendige Änderung des Magnetfeldes nicht herbeiführen, da er nicht aus Eisen besteht.

5.3.3 Für eine Geschwindigkeitsmessung sind ein festgelegter Weg und eine entsprechende Zeitmessung erforderlich. Eine Induktionsschleife müsste am Beginn und am Ende der Messstrecke in die Fahrbahn eingelassen werden. Aus Weg und benötigter Zeit kann die Geschwindigkeit ermittelt werden.

## Aufgabe 6

6.1 Aus privater Sicht können langfristig Energiekosten eingespart werden. Aus gesamtgesellschaftlicher Sicht müssen die vorhandenen Ressourcen zur Energiegewinnung sparsam und effizient genutzt werden.

6.2 Die Fassaden (Hauswände) können beispielsweise mit Dämmmaterial versehen werden. Damit verringert sich die Wärmeabgabe nach außen. Das Energiespeichervermögen des Hauses wird erhöht.

6.3.1 Die Aufnahme macht die Stellen am Haus sichtbar, die eine hohe Wärmeabgabe nach außen haben. Diese Stellen sind nicht ausreichend bzw. fehlerhaft wärmegedämmt.

6.3.2 Infrarotes Licht gehört nicht zum sichtbaren Bereich des Spektrums. Beide Lichtarten unterscheiden sich hinsichtlich Wellenlänge und Frequenz.

6.4.1 Die chemische Energie des Gases wird in thermische Energie des Wassers umgewandelt.

6.4.2 Der Wirkungsgrad kann theoretisch 100 % sein. Bei technischen Anlagen gibt es aber immer Energieverluste, so dass der Wirkungsgrad nur kleiner als 100 % sein kann. Die Angabe ist also irreführend. Die „110 % Wirkungsgrad“ sind sicher auf herkömmliche Heizungen bezogen und sollen mehr Heizleistung bei gleicher Brennstoffmenge ausdrücken.

6.5.1 Die Solaranlage befindet sich im Freien, d. h. die Durchlaufflüssigkeit darf nicht gefrieren. Deshalb ist reines Wasser ungeeignet.

6.5.2 *Berechnung:*

Ges.: $Q_{zugef}$ in kJ

Geg.: $c = 4{,}19\ \text{kJ} \cdot \text{kg}^{-1} \cdot \text{K}^{-1}$
$m = 1\,000\ \text{kg}$
$\Delta T = (80 - 20)\ \text{K} = 60\ \text{K}$

*Lösung:*

$$\begin{aligned} Q_{zugef} &= c \cdot m \cdot \Delta T \\ &= 4{,}19\ \text{kJ} \cdot \text{kg}^{-1} \cdot \text{K}^{-1} \cdot 1\,000\ \text{kg} \cdot 60\ \text{K} \\ &= 251\,400\ \text{kJ} \\ &= 251\,400\ \text{kWs} = 69{,}3\ \text{kWh} \qquad (1\ \text{J} = 1\ \text{Ws};\ 1\ \text{h} = 3\,600\ \text{s}) \end{aligned}$$

*Ergebnis:* Dem Wasser wird eine Wärme von rund 70 kWh zugeführt.

6.5.3 *Berechnung:*

Ges.: $\Delta V$ in $\ell$

Geg.: $\gamma = 0{,}0002\ \frac{1}{\text{K}}$
$V_0 = 1\,000\ \ell$
$\Delta T = (80 - 20)\ \text{K} = 60\ \text{K}$

*Lösung:*

$$\begin{aligned} \Delta V &= \gamma \cdot V_0 \cdot \Delta T \\ &= 0{,}0002\ \frac{1}{\text{K}} \cdot 1\,000\ \ell \cdot 60\ \text{K} \\ &= 12\ \ell \end{aligned}$$

*Ergebnis:* Die Volumenänderung beträgt 12 $\ell$.

6.6.1 Die Nutzung von Solarzellen ist witterungsabhängig. Sind die Zellen im Winter mit Schnee bedeckt, kann keine Energie geliefert werden.

6.6.2 Silizium

6.6.3 Sonnenenergie wird in elektrische Energie umgewandelt.

6.6.4 *Aufbau:* Ein Solarmodul wird mit einem Verbraucher gekoppelt, z. B. einem Gleichstrommotor.

*Durchführung:* Das Solarmodul wird mit Lampen unterschiedlicher Leistung im jeweils gleichen Abstand beleuchtet.

*Ergebnis:* Die Drehzahl des Motors nimmt mit der Leistung der Lichtquelle zu, d. h. der Energieertrag wird größer.

**Aufgabe 7**

7.1.1 *Berechnung:*

Ges.: v in $\frac{\text{km}}{\text{h}}$ Geg.: $s = 3{,}3 \text{ km} = 3\,300 \text{ m}$

$t = 2 \text{ min } 20 \text{ s} = 140 \text{ s}$

*Lösung:*

$$v = \frac{s}{t}$$
$$= \frac{3\,300 \text{ m}}{140 \text{ s}}$$
$$= 23{,}6 \frac{\text{m}}{\text{s}}$$
$$= 23{,}6 \cdot 3{,}6 \frac{\text{km}}{\text{h}} = 85 \frac{\text{km}}{\text{h}}$$

*Ergebnis:* Die zulässige Höchstgeschwindigkeit wurde überschritten.

7.1.2 *Erklärung mithilfe des Trägheitsgesetzes:*
Ein Körper behält seinen Zustand der Ruhe oder der geradlinigen gleichförmigen Bewegung bei, solange keine Kraft auf ihn einwirkt. Die Fahrzeuginsassen bewegen sich mit dem Fahrzeug. Beim starken Bremsen wirkt auf das Fahrzeug und die Insassen eine Kraft entgegen der Bewegungsrichtung. Aufgrund der Trägheit behalten die Insassen ihren bisherigen Bewegungszustand bei und rutschen in Bewegungsrichtung, d. h. sie werden in die Gurte gedrückt.

7.2.1 *Skizze:*

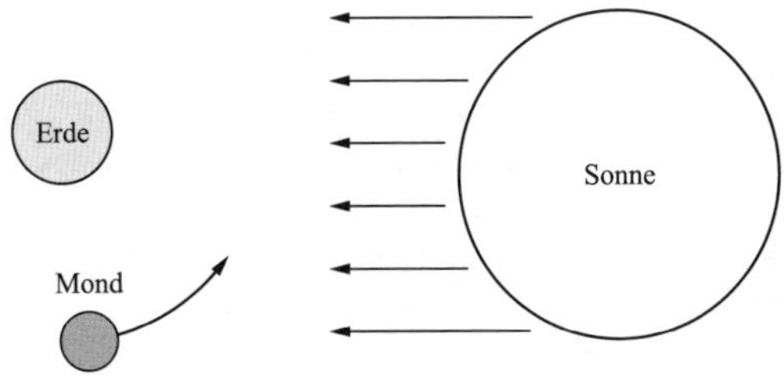


Die Mondphase wiederholt sich nach ca. 4 Wochen.

7.2.2 Tritt der Mond in den Schatten der Erde, so entsteht eine Mondfinsternis. Die Erde befindet sich genau zwischen Sonne und Mond. Eine Mondfinsternis kann deshalb nur bei Vollmond stattfinden.

7.2.3 Wirkungen der Gravitationskräfte:
- Gezeiten (Ebbe und Flut)
- Der Mond wird auf seiner Umlaufbahn gehalten.

7.3.1 Bei einer Sonnenuhr wird die Uhrzeit durch einen Schattenwurf angezeigt. Der Besenstiel wird so angeordnet, dass er immer von der Sonne beschienen werden kann. Die Steine werden so platziert, dass der Schatten volle und halbe Stunden anzeigt. Die richtige Lage der Steine wird mithilfe einer Uhr bestimmt.

7.3.2 Ohne Sonnenschein kann die Uhrzeit nicht abgelesen werden.

7.4 In der Hohlkehle des Flüsterbogens werden die Schallwellen von einer Seite auf die andere reflektiert, d. h. der Innenseite des Bogens zur Außenseite und wieder zur Innenseite. So gelangen die Schallwellen an das andere Ende des Bogens.

7.5.1 *Berechnung:*

Ges.: f in Hz und T in s

Geg.: $\ell = 7{,}82\ \text{m}$

$v = 343\ \frac{\text{m}}{\text{s}}$

*Lösung:*

Berechnung der Frequenz

$$f = \frac{v}{2 \cdot \ell}$$

$$= \frac{343\frac{\text{m}}{\text{s}}}{2 \cdot 7{,}82\ \text{m}}$$

$$= 21{,}9\ \text{s}^{-1}$$

Die Frequenz beträgt 22 Hz.

Berechnung der Periodendauer

$$T = \frac{1}{f}$$

$$= \frac{1}{22\ \text{s}^{-1}}$$

$$= 0{,}05\ \text{s}$$

Die Periodendauer beträgt 0,05 s.

Bei einer kürzeren Pfeife vergrößert sich die Frequenz, denn setzt man in die Formel im Nenner einen kleineren Wert für die Länge ein, so wird der Wert des Bruches größer. Länge und Frequenz sind umgekehrt proportional zueinander.

7.5.2 Die Amplitude ist ein Maß für die Lautstärke und die Zeit bzw. die Frequenz ein Maß für die Tonhöhe.
Ton A ist deshalb ein höherer und lauterer Ton.

## Realschulabschluss 2012 Physik (Sachsen)
## Pflichtaufgaben

### Aufgabe 1: Mechanik BE

Vom Lehrer wird Ihnen ein Experiment vorgeführt.
Ein Wagen fährt mit einem auf ihm liegenden Körper auf ein Hindernis auf.

1.1 Beobachten Sie die Bewegungen des Wagens und des Körpers. Notieren Sie Ihre Beobachtungen. 2

1.2 Erklären Sie das Verhalten des Körpers mithilfe eines physikalischen Gesetzes. 2

1.3 Die Insassen eines Pkws sind bei Auffahrunfällen erheblichen Gefahren ausgesetzt. Erläutern Sie eine Sicherheitseinrichtung im Auto, um dem entgegenzuwirken. 2

### Aufgabe 2: Wärme und Energie

In einem Schülerexperiment wird der Temperaturverlauf von Wasser untersucht. Einem Becherglas mit 150 g Wasser wurde durch eine Heizplatte gleichmäßig Wärme zugeführt. Dabei ergab sich folgende Messwerttabelle.

| Zeit t in Minuten | 0 | 1 | 2 | 3 | 4 | 5 | 6 |
|---|---|---|---|---|---|---|---|
| Temperatur in $\vartheta$ in °C | 22 | 34 | 45 | 57 | 69 | 80 | 92 |

2.1 Zeichnen Sie ein zugehöriges $\vartheta(t)$-Diagramm. 3

2.2 Berechnen Sie die vom Wasser aufgenommene Wärmemenge. 3

2.3 Der Wirkungsgrad der Experimentieranordnung beträgt 50 %. Geben Sie die von der Heizplatte abgegebene Wärmemenge an. 1

### Aufgabe 3: Elektrizitätslehre

Transformatoren werden zur Energieübertragung verwendet.

3.1 Beschreiben Sie den Aufbau eines Transformators. 2

3.2 Erläutern Sie die Wirkungsweise eines Transformators. 3

3.3 Nennen Sie ein Beispiel für die Anwendung von Transformatoren. 1

**Aufgabe 4: Schwingungen und Wellen**

Das Geläut der Michaeliskirche in Bautzen besteht aus drei Glocken. Mit der kleinen Glocke, Masse 563 kg, wird ein Ton der Frequenz 440 Hz erzeugt.
Das y(t)-Diagramm zeigt die grafische Darstellung des Tones mit einem Oszilloskop.

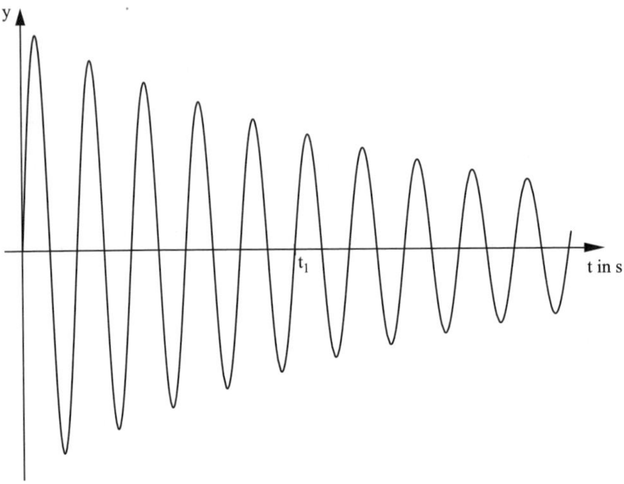


| | | |
|---|---|---|
| 4.1 | Berechnen Sie die Periodendauer der erzeugten Schwingung. | 2 |
| 4.2 | Geben Sie die Zeit $t_1$ an. | 1 |
| 4.3 | Welche Schwingungsart ist dargestellt? | 1 |
| 4.4 | Beschreiben Sie die Veränderungen von Lautstärke und Tonhöhe bis zum Zeitpunkt $t_1$. | 2 |

## Tipps und Hinweise zu den Pflichtaufgaben

### Tipps zu Aufgabe 1

*Teilaufgabe 1.2*

- Formulieren Sie zunächst das Gesetz und wenden dann das Gesetz auf den Sachverhalt an.

*Teilaufgabe 1.3*

- Vergleichen Sie das Experiment mit der Situation „Auffahrunfall Pkw“.

### Tipps zu Aufgabe 2

*Teilaufgabe 2.1*

- Tragen Sie auf der waagerechten Achse die Zeit ab.
- Überlegen Sie, wie lang die Achsen sein müssen, um alle Werte eintragen zu können.
- Teilen Sie die Achsen ein und vergessen Sie nicht die Beschriftung.

*Teilaufgabe 2.2*

- Die Formel zur Berechnung der Wärme finden Sie in der Formelsammlung.
- Achten Sie darauf, dass alle Einheiten zueinander passen, und wandeln Sie gegebenenfalls die Größenangaben entsprechend um.

*Teilaufgabe 2.3*

- Was bedeutet „Wirkungsgrad“?
- Die Lösung ist so einfach, dass Sie die Aufgabe ausgehend von Teilaufgabe 2.2 im Kopf berechnen können.

### Tipps zu Aufgabe 3

*Teilaufgabe 3.1*

- Geben Sie die wesentlichen Bauteile an.
- Wie sind sie angeordnet?

*Teilaufgabe 3.2*

- Beschreiben Sie Schritt für Schritt, welche Vorgänge ablaufen, wenn an der Primärspule eine Wechselspannung angelegt wird.

### Tipps zu Aufgabe 4

*Teilaufgabe 4.1*

- Was versteht man unter „Periode“ einer Schwingung?
- Die Formel zur Berechnung finden Sie in der Formelsammlung.

*Teilaufgabe 4.2*

- Zählen Sie die Perioden bis zur Zeit $t_1$ im Diagramm.

*Teilaufgabe 4.4*

- Welche Größe ist ein Maß für die Lautstärke des Tones?
- Welche Größe ist ein Maß für die Tonhöhe?

## Lösungen zu den Pflichtaufgaben

### Aufgabe 1

1.1 *Beobachtung:*
Beim Auftreffen des Wagens auf das Hindernis rutscht der Körper in Bewegungsrichtung nach vorn.

1.2 *Erklärung mithilfe des Trägheitsgesetzes*
Ein Körper behält seinen Zustand der Ruhe oder der geradlinig gleichförmigen Bewegung bei, solange keine Kraft auf ihn einwirkt. Der Körper auf dem Wagen behält die ursprüngliche Bewegung bei und rutscht deshalb nach vorn.

1.3 Sicherheitseinrichtung: Kopfstützen
Fährt auf ein Fahrzeug ein anderes Fahrzeug auf, so versuchen die Insassen der Bewegungsänderung von hinten entgegenzuwirken und bewegen sich deshalb in die Gegenrichtung. Die Kopfstützen verhindern ein Abknicken der Wirbelsäule.

*Alternativ:*
Sicherheitsgurt (siehe Jahrgang 2008)

### Aufgabe 2

2.1 $\vartheta(t)$-Diagramm:

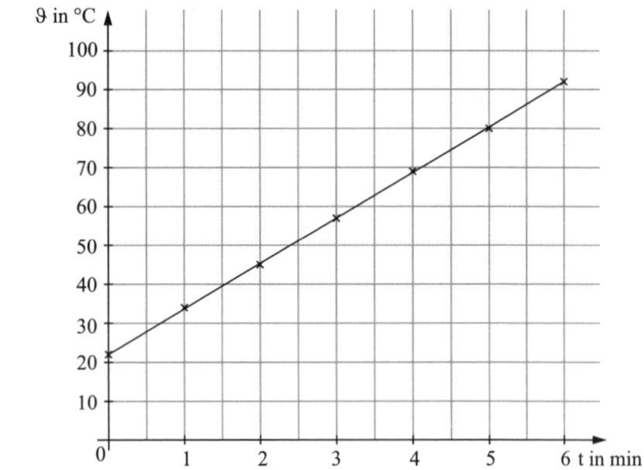


2.2 *Berechnung:*
Ges.: $Q_{auf}$ in kJ

Geg.: $c = 4{,}19\ \text{kJ} \cdot \text{kg}^{-1} \cdot \text{K}^{-1}$
$m = 150\ \text{g} = 0{,}15\ \text{kg}$
$\Delta T = (92\text{-}22)\ \text{K} = 70\ \text{K}$

*Lösung:*

$$\begin{aligned} Q_{auf} &= c \cdot m \cdot \Delta T \\ &= 4{,}19\ \text{kJ} \cdot \text{kg}^{-1} \cdot \text{K}^{-1} \cdot 0{,}15\ \text{kg} \cdot 70\ \text{K} \\ &= 43{,}995\ \text{kJ} \end{aligned}$$

*Ergebnis:* Vom Wasser wird eine Wärme von rund 44 kJ aufgenommen.

2.3 Bei einem Wirkungsgrad von 50 % muss die Heizplatte die doppelte Wärmemenge abgeben, also rund 88 kJ.

**Aufgabe 3**

3.1 Skizze eines Transformators:

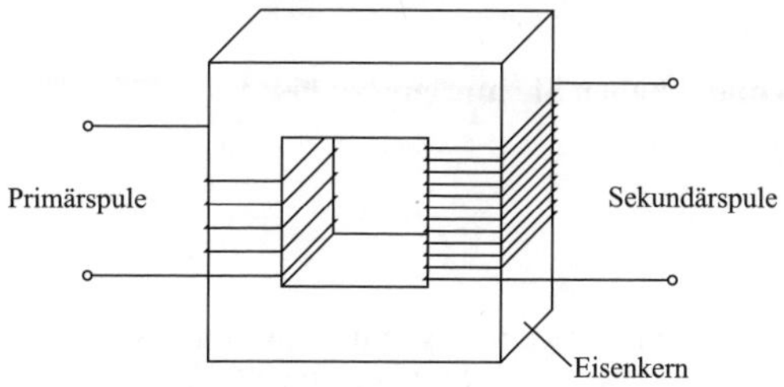


*Aufbau eines Transformators:*
Ein Transformator besteht aus einem Spulenpaar (Primär- und Sekundärspule), das sich auf einem geschlossenen, geblätterten Eisenkern befindet.

3.2 *Wirkungsweise eines Transformators:*
An die Primärspule wird eine Wechselspannung angelegt. Das entstehende magnetische Wechselfeld durchdringt die Sekundärspule. Dadurch wird in der Sekundärspule eine Wechselspannung induziert.

3.3 *Beispiel:*
Umspannstation (Transformatoren sorgen für die jeweils benötigte Spannung.)

**Aufgabe 4**

4.1 *Berechnung:*
Ges.: T in s　　Geg.: $f = 440\ \text{Hz};\ 1\ \text{Hz} = 1\ \text{s}^{-1}$

*Lösung:*

$$T = \frac{1}{f}$$

$$= \frac{1}{440\ \text{s}^{-1}}$$

$$= 0{,}002\ \text{s}$$

*Ergebnis*: Die Periodendauer der Schwingung beträgt 0,002 s

4.2 Im Diagramm sind bis zum Zeitpunkt $t_1$ 5 Perioden dargestellt. Also beträgt die Zeit $t_1 = 0{,}01$ s.

4.3 Schwingungsart: gedämpfte Schwingung

4.4 Die Lautstärke nimmt ab (Amplitude wird geringer). Die Frequenz ändert sich nicht, deshalb ändert sich die Tonhöhe nicht.

**Von den folgenden Aufgaben 5, 6 und 7 haben Sie nur eine zu lösen.**

**Aufgabe 5: Mechanik** BE

5.1 Schülerexperiment

*Aufgabe:*
Bestimmen Sie jeweils die Dichte eines regelmäßigen und eines unregelmäßigen Körpers. Finden Sie heraus, aus welchem Stoff der regelmäßige Körper bestehen könnte.

Bearbeiten Sie diese Aufgabe entsprechend der Arbeitsschritte beim Experimentieren:

*Vorbereitung:*
Zu bestimmende physikalische Größen; notwendige Arbeitsmittel 2

*Durchführung:*
Messwerte; Berechnungen 6

*Auswertung:*
Ergebnisse; Fehlerbetrachtung 2

5.2 In der Abbildung sind zwei Flüssigkeiten in einem Gefäß dargestellt. Vergleichen Sie die Höhen der Flüssigkeiten im Gefäß und erklären Sie. 3

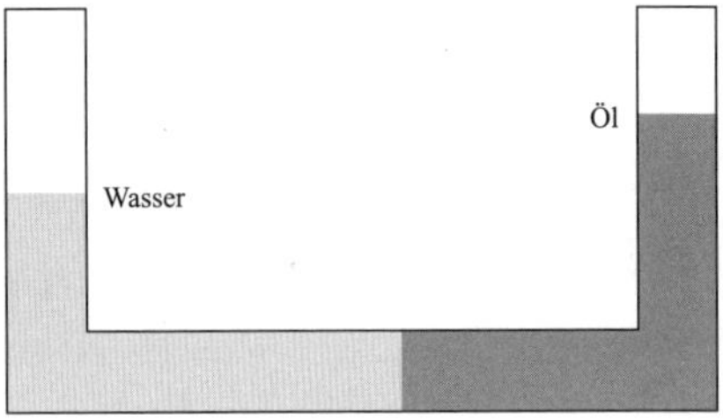


5.3 Drei Körper A, B und C mit gleicher Masse werden unter Wasser losgelassen. Körper A schwebt.

| **Körper** | **A** | **B** | **C** |
|---|---|---|---|
| **Volumen des Körpers** | 2 000 $cm^3$ | 5 000 $cm^3$ | 1 000 $cm^3$ |

5.3.1 Beschreiben und begründen Sie das Verhalten der beiden anderen Körper. 4

5.3.2 Erläutern Sie das Verhalten von Körper A, wenn dieser in eine Flüssigkeit mit größerer Dichte getaucht und losgelassen wird. 2

5.4 In einem Online-Lexikon ist folgender Text zu finden:

> *Der Heißluftballon ist ein Luftfahrzeug nach dem Prinzip „leichter als Luft“. Im Gegensatz zum Gasballon wird die Verringerung des Gewichts dadurch erreicht, dass ein großes Luftvolumen erwärmt wird. Dadurch reduziert sich dessen spezifisches Gewicht, d. h. die Summe der Gewichtskräfte von Hülle, Korb und Nutzlast wird geringer. Durch den Dichteunterschied der kälteren äußeren Luft und der wärmeren Luft im Ballon entsteht so eine Auftriebskraft. Diese wirkt dem Gewicht des Heißluftballons entgegen. Da der Auftrieb mit zunehmendem Dichteunterschied der inneren Luft zur Umgebungsluft wächst, hat ein Heißluftballon bei kaltem Wetter eine größere Tragkraft. Deshalb finden Ballonfahrten in der Regel bei wolkenlosem Himmel in den Morgen- oder Abendstunden statt.*
> *Gasballone dagegen können unabhängig von der Umgebungstemperatur den ganzen Tag fahren. Sie sind mit einem Traggas, meist Helium, gefüllt und haben keinen Brenner. Um aufzusteigen, muss Ballast abgeworfen werden.*

5.4.1 Warum finden Fahrten mit Heißluftballons in der Regel in den Morgen- bzw. Abendstunden statt? 1

5.4.2 Skizzieren Sie einen Ballon. Zeichnen Sie die beim Aufsteigen des Ballons wirkenden Kräfte ein und beschriften Sie diese. 2

5.4.3 Nennen Sie eine für das Aufsteigen eines Gasballons notwendige Eigenschaft des Traggases. 1

5.4.4 Geben Sie jeweils eine Möglichkeit an, wie das Sinken eines Heißluftballons und eines Gasballons erreicht werden kann. 2

## Aufgabe 6: Zu Besuch in einer Sternwarte

Im Kurort Jonsdorf im Zittauer Gebirge befindet sich eine Sternwarte. Für die nächtliche Himmelsbeobachtung werden zwei Newton-Teleskope verwendet. Zur Beobachtung der Sonne wird ein Refraktor genutzt.

6.1 Die Abbildung stellt vereinfacht den Strahlengang des Lichtes in einem Newton-Teleskop dar.

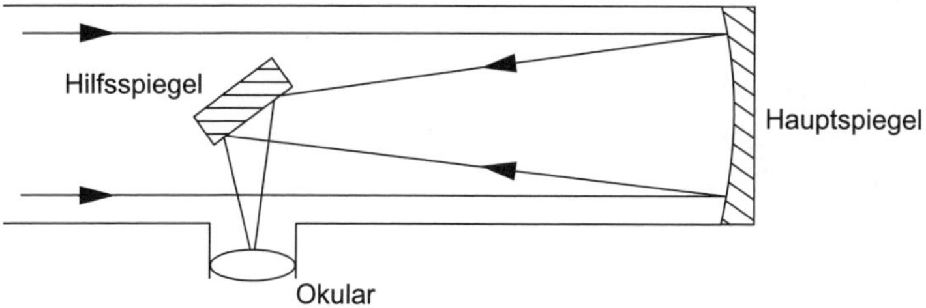


6.1.1 Ordnen Sie dem Haupt- und dem Hilfsspiegel jeweils die entsprechende Spiegelform zu. 2

6.1.2 Geben Sie zwei Aufgaben des Hauptspiegels an. 2

6.2 Ein Refraktor bildet die Sonne mithilfe von Linsen auf einen Bildschirm ab.

6.2.1 An Linsen wird das Licht gebrochen. Erläutern Sie diese Aussage. 2

6.2.2 Geben Sie eine beobachtbare Sonnenaktivität an. 1

6.3 Prismen aus Glas sind weitere Bestandteile optischer Beobachtungsgeräte.

6.3.1 Ein einfarbiges Lichtbündel trifft mit dem Einfallswinkel 45° auf ein gleichseitiges Prisma (siehe Skizze) aus Kronglas. Nach zweimaliger Brechung tritt es aus dem Prisma wieder aus. Berechnen Sie den Brechungswinkel beim Übergang des Lichtes von Luft in Kronglas. 3

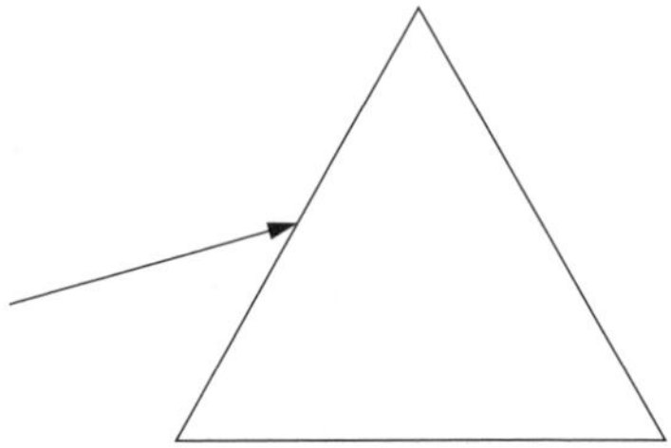

Übernehmen Sie die Abbildung. Zeichnen Sie den Strahlenverlauf bis das Licht die nächste Grenzfläche erreicht. 2

Skizzieren Sie den austretenden Lichtstrahl. 1

6.3.2 Erläutern Sie die Entstehung eines Spektrums an einem Prisma. 2

6.3.3 Zum Spektrum des Sonnenlichtes gehören das infrarote und das ultraviolette Licht. Geben Sie je eine Wirkung dieser Strahlungen an. 2

6.4 Um zielgerichtet Sterne am Nachthimmel beobachten zu können, kann die Position eines Sternes mithilfe des Horizontsystems angegeben werden.

6.4.1 Benennen Sie die Koordinaten des Horizontsystems. 2

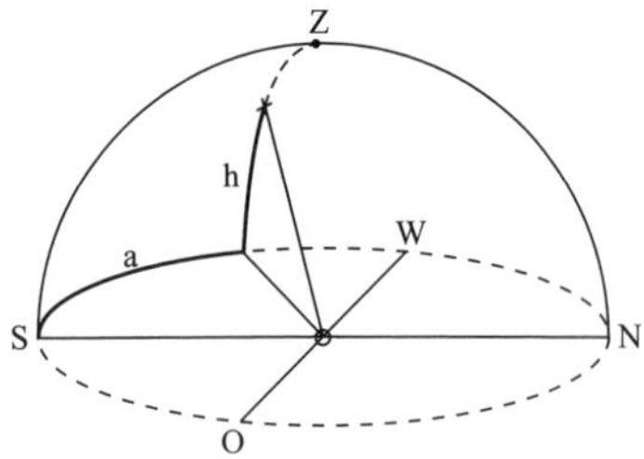


6.4.2 Ermitteln Sie mithilfe der drehbaren Sternkarte die Aufgangs- und Kulminationszeit für den Stern Atair im Sternbild Adler für den 06. 06. 2012. 2

6.4.3 Zirkumpolarsterne sind Sterne, die von unserem Beobachtungsstandort aus gesehen niemals untergehen. Geben Sie ein Beispiel an. 1

6.5 Mit Teleskopen wird auch der Mond beobachtet.

6.5.1 Vor zwei Tagen war Vollmond. Geben Sie die Mondphase an, in der sich der Mond heute befindet. 1

6.5.2 Nennen Sie eine Oberflächenform des Mondes und begründen Sie, warum diese für sehr lange Zeit unverändert bleibt. 2

## Aufgabe 7: Mobilität im Wandel der Zeiten

Die Möglichkeiten der Fortbewegung des Menschen haben sich im Laufe der Zeit geändert.

7.1 Bis zum Ende des 19. Jahrhunderts waren Pferdekutschen ein wichtiges Verkehrs- und Transportmittel. Ein Pferd zieht eine Kutsche in 50 Minuten annähernd gleichförmig einen 3,0 km langen Anstieg hoch, überwindet 200 m Höhenunterschied und verrichtet dabei die mechanische Arbeit 2,4 MJ.

7.1.1 Nennen Sie zwei Arten der hier verrichteten mechanischen Arbeit. 2

7.1.2 Geben Sie die verrichtete mechanische Arbeit in Nm an. 1

7.1.3 Berechnen Sie die durchschnittliche mechanische Leistung des Pferdes. 2

7.1.4 Geben Sie an, in welcher Zeit die gleiche mechanische Arbeit bei doppelter Leistung verrichtet werden könnte. 1

7.2 Die Erfindung von Otto- und Dieselmotor war ein Meilenstein in der Geschichte. In modernen Motoren stehen von 40 MJ zugeführter Energie 16 MJ nutzbare Energie für den Antrieb zur Verfügung.

7.2.1 Nennen Sie die dabei auftretenden wesentlichen Energieumwandlungen. 2

7.2.2 Berechnen Sie den Wirkungsgrad. 2

7.2.3 Vergleichen Sie die Zündvorgänge im Ottomotor und im Dieselmotor. 2

7.2.4 Erläutern Sie eine Möglichkeit zur Verringerung des Kraftstoffverbrauchs bei Kraftfahrzeugen. 2

7.3 Der Akkumulator eines modernen Elektroautos kann an einer normalen Haushaltsteckdose aufgeladen werden. Während der Fahrt fließt bei der Spannung 400 V ein maximaler Strom von 450 A.

7.3.1 Beurteilen Sie die Aussage: „Elektroautos sind umweltfreundlich, da sie keine Schadstoffe ausstoßen." 2

7.3.2 Begründen Sie die Notwendigkeit des Einsatzes von Halbleiterdioden im Lademodul des Elektroautos. 2

7.3.3 Berechnen Sie die maximale Leistung des Elektromotors. 2

7.4 Kernenergieantriebe werden zurzeit nur in Schiffen und U-Booten verwendet, wobei wie im Kernkraftwerk Dampfturbinen angetrieben werden.

7.4.1 Beschreiben Sie die grundlegenden Vorgänge im Kernreaktor. 3

7.4.2 Nennen Sie zwei Gründe dafür, dass der Einsatz von Kernenergieantrieben in Pkws bisher nicht realisiert wurde. 2

## Tipps und Hinweise zu den Wahlaufgaben

### Tipps zu Aufgabe 5

*Teilaufgabe 5.1*

- Welche Größen müssen bestimmt werden?
- Welche Geräte sind dazu erforderlich?
- Nutzen Sie die Formelsammlung für die Berechnung der Dichte und das Ermitteln des Stoffes.

*Teilaufgabe 5.2*

- Wodurch unterscheiden sich Wasser und Öl?

*Teilaufgabe 5.3*

- Wie lautet das archimedische Gesetz?

*Teilaufgabe 5.4*

- Lesen Sie den Text gründlich durch. Suchen Sie die für die Beantwortung der Fragen wichtigen Informationen heraus.

*Teilaufgabe 5.4.2*

- Welche Kräfte wirken nach oben, welche nach unten?
- Beachten Sie beim Zeichnen, dass der Ballon aufsteigen soll.

### Tipps zu Aufgabe 6

*Teilaufgabe 6.1.1*

- Betrachten Sie die Wölbung der Spiegeloberflächen.

*Teilaufgabe 6.2.1*

- Denken Sie an das Brechungsgesetz.

*Teilaufgabe 6.3.1*

- Das Brechungsgesetz können Sie der Formelsammlung entnehmen, ebenso die Werte für die Lichtgeschwindigkeiten in Luft und Kronglas.
- Zeichnen Sie zunächst das Einfallslot.
- Die Winkel werden vom Lot aus gemessen.

*Teilaufgabe 6.4.2*

- Drehen Sie die Sternkarte so, dass im Osten gerade Atair sichtbar wird. Lesen Sie die zugehörige Zeit für den 06. 06. 2012 ab. Drehen Sie die Sternkarte weiter, bis die größte Höhe erreicht ist, und lesen Sie wiederum die zugehörige Zeit ab.

*Teilaufgabe 6.5.2*

- Überlegen Sie, durch welche geologischen Aktivitäten die Mondoberfläche beeinflusst werden könnte bzw. geprägt wurde.

**Tipps zu Aufgabe 7**

*Teilaufgabe 7.1.2*

- Den Zusammenhang zwischen den Einheiten J und Nm finden Sie in der Formelsammlung.

*Teilaufgabe 7.1.3*

- Die Formel zur Berechnung der mechanischen Leistung finden Sie in der Formelsammlung.

*Teilaufgabe 7.2.2*

- Die Formel zur Berechnung des Wirkungsgrades finden Sie in der Formelsammlung.

*Teilaufgabe 7.3.2*

- Überlegen Sie, welche Eigenschaft eine Halbleiterdiode hat.

*Teilaufgabe 7.3.3*

- Die Formel zur Berechnung der elektrischen Leistung finden Sie in der Formelsammlung.

*Teilaufgabe 7.4.1*

- Welcher Prozess läuft im Kernreaktor ab?
- Welche Voraussetzungen müssen für diesen Prozess erfüllt sein?

# Lösungen zu den Wahlaufgaben

## Aufgabe 5

5.1 Schülerexperiment

*Vorbereitung:*
Für beide Körper müssen Volumen und Masse bestimmt werden. Aus Volumen und Masse kann die Dichte berechnet werden. Mithilfe der Formelsammlung kann der Stoff bestimmt werden, aus dem der regelmäßige Körper besteht.

*Durchführung:* Regelmäßiger Körper – Würfel mit der Kantenlänge 1 cm
Volumen: $V = 1\ cm^3$
Masse: $m = 8$ g (Bestimmt mit einer Briefwaage)

*Auswertung:*

Dichte: $\rho = \frac{m}{V}$

$= \frac{8\ g}{1\ cm^3}$

$\rho = 8\ \frac{g}{cm^3}$

Es könnte sich bei dem Stoff um Eisen oder Stahl handeln.
Die Masse konnte nur auf Gramm genau gemessen werden. Deshalb konnte die Dichte nicht genauer bestimmt werden.

*Durchführung:* Unregelmäßiger Körper – Stein
Volumen: Das Volumen wurde durch Eintauchen des Körpers in einen mit Wasser gefüllten Messzylinder bestimmt:
$V = 10\ cm^3$
$m = 34$ g (Bestimmt mit einer Briefwaage)

*Auswertung:*

Dichte: $\rho = \frac{m}{V}$

$= \frac{34\ g}{10\ cm^3}$

$\rho = 3{,}4\ \frac{g}{cm^3}$

Fehler können sich durch ungenaues Ablesen bei der Masse- und Volumenbestimmung ergeben haben.

5.2 *Vergleich:* Die Flüssigkeitssäule mit Öl ist höher.

*Erklärung:* Das Öl im rechten Teil des Gefäßes hat eine geringere Dichte als Wasser. Damit sich ein Gleichgewicht im Gefäß einstellt, muss das Öl höher stehen.

5.3.1 Körper B hat ein größeres Volumen als Körper A, daher steigt Körper B: Er erfährt bei gleicher Masse eine größere Auftriebskraft.
Körper C hat ein kleineres Volumen als Körper A, daher sinkt Körper C: Er erfährt bei gleicher Masse eine geringere Auftriebskraft.

Die Auftriebskraft hängt vom Volumen der verdrängten Flüssigkeit ab.

5.3.2 Die Auftriebskraft in der ersten Flüssigkeit hat den gleichen Betrag wie die Gewichtskraft der vom Körper verdrängten Flüssigkeit. Also ist die Auftriebskraft größer, wenn die zweite Flüssigkeit eine höhere Dichte hat. Körper A würde in der zweiten Flüssigkeit steigen.

5.4.1 Der für den Auftrieb wichtige Dichteunterschied zwischen innerer Luft und Umgebungsluft ist in den Morgen- und Abendstunden durch niedrigere Temperatur der Außenluft größer.

5.4.2

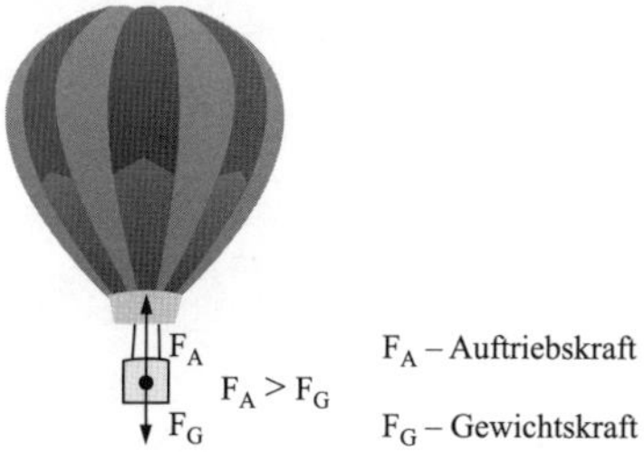


5.4.3 Die Dichte muss geringer sein als die Luftdichte.

5.4.4 Sinken eines Heißluftballons: Verringerung des Dichteunterschieds durch Abkühlung der heißen Luft im Innern des Ballons.
Sinken eines Gasballons: Verringerung des Gasvolumens durch Ablassen des Gases.

**Aufgabe 6**

6.1.1 Hauptspiegel – Hohlspiegel
Hilfsspiegel – ebener Spiegel

6.1.2 Aufgaben: Bündelung und Reflexion des einfallenden Lichts

6.2.1 Trifft Licht auf die Grenzfläche zwischen Luft und Linse, so ändert sich die Ausbreitungsrichtung des Lichts. Bei diesem Übergang ist der Brechungswinkel kleiner als der Einfallswinkel.

6.2.2 *Zum Beispiel:* Sonnenflecken

6.3.1 *Berechnung:*
Ges.: $\beta$

Geg.: $\alpha = 45°$

$$c_{Luft} = 299\,711\,\frac{km}{s}$$

$$c_{Glas} = 197\,000\,\frac{km}{s}$$

*Lösung:*

$$\frac{\sin\alpha}{\sin\beta} = \frac{c_{Luft}}{c_{Glas}}$$

$$\sin\beta = \frac{\sin\alpha \cdot c_{Glas}}{c_{Luft}}$$

$$= \frac{\sin 45° \cdot 197\,000\,\frac{km}{s}}{299\,711\,\frac{km}{s}}$$

$$= 0{,}4648$$

$$\sin\beta = 27{,}7°$$

*Ergebnis:* Der Brechungswinkel beträgt rund 28°.

Strahlenverlauf:

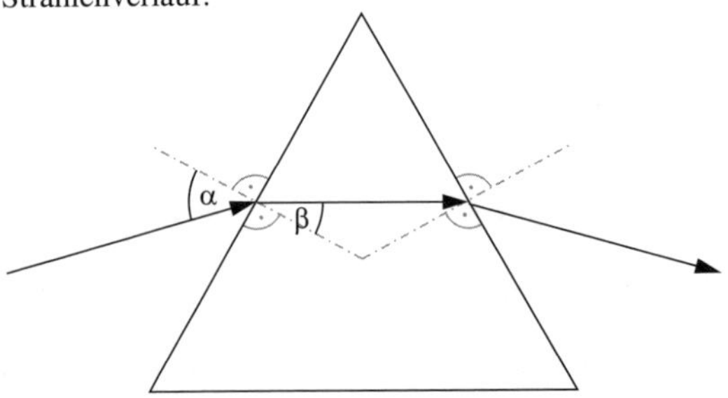


6.3.2 Trifft Sonnenlicht auf das Prisma, so entsteht auf dem Bildschirm dahinter ein Spektrum. Beim Übergang des Lichtes von Luft in Glas und von Glas in Luft wird es jeweils gebrochen. Weißes Licht besteht aus verschiedenen Lichtarten. Diese werden unterschiedlich stark gebrochen. Deshalb wird das Sonnenlicht in die Spektralfarben zerlegt.

6.3.3 infrarotes Licht – Wärmewirkung
ultraviolettes Licht – ionisierende Wirkung

6.4.1 a – Azimut; h – Höhe;

6.4.2 Aufgangszeit: ca. 20:00 Uhr
Kulminationszeit: ca. 2:45 Uhr

6.4.3 *Zum Beispiel:* Sterne, die zum Sternbild „Großer Bär" gehören

6.5.1 abnehmender Mond

6.5.2 Auf der Mondoberfläche sind Krater zu sehen. Da es seit Milliarden von Jahren keine geologischen Aktivitäten mehr gegeben hat, bleibt die Oberfläche nahezu unverändert.

**Aufgabe 7**

7.1.1 Beschleunigungsarbeit, Hubarbeit

7.1.2 2,4 MJ = 2 400 000 Nm (1 J = 1 Nm)

7.1.3 *Berechnung:*

Ges.: P in W

Geg.: W = 2 400 000 J
t = 50 min = 3 000 s

*Lösung:*

$$P = \frac{W}{t}$$

$$= \frac{2\,400\,000\ \text{J}}{3\,000\ \text{s}} \qquad 1\ \text{W} = \frac{1\ \text{J}}{1\ \text{s}}$$

$$= 800\ \text{W}$$

*Ergebnis:* Die durchschnittliche Leistung des Pferdes beträgt 800 W.

7.1.4 Bei doppelter Leistung wird die gleiche Arbeit in 25 Minuten erbracht.
Alternativ kann man auch rechnen:

$$t = \frac{W}{P}$$

$$= \frac{2\,400\,000\ \text{J}}{1\,600\ \text{W}}$$

$$= 1\,500\ \text{s} = 25\ \text{min}$$

7.2.1 Chemische Energie wird in thermische und mechanische Energie umgewandelt.

7.2.2 *Berechnung:*

Ges.: $\eta$

Geg.: $E_{zu} = 40$ MJ
$E_{nutz} = 16$ MJ

*Lösung:*

$$\eta = \frac{\text{nutzbare Energie}}{\text{zugeführte Energie}}$$

$$= \frac{16\ \text{MJ}}{40\ \text{MJ}}$$

$$= 0{,}4$$

*Ergebnis:* Der Wirkungsgrad beträgt 40 %.

7.2.3 **Ottomotor:** Ein Kraftstoff-Luftgemisch wird angesaugt (oder eingespritzt) und durch eine Zündung zur Explosion gebracht.
**Dieselmotor:** Der Kraftstoff wird in stark verdichtete Luft eingespritzt. Aufgrund des hohen Druckes und der hohen Temperatur erfolgt eine Explosion durch Selbstzündung.

7.2.4 Eine Möglichkeit ist die Verringerung der Masse des Pkws. Dies ist bei der Herstellung durch Verwendung von stabilen aber leichten Materialien möglich. Beim alltäglichen Gebrauch sollte auf unnötiges Gepäck verzichtet werden.

7.3.1 Betrachtet man nur die Nutzung des Elektroautos, ist diese Aussage sicher korrekt. Aber: Die Batterien des Elektroautos müssen mit Strom geladen werden. Deshalb muss auch in die Betrachtung einbezogen werden, wie der Ladestrom erzeugt wird. Sind die Batterien des Autos nicht mehr nutzbar, entsteht ein Entsorgungsproblem wegen der in den Batterien enthaltenen Schadstoffe.

7.3.2 Zum Laden einer Batterie darf der Strom nur in eine Richtung fließen. Dafür sorgt die Halbleiterdiode.

7.3.3 *Berechnung:*

Ges.: P in W — Geg.: $U = 400\ \text{V}$, $I = 450\ \text{A}$

*Lösung:*

$$P = U \cdot I$$

$$= 400\ \text{V} \cdot 450\ \text{A} \qquad 1\ \text{V} \cdot 1\ \text{A} = 1\ \text{W}$$

$$= 180\,000\ \text{W}$$

$$= 180\ \text{kW}$$

*Ergebnis:* Die maximale elektrische Leistung des Motors beträgt 180 kW.

7.4.1 Im Kernreaktor läuft eine gesteuerte Kettenreaktion ab. Dazu werden eine Mindestmasse spaltbares Material (kritische Masse), eine Moderator, Neutronen und Steuerstäbe benötigt. Die Kernspaltung wird durch Zusammenstoß von Neutronen mit spaltbaren Kernen (Uran 235) ausgelöst. Dafür ist eine bestimmte Geschwindigkeit der Neutronen notwendig. Bei der Spaltung freiwerdende Neutronen werden durch einen Moderator (z. B. Wasser) auf diese Geschwindigkeit abgebremst. Die Steuerstäbe absorbieren Neutronen und können so den Kernspaltungsprozess steuern.

7.4.2 *Zwei Gründe:* Sicherheitsrisiko – Freisetzung radioaktiver Strahlung bei einem Unfall; Masse des Reaktors – Die Gesamtmasse eines Fahrzeuges würde stark zunehmen.

## Realschulabschluss 2013 Physik (Sachsen)
## Pflichtaufgaben

**Aufgabe 1: Schwingungen** BE

Vom Lehrer wird Ihnen ein Experiment mit einem Fadenpendel vorgeführt. Die anfängliche Pendellänge 40 cm wird allmählich verdoppelt.

1.1 Beobachten Sie die Periodendauer des schwingenden Körpers.
Notieren Sie Ihr Beobachtungsergebnis. 1

1.2 Entscheiden Sie, welche grafische Darstellung für die Änderung der Fadenlänge während des Schwingens zutrifft. 1

Diagramm A

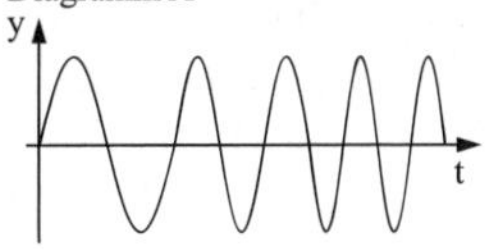


Diagramm B

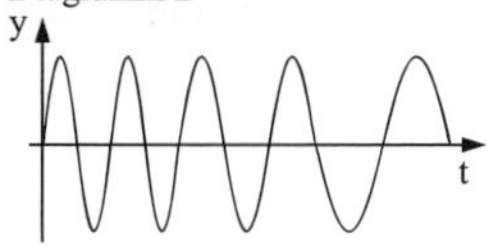


Diagramm C

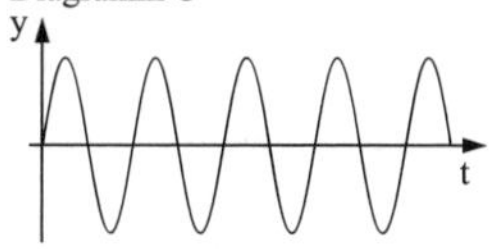


1.3 Berechnen Sie Periodendauer und Frequenz des Pendels für 80 cm Pendellänge. 4

**Aufgabe 2: Optik**

Die Abbildungen stellen Strahlenverläufe einfarbigen Lichts an der Grenzfläche zwischen Luft ($c_{Luft} = 299\,711\,\frac{km}{s}$) und Glas ($c_{Glas} = 186\,000\,\frac{km}{s}$) dar.
Der Einfallswinkel wird dabei immer weiter vergrößert.

Abbildung 1

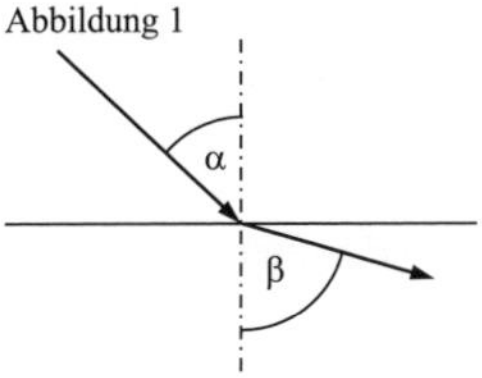


Abbildung 2

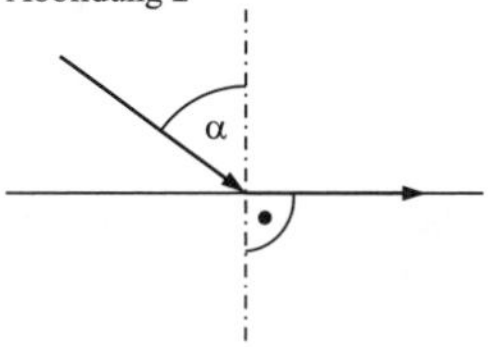


Abbildung 3

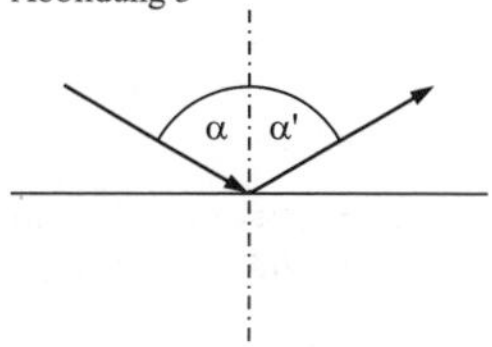


Abbildungen nicht maßstäblich

2.1 Entscheiden Sie, ob der Übergang des Lichtes von Luft in Glas oder von Glas in Luft dargestellt ist.
Begründen Sie Ihre Entscheidung. 2

2.2 Berechnen Sie den Einfallswinkel in Abbildung 2. 2

2.3 In Abbildung 3 ist eine Totalreflexion dargestellt. Nennen Sie zwei Bedingungen für deren Auftreten.
Geben Sie eine Anwendung der Totalreflexion an. 3

**Aufgabe 3: Luftdruck**

Zwischen Höhe h, Luftdruck p und Siedetemperatur $\vartheta_V$ besteht ein physikalischer Zusammenhang.

3.1 Der Luftdruck beträgt in Meeresspiegelhöhe (h = 0 m) durchschnittlich 1 013 hPa. Erklären Sie, dass der Luftdruck mit zunehmender Höhe abnimmt. 2

3.2 Eine Untersuchung der Siedetemperatur von Wasser in Abhängigkeit vom Luftdruck ergab folgende Messwertetabelle.

| p in hPa | 120 | 312 | 436 | 601 | 701 | 814 | 909 | 1 013 |
|---|---|---|---|---|---|---|---|---|
| $\vartheta_V$ in °C | 51 | 70 | 78 | 86 | 90 | 94 | 97 | 100 |

Zeichnen Sie ein zugehöriges $\vartheta_V(p)$-Diagramm.
Auf dem Fichtelberg wurde der Luftdruck 870 hPa gemessen.
Ermitteln Sie aus dem Diagramm die zugehörige Siedetemperatur. 4

**Aufgabe 4: Astronomie**

Das Horizontsystem erleichtert uns die Orientierung am Sternenhimmel.
Mithilfe der drehbaren Sternkarte werden die Koordinaten eines Sterns am 10. Februar um 22:00 Uhr ermittelt.

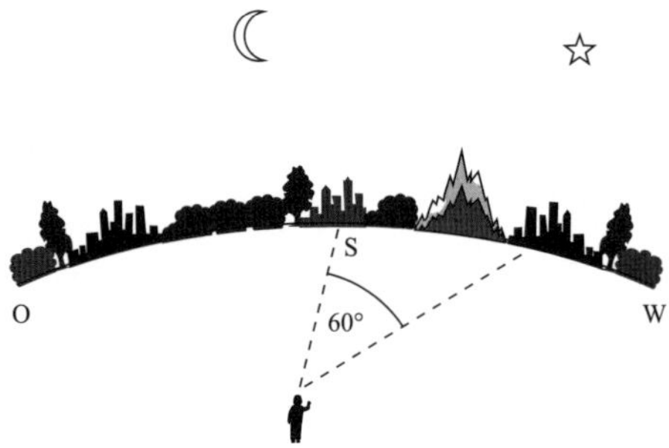


4.1 Benennen Sie die in der Skizze eingezeichnete Koordinate.
Bestimmen Sie den Stern, das zugehörige Sternbild und die noch fehlende Koordinate. 4

4.2 Der Stern befindet sich am 20. Mai um 15:30 Uhr an der gleichen Position. Weshalb ist er dennoch nicht sichtbar? 1

4.3 Geben Sie die in der Zeichnung dargestellte Mondphase an. 1

## Tipps und Hinweise zu den Pflichtaufgaben

### Tipps zu Aufgabe 1

*Teilaufgabe 1.2*

- In welchem Diagramm verändert sich die Periodendauer so, wie in Teilaufgabe 1 beobachtet?

*Teilaufgabe 1.3*

- Entnehmen Sie der Formelsammlung die Formeln für die Periodendauer eines Fadenpendels und die Frequenz.

### Tipps zu Aufgabe 2

*Teilaufgabe 2.1*

- Vergleichen Sie Einfalls- und Brechungswinkel.
- Unter welchen Bedingungen wird der Strahl vom Lot weggebrochen?

*Teilaufgabe 2.2*

- Das Brechungsgesetz finden Sie in der Formelsammlung.

### Tipps zu Aufgabe 3

*Teilaufgabe 3.1*

- Was ist die Ursache für den Luftdruck?

*Teilaufgabe 3.2*

- Achten Sie auf die korrekte Bezeichnung der Achsen des Diagramms.
- An der y-Achse wird die abhängige Größe abgetragen.

### Tipps zu Aufgabe 4

*Teilaufgabe 4.1*

- Drehen Sie die Scheibe der Sternkarte so lange, bis angegebene Uhrzeit und Datum übereinstimmen. Suchen Sie den Stern mit einem Azimut von 60°.

*Teilaufgabe 4.2*

- Unter welchen Bedingungen können Sterne beobachtet werden?

## Lösungen zu den Pflichtaufgaben

### Aufgabe 1

1.1 *Beobachtung:*
Beim Verlängern der Pendellänge nimmt die Periodendauer zu.

1.2 *Entscheidung:*
Diagramm B. Die Periodendauer nimmt zu.

1.3 *Berechnung:*
Ges.: T in s

Geg.: $\ell = 80\text{ cm} = 0{,}8\text{ m}$

$g = 9{,}81\,\frac{\text{m}}{\text{s}^2}$

*Lösung:*

$$T = 2\pi \cdot \sqrt{\frac{\ell}{g}}$$

$$= 2\pi \cdot \sqrt{\frac{0{,}8\text{ m}}{9{,}81\,\frac{\text{m}}{\text{s}^2}}}$$

$$= 1{,}8\text{ s}$$

*Berechnung:*
Ges.: f in Hz

Geg.: $T = 1{,}8\text{ s}$

*Lösung:*

$$f = \frac{1}{T}$$

$$= \frac{1}{1{,}8\text{ s}} \qquad (1\text{ s}^{-1} = 1\text{ Hz})$$

$$\approx 0{,}56\text{ Hz}$$

*Ergebnis:* Die Frequenz des Fadenpendels beträgt 0,56 Hz.

### Aufgabe 2

2.1 *Entscheidung:*
Es ist der Übergang von Glas in Luft dargestellt.

*Begründung:*
Beim Übergang in das optisch dünnere Medium wird das Licht vom Lot weggebrochen.

2.2 *Berechnung:*

Ges.: $\alpha$

Geg.: $\beta = 90°$

$c_{Luft} = 299\,711\,\frac{km}{s}$

$c_{Glas} = 186\,000\,\frac{km}{s}$

*Lösung:*

$$\frac{\sin\alpha}{\sin\beta} = \frac{c_{Glas}}{c_{Luft}}$$

$$\sin\alpha = \frac{\sin\beta \cdot c_{Glas}}{c_{Luft}}$$

$$= \frac{\sin 90° \cdot 186\,000\,\frac{km}{s}}{299\,711\,\frac{km}{s}}$$

$$= 0{,}62$$

$$\alpha = 38°$$

*Ergebnis:* Der Einfallswinkel beträgt 38°.

2.3 *Bedingungen:*

- Das Licht muss von einem optisch dichteren in ein optisch dünneres Medium übergehen.
- Der Einfallswinkel muss größer sein als ein bestimmter Winkel (Grenzwinkel).

*Anwendung:*

Lichtleitkabel (Glasfaserkabel)

**Aufgabe 3**

3.1 Der Luftdruck entsteht durch die Wirkung der Gewichtskraft von Luft (bzw. der Luftsäule) auf eine Fläche. Mit zunehmender Höhe lastet weniger Luft auf dieser Fläche, also nimmt der Luftdruck ab.

3.2

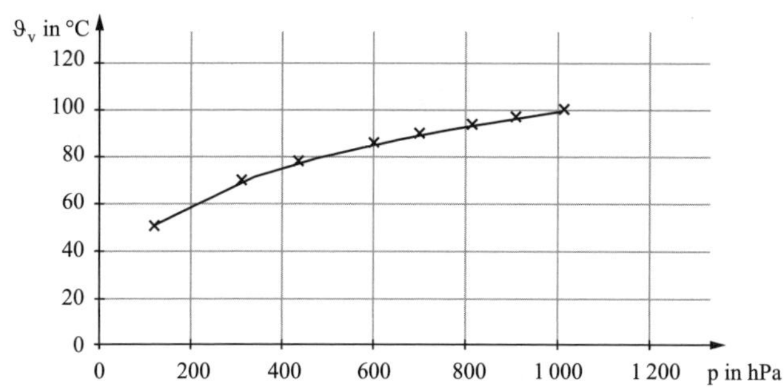


*Aus dem Diagramm abgelesen:*

Siedetemperatur bei einem Druck von 870 hPa: 95 °C

**Aufgabe 4**

4.1 In der Skizze ist der Azimut eingezeichnet. Die fehlende Koordinate ist die Höhe. Der Azimut gehört zum Stern Aldebaran im Sternbild Stier. Die Höhe beträgt 45°.

4.2 Am Tag kann der Stern nicht beobachtet werden.

4.3 Es ist der abnehmende Mond dargestellt.

**Von den folgenden Aufgaben 5, 6 und 7 haben Sie nur eine zu lösen.**

## Aufgabe 5: Elektrizitätslehre

BE

5.1.1 Schülerexperiment

*Aufgabe:*
Nehmen Sie die I(U)-Kennlinien eines Widerstandes und einer Glühlampe auf.

Bearbeiten Sie diese Aufgabe entsprechend der Arbeitsschritte beim Experimentieren:

*Vorbereitung:*
Zu bestimmende physikalische Größen; Messwertetabellen; Schaltpläne; notwendige Arbeitsmittel 3

*Durchführung:*
Versuchsaufbau; Messwerte 4

*Auswertung:*
Diagramme; Fehlerbetrachtung 5

*Hinweis:* Lassen Sie die Schaltung vom Lehrer überprüfen und beachten Sie jeweils die zulässige Höchstspannung.

5.1.2 Entscheiden und begründen Sie, ob für den Widerstand das Ohm'sche Gesetz gilt. 2

5.1.3 Berechnen Sie für zwei Spannungen den elektrischen Widerstand der Glühlampe. Vergleichen Sie die Widerstände.
Begründen Sie. 5

5.2 Seit 2012 dürfen die meisten Glühlampen mit einer Leistung von mehr als 10 Watt nicht mehr verkauft werden.

5.2.1 Positionieren Sie sich zu diesem Verbot. Gehen Sie dabei auf den Wirkungsgrad ein. 2

5.2.2 Glühlampen werden auch durch Leuchtdioden ersetzt. Geben Sie zwei Vorteile für deren Einsatz an. 2

5.3 Erklären Sie das Widerstandsverhalten eines Halbleiters bei Temperaturänderung. 2

## Aufgabe 6: Mechanik

6.1 Die Fahrt eines Zuges zwischen zwei Stationen lässt sich in drei Abschnitte einteilen.

A – Anfahren mit der Beschleunigung $1{,}5\,\frac{m}{s^2}$ bis zur Geschwindigkeit $64{,}8\,\frac{km}{h}$

B – Fahren mit konstanter Geschwindigkeit für 20 s

C – gleichmäßiges Abbremsen innerhalb von 10 s bis zum Stillstand

6.1.1 Berechnen Sie die Zeit bis zum Erreichen der Höchstgeschwindigkeit. 3

6.1.2 Berechnen Sie für den Abschnitt B den zurückgelegten Weg. 2

6.1.3 Geben Sie an, ob der Betrag der Bremsbeschleunigung kleiner, gleich oder größer als der Betrag der Beschleunigung beim Anfahren ist.
Begründen Sie. 2

6.1.4 Zeichnen Sie für den Gesamtvorgang ein zugehöriges v(t)-Diagramm. 3

6.2 Um eine Stahlfeder zu dehnen, braucht man eine Kraft.
Das nach dem Physiker R. Hooke benannte Gesetz besagt, dass die Spannkraft F zur Längenänderung s der Feder proportional ist, solange eine elastische Verformung stattfindet.
Der Proportionalitätsfaktor $\frac{F}{s}$ ist die für jede Feder spezifische Federkonstante D.

6.2.1 Woran ist die Proportionalität zweier physikalischer Größen zu erkennen? 2

6.2.2 Beschreiben Sie ein geeignetes Experiment zur Bestätigung des Hooke'schen Gesetzes. 3

6.2.3 Die Spannkraft 6 N ergibt bei einer Feder die Längenänderung 0,12 m.
Berechnen Sie die Federkonstante D der verwendeten Feder. 2

6.3 In Schwarzenberg/Erzgebirge, dieses Jahr Gastgeber für den „Tag der Sachsen“, gibt es einen Schrägaufzug. Mit ihm werden 35 m Höhenunterschied zur Altstadt überwunden. Dabei legt eine besetzte Kabine (Gesamtmasse 1 000 kg) die 56 m Schienenweg in 42 s zurück.

6.3.1 Berechnen Sie die Durchschnittsgeschwindigkeit des Aufzugs. 2

6.3.2 Geben Sie die Gewichtskraft der besetzten Kabine an. 1

6.3.3 Die notwendige Zugkraft ist kleiner als die Gewichtskraft der Kabine.
Begründen Sie. 2

6.3.4 Berechnen Sie die Hubarbeit, die der Motor des Aufzuges bei einer Bergfahrt verrichtet.
Nennen Sie einen Grund, warum tatsächlich eine größere Arbeit verrichtet wird. 3

## Aufgabe 7: Energiespeicher

Durch die zunehmende Nutzung der erneuerbaren Energieträger steigt die Notwendigkeit der Speicherung von elektrischer Energie. Die Übersicht zeigt Beispiele für Energiespeicher mit wichtigen Eigenschaften.

| Speichertyp | Speicherart | Speicherkapazität | Wirkungsgrad |
|---|---|---|---|
| Kurzzeitspeicher | Supraleitende Spulen | 30 kWh | 95 % |
| | Kondensatoren | 52 kWh | 95 % |
| | Schwungmassenspeicher | 5 MWh | 90 % |
| Langzeitspeicher | Druckluftspeicher | 580 MWh | 60 % |
| | Pumpspeicherwerke | 8 GWh | 80 % |
| Elektrochemische Speicher | Lithium-Ionen-Akkus im Pkw | 50 kWh | 95 % |
| | Blei-Säure-Akkus | 40 MWh | 75 % |

7.1 Die Energiespeicher unterscheiden sich bezüglich Speicherkapazität und Wirkungsgrad.

7.1.1 Geben Sie an:
a) den Kurzzeitspeicher mit der größten Speicherkapazität
b) den elektrochemischen Speicher mit dem schlechtesten Wirkungsgrad 2

7.1.2 Zur optimalen Nutzung der Energie von Wind und Sonne sind große Speicherkapazitäten erforderlich.
Begründen Sie. 2

7.1.3 Berechnen Sie die Größe der Energie, die beim Druckluftspeicher unter Berücksichtigung des Wirkungsgrades genutzt werden kann. 2

7.2 In supraleitenden Spulen wird die Energie in Magnetfeldern gespeichert.

7.2.1 Geben Sie den Zusammenhang zwischen der Stromstärke in einer Spule und der Stärke des Magnetfeldes an. 1

7.2.2 Das Diagramm zeigt vereinfacht den Zusammenhang zwischen der Temperatur eines Supraleiters und seinem elektrischen Widerstand.
Beschreiben Sie die Veränderung des elektrischen Widerstandes des Supraleiters bei starker Abkühlung. 2

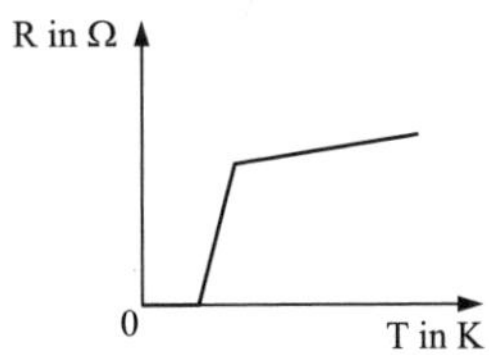


7.3 Bei einem Schwungmassenspeicher dreht sich eine Scheibe mit der Masse 24 kg 53 000-mal in einer Minute.

7.3.1 Nennen Sie die Form der Energie, die in der Scheibe gespeichert ist. 1

7.3.2 Die Scheibe läuft im Vakuum und ist magnetisch gelagert.
Begründen Sie die Notwendigkeit dieser Maßnahmen. 2

7.3.3 Berechnen Sie die Leistung des Schwungmassenspeichers, wenn die Energie von 5 MWh in 15 min abgegeben wird. 2

7.4 Im Pumpspeicherwerk wird Wasser in ein höher gelegenes Becken gepumpt und dort gespeichert. Bei Energiebedarf treiben Turbinen mithilfe des herabströmenden Wassers Generatoren an. Ein Generator erzeugt elektrischen Strom der Stromstärke 20 000 A bei der Spannung 11 kV.

7.4.1 Geben Sie jeweils die wesentliche Energieumwandlung in Pumpe und Generator an. 2

7.4.2 Berechnen Sie die Leistung eines Generators. 2

7.4.3 Zur Fernübertragung der elektrischen Energie wird die Spannung mithilfe eines Transformators vergrößert.
Wie wirkt sich dies auf die Stromstärke aus? Begründen Sie. 2

7.5 Im Lithium-Ionen-Akku eines Pkw werden 70 Zellen mit der Spannung 3,6 V parallel zu Blöcken geschaltet. 100 solcher Blöcke werden in Reihe geschaltet. Mit der im Akku gespeicherten Energie von 50 kWh kann das Auto 250 km weit fahren.

7.5.1 Geben Sie die Gesamtspannung des Akkus an. 1

7.5.2 Berechnen Sie die Energiekosten für eine 100-km-Fahrt, wenn 0,25 € für 1 kWh bezahlt werden müssen. 2

7.5.3 Bis zum Jahr 2020 soll es in Deutschland 1 Million Elektroautos geben.
Geben Sie die dadurch zur Verfügung stehende Speicherkapazität für elektrische Energie an.
Vergleichen Sie diese mit der Speicherkapazität eines Pumpspeicherwerkes. 2

## Tipps und Hinweise zu den Wahlaufgaben

### Tipps zu Aufgabe 5

*Teilaufgabe 5.1*

- Welche Größen müssen bestimmt werden und welche Geräte sind dazu erforderlich?
- Nutzen Sie die Formelsammlung für die Schaltpläne und die Berechnungen.

*Teilaufgabe 5.1.2*

- Prüfen Sie mithilfe der Kennlinie oder der Berechnung des Proportionalitätsfaktors, ob für den Widerstand gilt $I \sim U$.

*Teilaufgabe 5.1.3*

- Die Formel zur Berechnung des Widerstandes finden Sie in der Formelsammlung.

*Teilaufgabe 5.2.1*

- Überlegen Sie, welchen Anteil die nutzbare Energie bei einer Glühlampe hat.

*Teilaufgabe 5.3*

- Beachten Sie: Temperaturänderung heißt Temperaturerhöhung und -verringerung.
- Denken Sie an den Teilchenaufbau eines Halbleiters.

### Tipps zu Aufgabe 6

*Teilaufgabe 6.1.1/6.1.2*

- Überlegen Sie, um welche Bewegungsart es sich handelt. Die benötigten Formeln finden Sie in der Formelsammlung.

*Teilaufgabe 6.1.3*

- Betrachten Sie die Zeit, die benötigt wird, um auf die Höchstgeschwindigkeit zu kommen, und die Zeit für den Bremsvorgang. Was bedeuten die unterschiedlichen Zeiten?

*Teilaufgabe 6.1.4*

- Wählen Sie eine geeignete Einteilung der Koordinatenachsen. Verwenden Sie die in Teilaufgabe 6.1.1 berechnete Zeit sowie die Zeitangaben für die Abschnitte B und C.

*Teilaufgabe 6.2.2*

- Überlegen Sie, wie die Feder gedehnt und die Längenänderung gemessen werden kann.

*Teilaufgabe 6.2.3*

- Verwenden Sie den im Text zur Aufgabe angegebenen Proportionalitätsfaktor für die Berechnung.

*Teilaufgabe 6.3.1*

- Die Formel zur Berechnung der Durchschnittsgeschwindigkeit finden Sie in der Formelsammlung.

*Teilaufgabe 6.3.2*

- Die Gewichtskraft errechnet sich aus der Erdbeschleunigung und der Masse.
- Faustregel: 100 g Masse entsprechen ungefähr 1 N.

*Teilaufgabe 6.3.3*

- Denken Sie an die Wirkungsweise einer kraftumformenden Einrichtung.

*Teilaufgabe 6.3.4*

- Die Formel zur Berechnung der Hubarbeit finden Sie in der Formelsammlung.
- Welche unerwünschte Erscheinung tritt bei allen Bewegungsvorgängen auf?

**Tipps zu Aufgabe 7**

*Teilaufgabe 7.1.1*

- Suchen Sie die entsprechenden Speicher aus der Tabelle heraus.

*Teilaufgabe 7.1.2*

- Beachten Sie die Verfügbarkeit dieser Energiequellen.

*Teilaufgabe 7.1.3*

- Die Formel zur Berechnung des Wirkungsgrades finden Sie in der Formelsammlung.

*Teilaufgabe 7.2.2*

- Betrachten Sie den Kurvenverlauf „rückwärts“ für sinkende Temperaturen.

*Teilaufgabe 7.3.2*

- Wodurch können bei der Bewegung der Scheibe Energieverluste entstehen?

*Teilaufgabe 7.3.3*

- Die Formel zur Berechnung der mechanischen Leistung finden Sie in der Formelsammlung.

*Teilaufgabe 7.4.2*

- Die Formel zur Berechnung der elektrischen Leistung finden Sie in der Formelsammlung.

*Teilaufgabe 7.4.3*

- Welcher Zusammenhang besteht zwischen Stromstärke und Spannung in einem Leiter?

*Teilaufgabe 7.5.1*

- Die Gesetzmäßigkeiten für Reihen- und Parallelschaltung finden Sie in der Formelsammlung.

# Lösungen zu den Wahlaufgaben

## Aufgabe 5

5.1.1 Schülerexperiment

*Vorbereitung:*

Für beide Bauelemente müssen Stromstärke und Spannung bestimmt werden.

Schaltplan: Widerstand

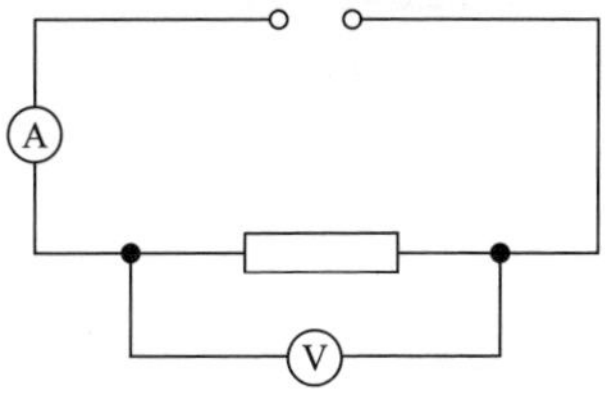


Schaltplan: Glühlampe

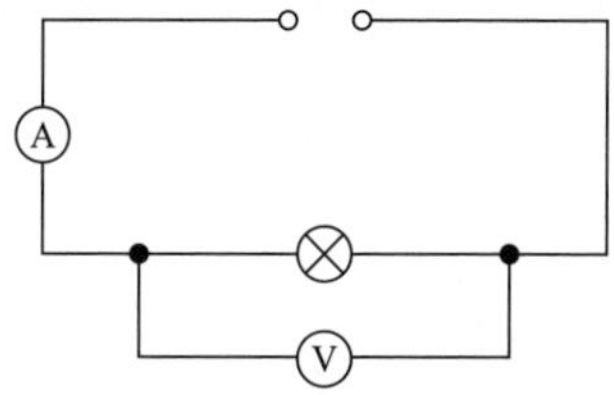


*Durchführung:*

Messwertetabelle

| Nr. der Messung | U in V | I in mA |
|---|---|---|
| 1 | 0 | 0 |
| 2 | 2 | 170 |
| 3 | 4 | 330 |
| 4 | 6 | 510 |
| 5 | 8 | 690 |

Messwertetabelle

| Nr. der Messung | U in V | I in mA |
|---|---|---|
| 1 | 1,4 | 80 |
| 2 | 2,8 | 110 |
| 3 | 4,2 | 140 |
| 4 | 5,1 | 160 |
| 5 | 6,4 | 170 |

*Auswertung:*

I(U)-Kennlinie Widerstand

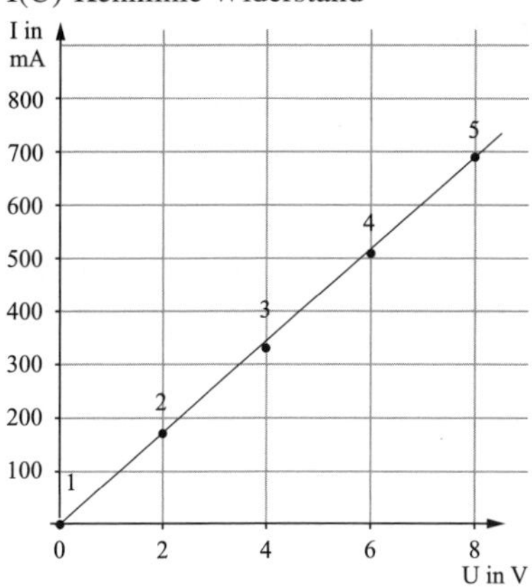


I(U)-Kennlinie Glühlampe

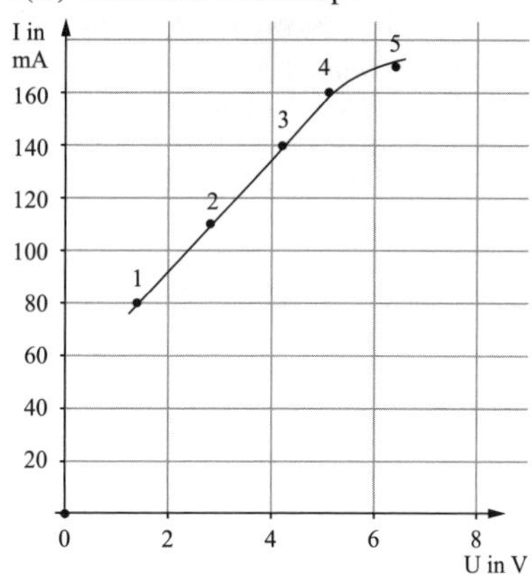


*Mögliche Fehler:* Fehler der Messgeräte und Ablesefehler

5.1.2 Das Ohm'sche Gesetz gilt für den Widerstand, denn Spannung und Stromstärke sind direkt proportional. Dies erkennt man daran, dass die I(U)-Kennlinie eine (Ursprungs-) Gerade ist.

5.1.3 *Berechnung:*

Ges.: $R_1$ in Ω; $R_2$ in Ω

Geg.: $U_1 = 1{,}4\ V$

$U_2 = 6{,}4\ V$

$I_1 = 80\ mA = 0{,}08\ A$

$I_2 = 170\ mA = 0{,}17\ A$

*Lösung:*

$$R = \frac{U}{I}$$

$$R_1 = \frac{1{,}4\ V}{0{,}08\ A} = 17{,}5\ \Omega \qquad R_2 = \frac{6{,}4\ V}{0{,}17\ A} = 37{,}6\ \Omega$$

*Ergebnis:* Der Widerstand $R_2$ ist mehr als doppelt so groß wie $R_1$. Für eine Glühlampe gilt nicht das Ohm'sche Gesetz. Die Temperatur des Glühfadens nimmt zu und damit sein Widerstand.

5.2.1 Der Wirkungsgrad einer Glühlampe ist sehr gering. Der überwiegende Teil der eingesetzten Energie wird in Wärme umgewandelt und nicht in Lichtenergie. Bei den knapper werdenden Energieressourcen wird durch ein solches Verbot der Energieverschwendung Einhalt geboten. Ein solches Verbot ist deshalb sinnvoll.

5.2.2 *Vorteile:*
Z. B. Leuchtdioden erzeugen wenig Wärme und haben eine höhere Lebensdauer als Glühlampen.

5.3 *Temperaturerhöhung:*
Der Widerstand des Halbleiters nimmt ab.

*Begründung:*
Die Anzahl der Ladungsträger (Elektronen und Löcher) nimmt zu.

*Temperaturabnahme:*
Der Widerstand des Halbleiters nimmt zu.

*Begründung:*
Die Elektronen können sich nicht aus ihrer Bindung lösen, d. h., es stehen weniger Ladungsträger für den Leitungsvorgang zur Verfügung.

**Aufgabe 6**

6.1.1 *Berechnung:*

Ges.: Zeit t in s

Geg.: $v = 64{,}8\ \frac{km}{h} = 18\ \frac{m}{s}$

$a = 1{,}5\ \frac{m}{s^2}$

*Lösung:*
Beim Anfahren handelt es sich um eine beschleunigte Bewegung.

$$v = a \cdot t \quad \Rightarrow \quad t = \frac{v}{a}$$

$$= \frac{18\,\frac{m}{s}}{1{,}5\,\frac{m}{s^2}}$$

$$= 12\,s$$

*Ergebnis:* Nach 12 s ist die Höchstgeschwindigkeit erreicht.

6.1.2 *Berechnung:*
Ges.: s in m

Geg.: $v = 64{,}8\,\frac{km}{h} = 18\,\frac{m}{s}$

$t = 20\,s$

*Lösung:*
In dieser Phase liegt eine gleichförmige Bewegung vor.

$$s = v \cdot t$$

$$= 18\,\frac{m}{s} \cdot 20\,s$$

$$= 360\,m$$

*Ergebnis:* Es wird ein Weg von 360 m zurückgelegt.

6.1.3 Der Betrag der Bremsbeschleunigung muss größer sein, denn zum Abbremsen wird eine geringere Zeit benötigt als zum Beschleunigen.

6.1.4 v(t)-Diagramm:

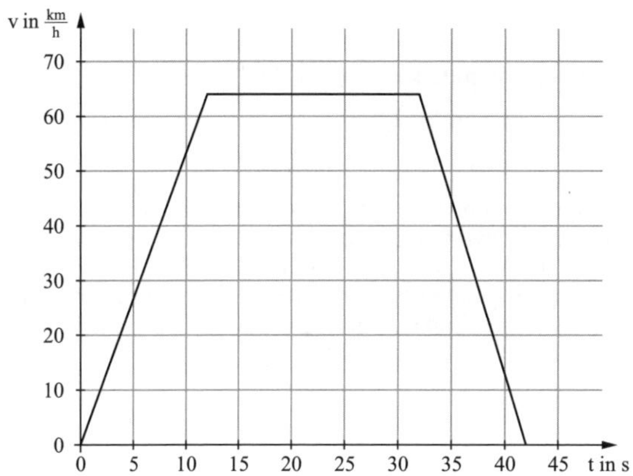


6.2.1 Zwei physikalische Größen sind zueinander proportional, wenn bei Verdopplung der einen Größe sich auch die andere Größe verdoppelt.

6.2.2 Die Proportionalität kann nachgewiesen werden, indem die Ausdehnung der Feder bei Belastung gemessen wird. Dazu können Hakenkörper zur Ausdehnung der Feder und ein Lineal zur Messung der zugehörigen Längenänderung verwendet werden.

6.2.3 *Berechnung:*

Ges.: D in $\frac{N}{m}$ Geg.: $F = 6\ N$

$s = 0{,}12\ m$

*Lösung:*

$$D = \frac{F}{s} = \frac{6\ N}{0{,}12\ m} = 50\ \frac{N}{m}$$

*Ergebnis:* Die Federkonstante beträgt $50\ \frac{N}{m}$.

6.3.1 *Berechnung:*

Ges.: v in $\frac{m}{s}$ Geg.: $s = 56\ m$

$t = 42\ s$

*Lösung:*

$$v = \frac{s}{t} = \frac{56\ m}{42\ s} = 1{,}3\ \frac{m}{s}$$

*Ergebnis:* Die Durchschnittsgeschwindigkeit beträgt $1{,}3\ \frac{m}{s}$.

6.3.2 $1\,000\ kg \mathrel{\hat{=}} 10\,000\ N = 10\ kN$

6.3.3 Der Schrägaufzug stellt eine kraftumformende Einrichtung dar – eine geneigte Ebene. Die Zugkraft hängt vom Neigungswinkel der geneigten Ebene ab. Je geringer der Neigungswinkel, desto geringer die Kraft, die zum Überwinden eines Höhenunterschiedes notwendig ist. Die Länge der geneigten Ebene ist größer als der zu überwindende Höhenunterschied. Dadurch wird die Zugkraft geringer als die Gewichtskraft des Aufzugs.

6.3.4 *Berechnung:*

Ges.: $W_{Hub}$ in J — Geg.: $h = 35\ m$, $F_G = 10\ kN$

*Lösung:*

$$W_{Hub} = F_G \cdot h$$
$$= 10\ kN \cdot 35\ m \qquad (1\ Nm = 1\ J)$$
$$= 350\ kJ$$

*Ergebnis:* Die Hubarbeit beträgt 350 kJ.

Die tatsächliche Hubarbeit ist größer, weil zusätzlich Reibungsarbeit zu verrichten ist.

**Aufgabe 7**

7.1.1 a) Schwungmassenspeicher

b) Blei-Säure-Akkus

7.1.2 Wind und Sonne stehen nicht kontinuierlich über den Tag verteilt zur Verfügung. Der Bedarf an Energie ist auch unterschiedlich, deshalb muss die Energie nach Bedarf zur Verfügung stehen. Das ist nur möglich, wenn die aus Sonne und Wind gewonnene Energie gespeichert werden kann.

7.1.3 *Berechnung:*

Ges.: $E_{Nutz}$ — Geg.: $\eta = 60\ \% = 0,6$, $E_{zu} = 580\ MWh$

*Lösung:*

$$\eta = \frac{\text{nutzbare Energie}}{\text{zugeführte Energie}}$$

$$E_{nutz} = \eta \cdot E_{zu}$$
$$= 0,6 \cdot 580\ MWh$$
$$= 348\ MWh$$

*Ergebnis:* Die nutzbare Energie beträgt rund 350 MWh.

7.2.1 Je stärker die Stromstärke in einer Spule, desto stärker ist das sie umgebende Magnetfeld.

7.2.2 Nimmt die Temperatur ab, sinkt der elektrische Widerstand zunächst ganz langsam. Bei einer bestimmten Temperatur geht der Widerstand sprunghaft auf null zurück.

7.3.1 In der Scheibe ist mechanische Energie (kinetische Energie bzw. Rotationsenergie) gespeichert.

7.3.2 Reibungsverluste im Lager und durch den Luftwiderstand können so vermindert werden und der Wirkungsgrad wird dadurch erhöht.

7.3.3 *Berechnung:*
Ges.: P in W    Geg.: $E = 5\ \text{MWh}$
$t = 15\ \text{min} = 0{,}25\ \text{h}$

*Lösung:*

$$P = \frac{E}{t}$$

$$= \frac{5\ \text{MWh}}{0{,}25\ \text{h}}$$

$$= 20\ \text{MW}$$

*Ergebnis:* Die Leistung des Schwungmassenspeichers beträgt 20 MW.

7.4.1 Pumpe: Elektrische Energie wird in mechanische Energie umgewandelt.
Generator: Mechanische Energie wird in elektrische Energie umgewandelt.

7.4.2 *Berechnung:*
Ges.: P in W    Geg.: $U = 11\ \text{kV} = 11\,000\ \text{V}$
$I = 20\,000\ \text{A}$

*Lösung:*

$$P = U \cdot I$$

$$= 11\,000\ \text{V} \cdot 20\,000\ \text{A} \qquad (1\ \text{V} \cdot 1\ \text{A} = 1\ \text{W})$$

$$= 220\,000\,000\ \text{W}$$

$$= 220\ \text{MW}$$

*Ergebnis:* Die Leistung des Generators beträgt 220 MW.

7.4.3 Bei Vergrößerung der Spannung nimmt die Stromstärke ab.

*Begründung:*
Da die Leistung $P = U \cdot I$ konstant bleiben soll, gilt Folgendes: Wenn U größer wird, muss I kleiner werden.

7.5.1 Werden Zellen in Reihe geschaltet, erhöht sich die Gesamtspannung:
$100 \cdot 3{,}6\ \text{V} = 360\ \text{V}$

7.5.2 Für eine 100-km-Fahrt werden 20 kWh (50 kWh : 2,5) benötigt. Daraus ergeben sich Kosten in Höhe von 5 € (0,25 €/kWh · 20 kWh).

7.5.3 Speicherkapazität bei 1 Million Elektroautos:

$50\ \text{kWh} \cdot 1\,000\,000 = 50\,000\,000\ \text{kWh} = 50\ \text{GW}$

Das ist mehr als das Sechsfache der Kapazität eines Pumpspeicherwerks.

*(Bitte blättern Sie um)*